AF177151

# Lambacher Schweizer

Mathematik

## Basistraining Analytische Geometrie und lineare Algebra

erarbeitet von
Heike Jacoby-Schäfer, Wiebke Janzen, Peter Neumann, Sven Rempe,
Michaela Ruckh, Dr. Torsten Schatz

Ernst Klett Verlag
Stuttgart · Leipzig

Liebe Schülerinnen und Schüler,

mit diesem Basistraining Analytische Geometrie und lineare Algebra können Sie sich begleitend zum Unterricht oder konzentriert vor der Prüfungsphase auf den Geometrieteil im Mathematik-Abitur vorbereiten.

### Die Kapitel

In den einzelnen Kapiteln werden die Basisthemen aus Ihrem Analysisunterricht behandelt. Wir haben zusammengestellt was für eine sichere Grundlage im Mathematik-Abitur notwendig ist.

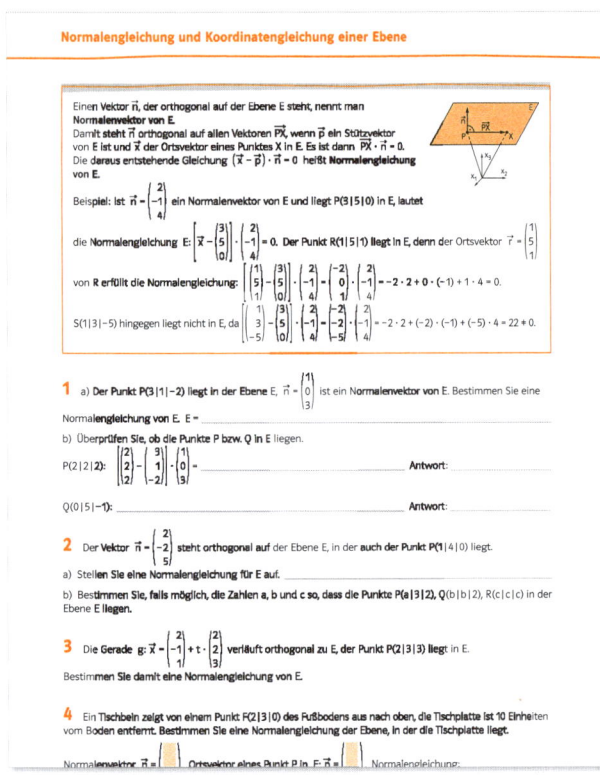

### Die Lerneinheiten

Zu allen zentralen Lerneinheiten der Analytische Geometrie und linearen Algebra finden Sie hier jeweils beispielgestützte Zusammenfassungen der wichtigsten Verfahren und Begriffe.

Direkt im Anschluss haben Sie dann selbst die Möglichkeit an weiteren Beispielen Ihr Wissen zu festigen und abiturähnliche Aufgaben zu lösen.
Die Lösungen schreiben Sie direkt ins Heft. Manchmal brauchen Sie zusätzliche Blätter für grafische Darstellungen oder Nebenrechnungen.

Aufgaben mit orangefarbener Aufgabenziffer sollten Sie ohne Rechner bearbeiten, für Aufgaben mit schwarzer Aufgabenziffer ist der Rechner hilfreich.

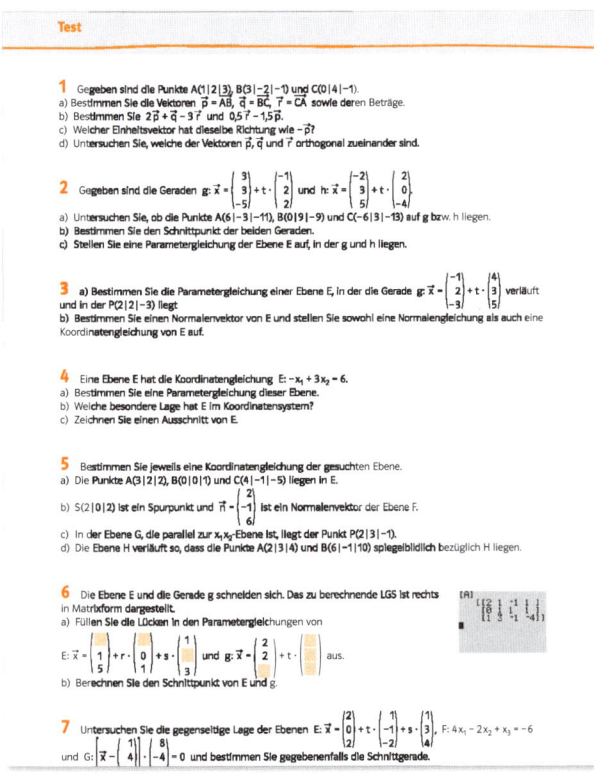

### Die Tests

Am Ende jeden Kapitels gibt es einen Test, der die wichtigsten Inhalte noch einmal zusammenstellt und mit abiturähnlichen Aufgaben abprüft. So bekommen Sie eine Rückmeldung, ob und wo Sie noch Übungsbedarf haben.

### Die Lösungen

Die Lösungen zu allen Aufgaben und den Tests finden Sie am Ende des Heftes.

Viel Erfolg!

# Das Gauß-Verfahren

Liegt ein **Lineares Gleichungssystem** (LGS) **in Stufenform** vor, lassen sich die Lösungen leicht ermitteln, in dem man von der untersten Stufe nach oben „hochrechnet".

Beispiel:  LGS

$$
\begin{array}{ll}
\text{(I)} & x_1 + 2x_2 - x_3 = -1 \\
\text{(II)} & x_2 + 3x_3 = 0 \\
\text{(III)} & 2x_3 = 2
\end{array}
$$

Matrixschreibweise

$$
\left[\begin{array}{ccc|c}
1 & 2 & -1 & -1 \\
0 & 1 & 3 & 0 \\
0 & 0 & 2 & 2
\end{array}\right]
$$

Lösung: (von „unten" nach „oben")

1. $\quad\quad 2x_3 = 2 \quad\quad | : 2$
   $\quad\quad\quad x_3 = 1$ , einsetzen von $x_3$ in (II)
2. $\quad x_2 + 3 \cdot 1 = 0 \quad | -3$
   $\quad\quad\quad x_2 = -3$ , einsetzen von $x_2$ und $x_3$ in (I)
3. $x_1 + 2 \cdot (-3) - 1 = -1 \quad | +7$
   $\quad\quad\quad x_1 = +6$

Lösung: (6; −3; 1)

Lösung mit dem GTR

```
rref([A])
    [[1 0 0 6 ]
     [0 1 0 -3]
     [0 0 1 1 ]]
```

---

**1**  Ermitteln Sie die Lösungen der linearen Gleichungssysteme.

a)
$$
\begin{array}{l}
3x_1 + x_2 - x_3 = 1 \\
\quad\quad -2x_2 + 5x_3 = 10 \\
\quad\quad\quad\quad 6x_3 = 12
\end{array}
$$

b)
$$
\begin{array}{l}
x_1 + 3x_2 - 3x_3 = -4 \\
\quad\quad\quad\quad x_3 = 2 \\
\quad -x_2 + 4x_3 = 7
\end{array}
$$

c)
$$
\begin{array}{l}
3x_1 + 8x_2 - 2x_3 = -4 \\
\quad 20x_2 + x_3 = -7 \\
\quad\quad\quad 2x_3 = 6
\end{array}
$$

---

Mit dem **Gauß-Verfahren** lässt sich ein LGS auf eine Stufenform umformen.
Dabei sind die folgenden **Äquivalenzumformungen** erlaubt:

(1) Gleichungen miteinander vertauschen,
(2) eine Gleichung mit einer Zahl ≠ 0 multiplizieren,
(3) eine Gleichung durch die Summe von ihr und einer anderen ersetzen.

Um bei den Umformungen Übersichtlichkeit zu gewährleisten, werden immer alle Gleichungen des LGS mitgeführt.

---

**2**  Vollziehen Sie die Schritte des Gauß-Verfahrens nach, indem Sie im folgenden Beispiel die Lücken in der Lösung bei beiden Schreibweisen ausfüllen.

Ausführliche Schreibweise

$$
\begin{array}{l}
5x_1 + x_2 + 4x_3 = 3 \\
-x_1 + x_2 + x_3 = 0 \\
2x_1 - 6x_2 - 4x_3 = 10
\end{array}
$$

$$
\begin{array}{ll}
\underline{\quad\quad\quad\quad} = 0 & | \cdot 5 \\
\underline{\quad\quad\quad\quad} = 3 & \\
2x_1 - 6x_2 - 4x_3 = 10 &
\end{array}
$$

Matrixschreibweise

$$
\left[\begin{array}{ccc|c}
5 & 1 & 4 & 3 \\
-1 & 1 & 1 & 0 \\
2 & -6 & -4 & 10
\end{array}\right]
$$

$$
\left[\begin{array}{ccc|c}
-1 & 1 & 1 & 0 \\
5 & 1 & 4 & \quad \\
2 & -6 & -4 & 10
\end{array}\right] \quad | \cdot 5
$$

Vorgehen

(1) Vertauschen der ersten und der zweiten Zeile

(2) Zweite Zeile durch die Summe der mit 5 multiplizierten ersten und der zweiten Zeile ersetzen

$$-x_1 + x_2 + x_3 = 0 \qquad | \cdot 2$$
$$\underline{\phantom{0}}\, x_2 + 9x_3 = \underline{\phantom{0}}$$
$$2x_1 - 6x_2 - 4x_3 = 10$$

| −1 | 1 | 1 | 0 | $\cdot 2$ |
|----|----|----|----|----|
| ▨ | ▨ | ▨ | 3 | |
| 2 | −6 | −4 | 10 | |

(3) Erste Zeile mit 2 multiplizieren, zur dritten Zeile hinzu addieren und diese durch die Summe ersetzen

$$-x_1 + x_2 + \phantom{9}x_3 = 0$$
$$6x_2 + \phantom{9}9x_3 = 3 \qquad | \cdot 4$$
$$-4x_2 - \underline{\phantom{0}}\,x_3 = 10 \qquad | \cdot 6$$

| −1 | 1 | 1 | 0 | |
|----|----|----|----|----|
| 0 | 6 | 9 | 3 | $\cdot 4$ |
| 0 | ▨ | −2 | ▨ | $\cdot 6$ |

(4) Zweite Zeile mit 4 multiplizieren und dritte Zeile mit 6 multiplizieren

$$-x_1 + x_2 + \phantom{9}x_3 = 0$$
$$24x_2 + \underline{\phantom{0}}\,x_3 = 12 \qquad | \cdot 1$$
$$-\underline{\phantom{0}}\,x_2 - 12x_3 = \underline{\phantom{0}}$$

| −1 | 1 | 1 | 0 | |
|----|----|----|----|----|
| 0 | ▨ | 36 | ▨ | $\cdot 1$ |
| 0 | −24 | ▨ | 60 | |

(5) Zweite Zeile zur dritten Zeile hinzu addieren und diese durch die Summe ersetzen

$$-x_1 + x_2 + \phantom{9}x_3 = 0$$
$$24x_2 + 36x_3 = \underline{\phantom{0}}$$
$$24x_3 = \underline{\phantom{0}}$$

| −1 | 1 | 1 | 0 |
|----|----|----|----|
| 0 | ▨ | 36 | 12 |
| 0 | 0 | ▨ | 72 |

(6) Die Stufenform von „unten" nach „oben" auflösen und $x_1$, $x_2$ und $x_3$ ermitteln:

Mit $x_3 = $ _____ folgt aus

$$24x_2 + 36 \cdot \underline{\phantom{0}} = 12$$
$$24 \cdot x_2 = 12 - \underline{\phantom{0}}$$
$$x_2 = \underline{\phantom{0}}$$

Mit $x_3$ und $x_2$ folgt aus der ersten Gleichung für $x_1$:

_____

_____

Lösung (_____ ; _____ ; _____)

**3** Lösen Sie das lineare Gleichungssystem mit dem Gauß-Verfahren und kontrollieren Sie die Lösung mit dem GTR.

a)
$$2x_1 + \phantom{3}x_2 - 4x_3 = -6$$
$$x_1 - 3x_2 + 6x_3 = -2$$
$$x_1 + 2x_2 + 3x_3 = \phantom{-}5$$

b)
$$2x_1 + x_2 + \phantom{3}x_3 = \phantom{-}1$$
$$-3x_2 - 2x_3 = -8$$
$$-x_2 + \phantom{3}x_3 = -1$$

c)
$$x_1 + \phantom{3}x_2 + 2x_3 = 1$$
$$x_1 + 3x_2 + 4x_3 = 1$$
$$2x_1 + \phantom{3}x_2 - 2x_3 = 7$$

**4** Welcher Fehler wurde bei der ersten Äquivalenzumformung gemacht? Verbessern Sie ihn und rechnen Sie die Aufgabe zu Ende

a)
$$-2x_1 + x_2 + 2x_3 = -6 \quad | \cdot (-1)$$
$$x_1 + x_2 \phantom{+ 2x_3} = \phantom{-}0$$
$$-2x_1 \phantom{+ x_2} + 3x_3 = \phantom{-}1$$

$$-2x_1 + x_2 + 2x_3 = -6$$
$$x_1 + x_2 \phantom{+ 2x_3} = \phantom{-}0$$
$$-x_2 + 5x_3 = \phantom{-}7$$

b)
$$x_1 + 7x_2 + \phantom{2}x_3 = \phantom{-}2 \quad | \cdot 1$$
$$-x_1 - 3x_2 + 2x_3 = -5$$
$$-x_1 + 4x_2 + 4x_3 = -7$$

$$x_1 + 7x_2 + \phantom{2}x_3 = \phantom{-}2$$
$$4x_2 + 2x_3 = -3 \quad | \cdot 11$$
$$11x_2 + 5x_3 = \phantom{-}5 \quad | \cdot (-4)$$

c)
$$x_1 + \phantom{2}x_2 + 2x_3 = \phantom{-}2 \quad | \cdot (-2)$$
$$2x_1 \phantom{+ 2x_2} - \phantom{2}x_3 = \phantom{-}0$$
$$-3x_1 - 2x_2 - 2x_3 = -1$$

$$x_1 + \phantom{2}x_2 + 2x_3 = \phantom{-}2 \quad | \cdot 3$$
$$+2x_2 + 3x_3 = -2$$
$$-3x_1 - 2x_2 - 2x_3 = -1$$

# Lösungsmengen linearer Gleichungssyteme

Hat ein LGS mit mehr als zwei Variablen nach allen Umformungen eine „Dreiecksform", so gibt es genau eine Lösung. Erhält man kein „echtes" Dreieck in der Stufenform, so gibt es zwei Fälle.

**1. Fall: Das LGS hat keine Lösung.** Ein mögliche Stufenform wäre zum Beispiel:

| Ausführliche Schreibweise | Matrixschreibweise | Darstellung mit dem GTR |
|---|---|---|

$$2x_1 + x_2 - x_3 = 6$$
$$3x_2 + 2x_3 = -2$$
$$0 \cdot x_3 = 1$$

$$\begin{array}{ccc|c} 2 & 1 & -1 & 6 \\ 0 & 3 & 2 & -2 \\ 0 & 0 & 0 & 1 \end{array}$$

[A]
[[2 1 -1 6 ]
[0 3 2 -2]
[0 0 0 1 ]]

Die letzte Gleichung $0 \cdot x_3 = 1$ liefert eine falsche Aussage $(0 = 1)$.
Die Lösungsmenge ist leer: $L = \{\}$

**2. Fall: Das LGS hat unendlich viele Lösungen.** Eine mögliche Stufenform wäre zum Beispiel:

| Ausführliche Schreibweise | Matrixschreibweise | Darstellung mit dem GTR |
|---|---|---|

$$x_1 + 2x_2 - x_3 = 4$$
$$2x_2 - 2x_3 = -4$$
$$0 \cdot x_3 = 0$$

$$\begin{array}{ccc|c} 1 & 2 & -1 & 4 \\ 0 & 2 & -2 & -4 \\ 0 & 0 & 0 & 0 \end{array}$$

[B]
[[1 2 -1 4 ]
[0 2 -2 -4]
[0 0 0 0 ]]

Die letzte Gleichung $0 \cdot x_3 = 0$ liefert eine wahre Aussage $(0 = 0)$. Deshalb hat das gesamte LGS unendlich viele Lösungen. Die Lösungen lassen sich wie folgt darstellen:

Konkret – eine Lösung

Setzt man z. B. $x_3 = 1$,
erhält man aus der zweiten Gleichung $x_2 = -1$.
Beides in die erste Gleichung eingesetzt liefert
$x_1 = 7$ und man erhält die Lösung $(7; -1; 1)$.

Allgemein – alle Lösungen

Setzt man z. B. $x_3 = t$,
erhält man aus der zweiten Gleichung $x_2 = t - 2$.
Beides in die erste Gleichung eingesetzt liefert
$x_1 = 8 - t$ und man erhält die Lösungsmenge
$L = \{(8 - t; t - 2; t) \mid t \in \mathbb{R}\}$.

Mit dem GTR sieht die Lösung aus wie rechts:

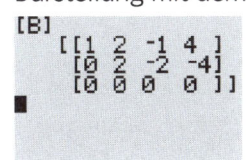

rref([B])
[[1 0 1 8 ]
[0 1 -1 -2]
[0 0 0 0 ]]

**1** Geben Sie die Lösungsmenge des LGS an, das zu der GTR-Anzeige gehört.

a) rref([A])
[[1 0 0 2 ]
[0 1 0 3 ]
[0 0 1 -1]]

b)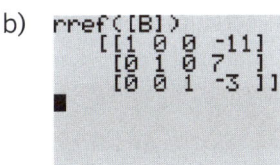
rref([B])
[[1 0 0 -11]
[0 1 0 7 ]
[0 0 1 -3 ]]

c) rref([C])
[[1 0 -3 -2]
[0 1 2 4 ]
[0 0 0 0 ]]

d) rref([D])
[[1 0 -3 -2]
[0 1 2 4 ]
[0 0 0 0 ]]

**2** Füllen Sie die Lücken aus und bestimmen Sie die Lösungsmenge des LGS.

Ausführliche Schreibweise          Matrixschreibweise          Vorgehen

$$
\begin{aligned}
-x_1 + 4x_2 + \ x_3 &= \ 2 \quad | \cdot (-2) \ | \cdot 1 \\
-2x_1 + \ x_2 - 4x_3 &= -5 \\
x_1 + \ x_2 + \ x_3 &= \ 1
\end{aligned}
$$

$$
\left[\begin{array}{ccc|c}
-1 & -4 & 1 & 2 \\
-2 & 1 & -4 & -5 \\
1 & 1 & 1 & 1
\end{array}\right]
\quad | \cdot (-2) \ | \cdot 1
$$

(1) Erste Zeile mit $-2$ multiplizieren, zur zweiten Zeile hinzu addieren und diese ersetzen, anschließend erste Zeile zur dritten Zeile addieren und diese durch die Summe ersetzen.

$$
\begin{aligned}
-x_1 - 4x_2 + \ x_3 &= 2 \\
\underline{\ \ } x_2 - \ 6x_3 &= \underline{\ \ } \quad | : 3 \\
-3x_2 + \underline{\ \ } x_3 &= \underline{\ \ }
\end{aligned}
$$

$$
\left[\begin{array}{ccc|c}
-1 & -4 & 1 & 2 \\
0 & 9 & \blacksquare & -9 \\
0 & \blacksquare & \blacksquare & 3
\end{array}\right]
\quad | : 3
$$

(2) Zweite Zeile durch 3 dividieren, zur dritten Zeile hinzu addieren und diese damit ersetzen.

$$
\begin{aligned}
-x_1 - 4x_2 + \ x_3 &= \ 2 \\
\underline{\ \ } x_2 - \ 2x_3 &= -3 \\
0 \cdot x_2 + 0 \cdot x_3 &= \ 0
\end{aligned}
$$

$$
\left[\begin{array}{ccc|c}
-1 & -4 & 1 & 2 \\
0 & 3 & \blacksquare & -3 \\
0 & 0 & 0 & \blacksquare
\end{array}\right]
$$

(3) Die Stufenform von „unten" unten nach „oben" auflösen.

Die Gleichung $0 \cdot x_2 + 0 \cdot x_3 = 0$ hat unendlich viele Lösungen.

Setze z. B. $x_3 = t$.

Dies in die zweite Gleichung eingesetzt liefert $3x_2 - 2 \cdot t = -3$. Daraus folgt $x_2 = \underline{\hspace{5cm}}$.

$x_3$ und $x_2$ in die erste Gleichung eingesetzt liefert: $-x_1 - 4 \cdot \left(-1 + \frac{2}{3}t\right) + t = 2$. Umformen nach $x_1$ liefert:

$\underline{\hspace{14cm}}$

Damit erhält man allgemein die Lösungsmenge $L = \{(\underline{\hspace{2cm}} ; \underline{\hspace{2cm}} ; t) \,|\, t \in \mathbb{R}\}$.

**3** Sind die angegebenen Zahlentripel jeweils eine Lösung des LGS mit der angegebenen Lösungsmenge? Kreuzen Sie an.

| | | wahr | falsch |
|---|---|:---:|:---:|
| Das LGS mit $L = \{(t + 6; 2t; t) \,|\, t \in \mathbb{R}\}$ hat das Zahlentripel $(7; 2; 1)$ als Lösung. | | ☐ | ☐ |
| Das LGS mit $L = \{(2t - 3; t; 3t) \,|\, t \in \mathbb{R}\}$ hat das Zahlentripel $(1; 2; 6)$ als Lösung. | | ☐ | ☐ |
| Das LGS mit $L = \{(t - 4; 2t; 0{,}5t) \,|\, t \in \mathbb{R}\}$ hat das Zahlentripel $(-2; 2; 1)$ als Lösung. | | ☐ | ☐ |
| Das LGS mit $L = \{(t; 5 - 2t; 3) \,|\, t \in \mathbb{R}\}$ hat das Zahlentripel $(2; 1; -3)$ als Lösung. | | ☐ | ☐ |
| Das LGS mit $L = \{(t; 7 + 3t; 2t) \,|\, t \in \mathbb{R}\}$ hat das Zahlentripel $(-3; -2; -6)$ als Lösung. | | ☐ | ☐ |
| Das LGS mit $L = \{(3t - 4; t; 2t) \,|\, t \in \mathbb{R}\}$ hat das Zahlentripel $(11; 5; 10)$ als Lösung. | | ☐ | ☐ |

**4** Geben Sie für die allgemeinen Lösungsmengen eines LGS mit unendlich vielen Lösungen jeweils zwei konkrete Lösungen an.

| Lösungsmenge | Lösungstripel – Beispiele |
|:---:|:---:|
| $L = \{(2; 2t - 4; t) \,|\, t \in \mathbb{R}\}$ | |
| $L = \{(3 - t; 2t; t) \,|\, t \in \mathbb{R}\}$ | |
| $L = \{(0{,}5t + 6; t; 3t) \,|\, t \in \mathbb{R}\}$ | |
| $L = \{(4t; 3t; t) \,|\, t \in \mathbb{R}\}$ | |

**5** Geben Sie an, ob das lineare Gleichungssystem eine, keine oder unendlich viele Lösungen besitzt. Geben Sie die Lösungsmenge an.

a) $x_1 + 3x_2 - 2x_3 = 0$
$2x_1 - 4x_2 + x_3 = -3$
$4x_1 - 8x_2 + 2x_3 = -5$

Anzahl der Lösungen:

_____

L = _____

b) $-x_1 + x_2 - 3x_3 = 2$
$x_2 + 2x_3 = 3$
$3x_1 - 2x_2 + 22x_3 = 8$

Anzahl der Lösungen:

_____

L = _____

c) $-2x_1 + x_2 + 4x_3 = -6$
$2x_1 - 2x_2 - 3x_3 = 0$
$-4x_1 + 3x_2 + 7x_3 = -6$

Anzahl der Lösungen:

_____

L = _____

**6** Sind die Aussagen wahr oder falsch? Geben Sie eine kurze Begründung an.

| Aussage | wahr | falsch | Begründung |
|---|---|---|---|
| a) Jedes lineare Gleichungssystem in Stufenform, das weniger Gleichungen als Variablen aufweist, hat unendlich viele Lösungen. | | | |
| b) Wenn man ein lineares Gleichungssystem durch Äquivalenzumformungen auf eine dreieckige Stufenform bringen kann, so hat es keine Lösung. | | | |
| c) Hat ein lineares Gleichungssystem mehr Gleichungen als Variablen, so hat es keine Lösung. | | | |
| d) Ist bei einem LGS mit gleicher Anzahl von Gleichungen und Variablen eine der Gleichungen ein Vielfaches einer zweiten, so hat das LGS keine Lösung. | | | |

**7** Geben Sie das zughörige Gleichungssystem und die Lösungsmenge an, die zu der GTR-Anzeige gehören.

a) [A]
[[1 1 -3 1]
[2 1 -4 6]]

rref([A])
[[1 0 -1 5]
[0 1 -2 -4]]

b) [B]
[[2 -1 1 -2 -3]
[2 0 1 1 2...
[-2 2 -5 5 7...
[0 1 2 2 4...

rref([B])
[[1 0 0 0 .125]
[0 1 0 0 .5]
[0 0 1 0 .25]
[0 0 0 1 1.5]]

c) [C]
[[-1 2 7 50]
[1 1 1 15]
[-1 1 1 5]
[11 3 -9 1]]

rref([C])
[[1 0 0 5]
[0 1 0 3]
[0 0 1 7]
[0 0 0 0]]

**8** Bestimmen Sie die Lösungsmenge des linearen Gleichungssystems.

a) $x_1 + 2x_2 - x_3 = -12$
$-x_1 + 2x_2 - 3x_3 = 4$

b) $x_1 - 2x_2 - 2x_3 = 2$
$x_1 + 2x_2 + x_3 = 1$
$2x_1 + 3x_2 + 3x_3 = 4$
$x_1 + 3x_2 + x_3 = 0$

c) $x_1 + 2x_2 - 3x_3 = 1$
$-2x_1 - x_2 + 6x_3 = 4$
$-x_1 + 5x_2 + 3x_3 = 7$

**9** Geben Sie ein lineares Gleichungssystem an, das die folgende Lösungsmenge hat. Die Koeffizienten sollen von Null verschieden sein.

a) $L = \{(-1; 3; -2)\}$
b) $L = \{(1 - t; 4; t) \mid t \in \mathbb{R}\}$
c) $L = \{(-2t; 3t; t) \mid t \in \mathbb{R}\}$
d) $L = \{\}$

# Bestimmung ganzrationaler Funktionen

Mithilfe eines linearen Gleichungssystems kann man die **Funktionsvorschrift einer ganzrationalen Funktion bestimmen**, wenn genügend Eigenschaften bekannt sind.

Beispiel: Der Graph einer ganzrationalen Funktion dritten Grades hat in P(−3|0) eine Tangente mit der Steigung 3 und der Graph berührt im Ursprung die x-Achse. Zur Lösung geht man folgendermaßen vor:

1. Aufstellen der allgemeinen Form der Funktionsgleichung einer Funktion dritten Grades und ihrer Ableitung:

   $f(x) = a \cdot x^3 + b \cdot x^2 + c \cdot x + d$ und damit ist $f'(x) = 3a \cdot x^2 + 2b \cdot x + c$

2. Ansatz der Bedingungen und Aufstellen des linearen Gleichungssystems:

| | Bedingungen | Zugehöriges LGS |
|---|---|---|
| P liegt auf Graph von f | $f(-3) = 0$ | I $\quad -27a + 9b - 3c + d = 0$ |
| Steigung der Tangente in P ist 3 | $f'(-3) = 3$ | II $\quad 27a - 6b + c = 3$ |
| Ursprung liegt auf Graph von f | $f(0) = 0$ | III $\quad d = 0$ |
| Berührt die x-Achse im Ursprung | $f'(0) = 0$ | IV $\quad c = 0$ |

Einsetzen von III und IV liefert

I* $\quad -27a + 9b = 0$
II* $\quad 27a - 6b = 3$    $\rceil +$
I* $\quad -27a + 9b = 0$
II* $\quad\quad -3b = 3$

Man erhält als Lösungen $a = \frac{1}{3}$, $b = 1$ und $c = d = 0$

und damit die Funktionsgleichung der gesuchten Funktion

$f(x) = \frac{1}{3} \cdot x^3 + x^2$

---

**1** Der Graph einer ganzrationalen Funktion dritten Grades hat einen Wendepunkt in P(0|2) und einen Hochpunkt bei Q(1|4). Bestimmen Sie die Funktionsgleichung, indem Sie die Lücken ausfüllen:

– Aufstellen der allgemeinen Form der Funktionsgleichung einer Funktion 3. Grades:
  $f(x) = a \cdot x^3 + b \cdot x^2 + c \cdot x + d$

  und damit ist $f'(x) = $ _____ und $f''(x) = $ _____

– Ansatz der Bedingungen:                                                Zugehöriges LGS

  P liegt auf dem Graph von f          _____          I $\quad d = 2$

  P ist Wendepunkt          $f''(0) = $ _____          II $\quad 2b = 0$ d.h. $b = $ ____

  Q liegt auf dem Graph von f          $f(1) = 4$          III _____

  Q ist Hochpunkt          _____          IV $\quad 3a + 2b + c = 0$

  Einsetzen von I und II ergibt das LGS

  III* $\quad a + c + 2 = 4$                              Man erhält als Lösungen $a = $ _____ und aus $a + c = 2$
  IV* _____
  III* $\quad\quad a + c = 2$     $] \cdot (-1)$          folgt $c = $ _____. Mit $b = 0$ und $d = 2$ ergibt sich damit
  IV* $\quad 3a + c = 0$     $\rceil +$
  III* $\quad\quad a + c = 2$                              die Funktionsgleichung der gesuchten Funktion
  IV* $\quad\quad\quad 2a = -2$                           $f(x) = $ _____ .

---

**2** Bestimmen Sie die ganzrationale Funktion dritten Grades, deren Graph die y-Achse bei 2 schneidet und die x-Achse an der Stelle $x = 2$ berührt und bei $x = -1$ eine weitere Nullstelle hat.

Ansatz: Schnittpunkt mit der y-Achse bei 2:    (I)  $f(\rule{1cm}{0.4pt}) = $ _____ ;

Berührpunkt bei (2|0) liefert:    (II)  $f(\rule{1cm}{0.4pt}) = 0$  und  (III) $f'(2) = $ _____

Weitere Nullstelle bei $x = -1$:    (IV)  $f(\rule{1cm}{0.4pt}) = 0$.

**3** Bestimmen Sie die ganzrationale Funktion dritten Grades, deren Graph ein Extremum in P(1|2) hat, einen Wendepunkt an der Stelle $x = 2$ besitzt und durch den Ursprung verläuft.

Ansatz: P(1|2) ist Extrempunkt:      (I)   $f(1) =$ _____   und   (II) $f'(\underline{\quad}) = 0$.

     Wendepunkt an der Stelle $x = 2$:      (III)   $f''(2) =$ _____

     Graph geht durch den Ursprung:      (IV)   $f(\underline{\quad}) = 0$.

**4** Unten sehen Sie die Graphen ganzrationaler Funktionen dritten Grades. Bestimmen Sie die Funktionsgleichung, indem Sie dem Graph genügend geeignete Eigenschaften entnehmen.

a)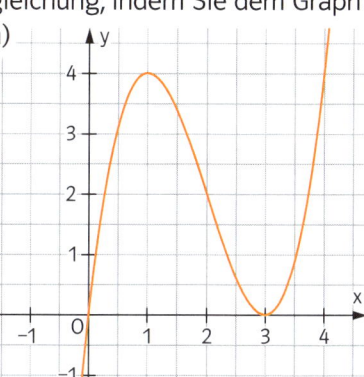

b)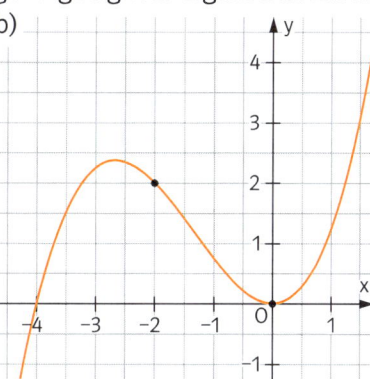

c)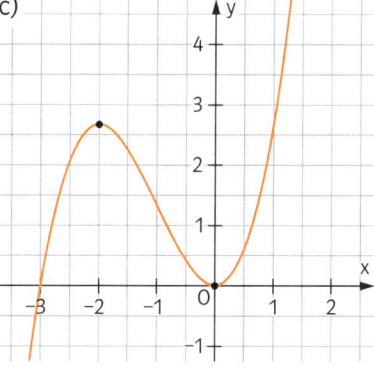

---

Das LGS ist deutlich einfacher, wenn man **Symmetrieeigenschaften** der Funktionen mit einbezieht.

Beispiel:
Bestimmen Sie die Funktionsgleichung der Funktion mit nebenstehendem Graphen.

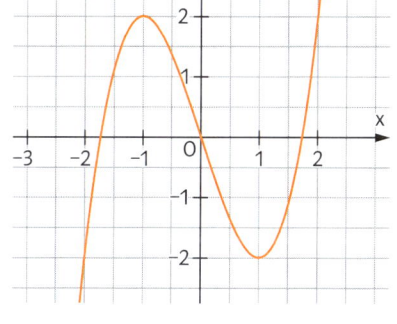

Lösung:
Es handelt sich um eine Funktion dritten Grades, die punktsymmetrisch zum Ursprung ist. Damit treten nur ungerade Hochzahlen im Term auf: $f(x) = a \cdot x^3 + c \cdot x$ und $f'(x) = 3a \cdot x^2 + c$. Aus dem Schaubild kann man z.B. den Tiefpunkt T(1|−2) ablesen. Das führt mit dem Ansatz $f(1) = -2$ und $f'(1) = 0$ zu dem LGS:   I    $a + c = -2$
                                   II $3a + c = 0$. Man erhält als Lösungen $a = 1$ und $c = -3$, d.h. $f(x) = x^3 - 3x$.

---

**5** Bestimmen Sie eine Funktionsgleichung.
a) Der Graph einer ganzrationalen Funktion dritten Grades ist punktsymmetrisch zum Ursprung.
Er hat ein Extremum bei $x = 2$ und geht durch den Punkt P(1|1).
b) Der Graph einer ganzrationalen Funktion vierten Grades ist achsensymmetrisch zur y-Achse.
Er hat im Punkt P(2|−2) die Steigung 2 und einen Wendepunkt bei $x = -1$.
c) Der Graph einer ganzrationalen Funktion vierten Grades hat im Ursprung eine Wendetangente mit der Steigung 1 und im Punkt P(2|4) die Steigung 0.
d) Der Graph einer ganzrationalen Funktion zweiten Grades ist symmetrisch zur y-Achse und hat den Scheitel S(0|1,5).

**6** Der Anlauf der nebenstehenden Skisprungschanze soll näherungsweise mithilfe einer Parabel zweiten Grades beschrieben werden.
Die Koordinaten des Schanzenkopfes sind gegeben durch S(−100|50).
Der Schanzentisch liegt im Ursprung und die Steigung am Schanzentisch T ist −0,2.
Bestimmen Sie die Gleichung der Funktion, deren Schaubild den Anlauf der Skisprungschanze beschreibt.

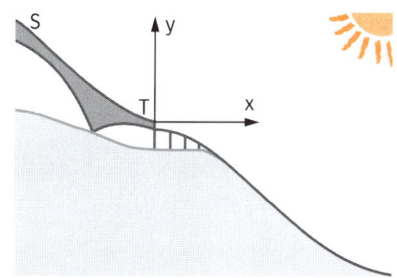

**1** Lösen Sie das lineare Gleichungssystem mit dem Gauß-Verfahren.

a)
$$\begin{aligned} x_2 + x_3 &= 1 \\ x_1 + 2x_2 + x_3 &= 3 \\ 2x_1 - x_2 + 6x_3 &= 3 \end{aligned}$$

b)
$$\begin{aligned} -3x_1 + 3x_2 + 2x_3 &= 38 \\ 4x_1 \quad\quad - 7x_3 &= -91 \\ -x_1 \quad\quad - 2x_3 &= -26 \end{aligned}$$

c)
$$\begin{aligned} 2x_1 + 6x_2 - x_3 &= -15 \\ -5x_1 + x_2 + 9x_3 &= 70 \\ 2x_1 - 3x_2 + x_3 &= -5 \end{aligned}$$

**2** Geben Sie an, ob das lineare Gleichungssystem eine, keine oder unendlich viele Lösungen besitzt. Geben Sie die Lösungsmenge an.

a)
$$\begin{aligned} 3x_1 - x_2 + 2x_3 &= 7 \\ x_1 + 2x_2 + 3x_3 &= 14 \end{aligned}$$

b)
$$\begin{aligned} x_1 + 4x_2 + x_3 &= 10 \\ x_1 + 2x_2 + x_3 &= 8 \\ x_1 + x_2 - x_3 &= 3 \end{aligned}$$

c)
$$\begin{aligned} -2x_1 + x_2 + 4x_3 &= -3 \\ 2x_1 - x_2 - 4x_3 &= 0 \\ -4x_1 + 2x_2 + 8x_3 &= 5 \end{aligned}$$

**3** Welcher Fehler wurde bei der ersten Äquivalenzumformung gemacht? Verbessern Sie ihn und rechnen Sie die Aufgabe zu Ende

a)
$$\begin{aligned} x_1 - 2x_2 + x_3 &= 0 \quad | \cdot (-1) \\ 10x_1 + x_2 - 8x_3 &= 0 \\ x_1 + x_2 + x_3 &= 18 \end{aligned}$$

$$\begin{aligned} x_1 - 2x_2 + x_3 &= 0 \\ 10x_1 + x_2 - 8x_3 &= 0 \\ 3x_2 &= -18 \end{aligned}$$

b)
$$\begin{aligned} x_1 - x_2 + x_3 &= 0 \quad | \cdot 1 \\ -x_1 - x_2 &= 2 \\ -x_1 - x_2 + 2x_3 &= 2 \end{aligned}$$

$$\begin{aligned} x_1 - x_2 + x_3 &= 0 \\ -2x_2 + x_3 &= 2 \quad | \cdot (-1) \\ -2x_2 + 2x_3 &= 2 \end{aligned}$$

c)
$$\begin{aligned} x_1 - 3x_2 + x_3 &= 1 \quad | \cdot 1 \\ -x_1 + 2x_2 &= 4 \\ -x_1 + 4x_2 - 2x_3 &= -6 \end{aligned}$$

$$\begin{aligned} x_1 - 3x_2 + x_3 &= 1 \\ -x_2 - x_3 &= 5 \quad | \cdot 1 \\ x_2 - x_3 &= -5 \end{aligned}$$

**4** Bestimmen Sie jeweils den Funktionsterm.

a) Der Graph einer ganzrationalen Funktion dritten Grades berührt die x-Achse im Ursprung und hat an der Nullstelle $x = -3$ die Steigung 6.

b) Der Graph einer ganzrationalen Funktion dritten Grades hat einen Tiefpunkt bei $T(0|3)$ und einen Wendepunkt bei $W(1|5)$.

c) Der Graph einer ganzrationalen Funktion vierten Grades ist achsensymmetrisch zur y-Achse. Er schneidet die y-Achse bei 2 und hat einen Tiefpunkt bei $T(2|-6)$.

**5** Die Flugkurve eines Skispringers bei der nebenstehenden Skisprungschanze soll näherungsweise mithilfe einer Funktion dritten Grades beschrieben werden.
Die Flugkurve hat bei $K(90|-45)$ einen Wendepunkt und bei $T(180|-90)$ einen Tiefpunkt.
Bestimmen Sie die Gleichung der Funktion, deren Schaubild die Flugkurve des Springers beschreibt.

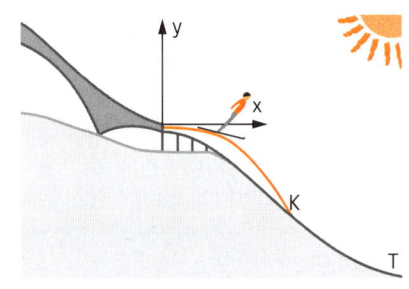

# Punkte im Raum

Um die Lage eines Punktes P im Raum zu beschreiben, benötigt man drei **Koordinaten**.

$P(2|3|4)$ hat die $x_1$-Koordinate 2, die $x_2$-Koordinate 3 und die $x_3$-Koordinate 4.

Der Punkt Q hat die Koordinaten $(-3|-2|3)$.

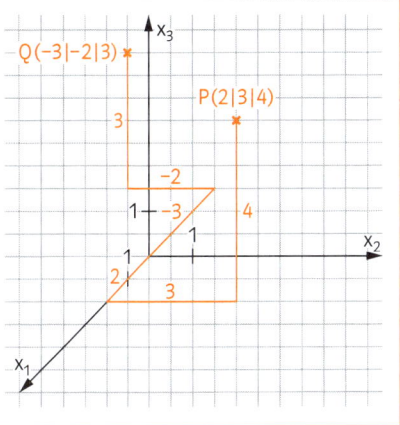

**1** Tragen Sie folgende Punkte samt Hilfslinien in ein geeignetes Koordinatensystem ein:
$A(3|2|1)$, $B(-1|2|3)$, $C(-1|-2|4)$, $D(-2|-4|-3)$.

**2** Im Koordinatensystem sind die Punkte A, B und C eingetragen. Ohne Hilfslinien lassen sich die Koordinaten dieser Punkte nicht eindeutig ablesen.
a) Kreuzen Sie für A, B und C jeweils an, wenn die Punkte die angegebenen Koordinaten haben können.

☐ $A(2|-1,5|4)$　☐ $A(-2|-3|2)$　☐ $A(0|-2,5|3)$　☐ $A(4|3|3)$
☐ $B(0|2,5|5)$　☐ $B(-5|0|2,5)$　☐ $B(3|4|6)$　☐ $B(5|5|7,5)$
☐ $C(5|4|0)$　☐ $C(2|3|-1,5)$　☐ $C(-1|1|-3)$　☐ $C(0|3|-2)$

b) Füllen Sie die Lücken so aus, dass die Koordinaten mit der Lage der Punkte A, B und C übereinstimmen.

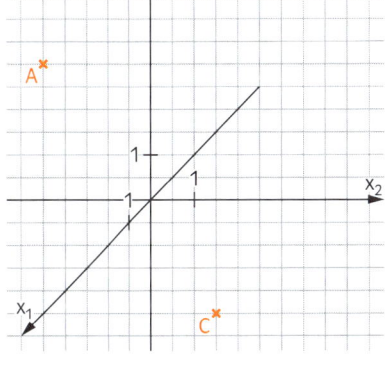

$A(1|\ \ |\ \ )$ 　　 $A(\ \ |0|\ \ )$ 　　 $A(\ \ |\ \ |1)$

$B(-4|\ \ |\ \ )$ 　　 $B(4|\ \ |\ \ )$ 　　 $B(\ \ |5|\ \ )$

$C(\ \ |\ \ |0)$

**3** Eine rechteckige (nicht regelmäßige) Pyramide, deren Grundflächenkanten parallel zu den Koordinatenachsen liegen, ist drei Einheiten hoch. Zwei gegenüberliegende Eckpunkte sind $A(2|1|0)$ und $C(4|4|0)$, die Spitze hat die Koordinaten $S(1|1|?)$.

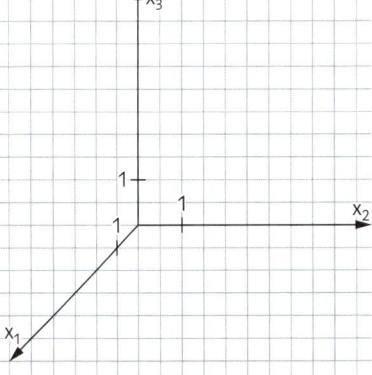

a) Zeichnen Sie die Punkte ins Koordinatensystem und ergänzen Sie diese zu der verlangten Pyramide.

b) Geben Sie die Koordinaten der beiden anderen Eckpunkte B und D sowie die dritte Koordinate der Pyramidenspitze S an:

$B(\ \ |\ \ |\ \ )$, $D(\ \ |\ \ |\ \ )$, $S(1|1|\ \ )$

**4** In einem Koordinatensystem liegt ein Würfel der Kantenlänge 5. Geben Sie mögliche Koordinaten für die Eckpunkte an, wenn die Grundfläche des Würfels in der $x_1x_2$-Ebene liegt und folgende Bedingungen erfüllt:
a) der Ursprung $(0|0|0)$ ist eine Ecke des Würfels und keine Ecke hat eine negative $x_2$-Koordinate
b) der Ursprung ist eine Ecke des Würfels und alle Ecken haben $x_1$-Koordinaten, die nicht positiv sind.
c) der Ursprung liegt in der Mitte der Grundfläche des Würfels.

**5** Wo liegen alle Punkte …
a) … deren $x_2$-Koordinate null beträgt?
b) … deren $x_1$-Koordinate 2 beträgt?
c) … deren $x_3$-Koordinate null und gleichzeitig die $x_1$-Koordinate 1 beträgt?

# Vektoren

Mithilfe von **Vektoren** lassen sich unter anderem **Richtungen**

beschreiben. Zum Beispiel beschreibt der Vektor $\overrightarrow{AB} = \begin{pmatrix} 1 \\ 3 \\ 2 \end{pmatrix}$ die

Richtung vom Ausgangspunkt A(2|3|4) zum Zielpunkt B(3|6|6).

$\begin{pmatrix} 1 \\ 3 \\ 2 \end{pmatrix}$ beschreibt aber auch die Richtung von C(−2|3|0)

nach D(−1|6|2). Allgemein erhält man die Komponenten von $\overrightarrow{AB}$, wenn man die Differenz der Koordinaten von B und A bildet:

$$\overrightarrow{AB} = \begin{pmatrix} b_1 - a_1 \\ b_2 - a_2 \\ b_3 - a_3 \end{pmatrix}, \text{ hier ist also } \overrightarrow{AB} = \begin{pmatrix} 3 - 2 \\ 6 - 3 \\ 6 - 4 \end{pmatrix} = \begin{pmatrix} 1 \\ 3 \\ 2 \end{pmatrix} \text{ bzw. } \overrightarrow{CD} = \begin{pmatrix} -1 - (-2) \\ 6 - 3 \\ 2 - 0 \end{pmatrix} = \begin{pmatrix} 1 \\ 3 \\ 2 \end{pmatrix}$$

Der Vektor $\overrightarrow{BA} = \begin{pmatrix} -1 \\ -3 \\ -2 \end{pmatrix}$ heißt **Gegenvektor zu** $\overrightarrow{AB}$.

Ist der Ausgangspunkt eines Vektors der Ursprung O(0|0|0) des Koordinatensystems, so zeigt der Vektor $\overrightarrow{OP}$ zum Punkt P hin. Man nennt $\overrightarrow{OP}$ dann den **Ortsvektor von P** und kürzt ihn mit $\vec{p}$ ab.

Seine Komponenten sind dieselben Zahlen wie die Koordinaten von P. So ist $\vec{p} = \overrightarrow{OP} = \begin{pmatrix} 1 \\ -3 \\ 4 \end{pmatrix}$ der Ortsvektor zum Punkt P(1|−3|4).

Bemerkung: Vektoren $\overrightarrow{PQ}$ bezeichnet man oft auch mit kleinen Buchstaben, z.B. $\vec{c} = \overrightarrow{PQ}$. Ob nun mit $\vec{c}$ der Ortsvektor $\overrightarrow{OC}$ gemeint ist, oder der Vektor $\overrightarrow{PQ}$, wird jeweils aus dem Zusammenhang klar.

**1** Tragen Sie den Ortsvektor $\vec{p} = \begin{pmatrix} 1 \\ 2 \\ 3 \end{pmatrix}$ ins Koordinatensystem ein und zwei

weitere Vektoren mit denselben Koordinaten sowie einen Gegenvektor dazu.

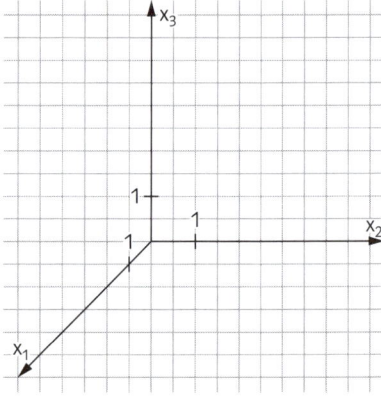

**2** Bestimmen Sie aus den Koordinaten der Punkte A und B den Vektor $\overrightarrow{AB}$ und geben Sie jeweils den Gegenvektor an.

a) A(2|3|4), B(5|4|5) : $\overrightarrow{AB} = \begin{pmatrix} \\ \\ \end{pmatrix}$, Gegenvektor $\begin{pmatrix} \\ \\ \end{pmatrix}$ 
b) A(3|3|1), B(2|1|0) : $\overrightarrow{AB} = \begin{pmatrix} \\ \\ \end{pmatrix}$, Gegenvektor $\begin{pmatrix} \\ \\ \end{pmatrix}$

c) A(3|1|2), B(2|−2|−4) : $\overrightarrow{AB} = \begin{pmatrix} \\ \\ \end{pmatrix}$, Gegenvektor $\begin{pmatrix} \\ \\ \end{pmatrix}$ 
d) A(4|−3|−1), B(2|−2|−2) : $\overrightarrow{AB} = \begin{pmatrix} \\ \\ \end{pmatrix}$, Gegenvektor $\begin{pmatrix} \\ \\ \end{pmatrix}$

**3** a) Bestimmen Sie die Koordinaten von B, wenn der Punkt A(0|−1|2) und der Vektor $\overrightarrow{AB} = \begin{pmatrix} 3 \\ 3 \\ 3 \end{pmatrix}$ gegeben sind.

b) Bestimmen Sie die Koordinaten von A, wenn der Punkt B(2|0|3) und der Vektor $\overrightarrow{AB} = \begin{pmatrix} 3 \\ 3 \\ 3 \end{pmatrix}$ gegeben sind.

**4** Zu welchem Punkt ist $\vec{p} = \begin{pmatrix} 3 \\ -4 \\ 2 \end{pmatrix}$ der Ortsvektor?

**5** Verbinden Sie die geeigneten Punkte A und B mit einem passenden Vektor.

| A(2\|0\|-1) | B(5\|2\|2) | A(5\|-1\|-1) | $\overrightarrow{AB} = \begin{pmatrix} 0 \\ 0 \\ 0 \end{pmatrix}$ |

$\overrightarrow{BA} = \begin{pmatrix} -2 \\ 0 \\ -1 \end{pmatrix}$ 　　 $\overrightarrow{AB} = \begin{pmatrix} -2 \\ 0 \\ -1 \end{pmatrix}$ 　　 B(4\|0\|0) 　　 A(3\|3\|3)

B(3\|-1\|-2) 　　 A(5\|2\|2) 　　 $\overrightarrow{BA} = \begin{pmatrix} -1 \\ -1 \\ -2 \end{pmatrix}$ 　　 B(4\|4\|5)

**6** Füllen Sie die Lücken passend aus.

a) A(▢\|2\|2), B(3\|▢\|-1), $\overrightarrow{AB} = \begin{pmatrix} 1 \\ 5 \\ ▢ \end{pmatrix}$

b) A(-1\|▢\|-4), B(1\|3\|▢), $\overrightarrow{BA} = \begin{pmatrix} ▢ \\ 0 \\ 1 \end{pmatrix}$

**7** Ein Trapez ABCD ist ein Viereck, bei dem zwei Seiten zueinander parallel sind. Bei einem Parallelogramm sind jeweils einander gegenüberliegende Seiten parallel. Untersuchen Sie, ob die vier Punkte A, B, C und D ein Trapez oder sogar ein Parallelogramm bilden.

a) A(2\|1\|3), B(4\|5\|-1), C(3\|3\|0), D(1\|-1\|4):

$\overrightarrow{AB} = \begin{pmatrix} ▢ \\ ▢ \\ ▢ \end{pmatrix}$, $\overrightarrow{BC} = \begin{pmatrix} ▢ \\ ▢ \\ ▢ \end{pmatrix}$, $\overrightarrow{CD} = \begin{pmatrix} ▢ \\ ▢ \\ ▢ \end{pmatrix}$, $\overrightarrow{DA} = \begin{pmatrix} ▢ \\ ▢ \\ ▢ \end{pmatrix}$

b) A(3\|1\|2), B(7\|-1\|8), C(3\|3\|0), D(1\|4\|-3):

$\overrightarrow{AB} = \begin{pmatrix} ▢ \\ ▢ \\ ▢ \end{pmatrix}$, $\overrightarrow{BC} = \begin{pmatrix} ▢ \\ ▢ \\ ▢ \end{pmatrix}$, $\overrightarrow{CD} = \begin{pmatrix} ▢ \\ ▢ \\ ▢ \end{pmatrix}$, $\overrightarrow{DA} = \begin{pmatrix} ▢ \\ ▢ \\ ▢ \end{pmatrix}$

Viereck ABCD ist ein _____ 　　 Viereck ABCD ist ein _____

c) Begründen Sie mit Hilfe der auszurechnenden Vektoren, dass das Viereck ABCD mit A(-3\|4\|0), B(-2\|-4\|8), C(3\|2\|2) und D(1\|-1\|4) weder ein Parallelogramm noch ein Trapez ist.

$\overrightarrow{AB} = \begin{pmatrix} ▢ \\ ▢ \\ ▢ \end{pmatrix}$, $\overrightarrow{BC} = \begin{pmatrix} ▢ \\ ▢ \\ ▢ \end{pmatrix}$, $\overrightarrow{CD} = \begin{pmatrix} ▢ \\ ▢ \\ ▢ \end{pmatrix}$, $\overrightarrow{DA} = \begin{pmatrix} ▢ \\ ▢ \\ ▢ \end{pmatrix}$, $\overrightarrow{AC} = \begin{pmatrix} ▢ \\ ▢ \\ ▢ \end{pmatrix}$, $\overrightarrow{BD} = \begin{pmatrix} ▢ \\ ▢ \\ ▢ \end{pmatrix}$

Begründung: _____

d) Zeigen Sie, dass das Viereck aus den Punkten A(4\|0\|1), B(0\|5\|6), C(-2\|1\|3) und D(6\|4\|4) ein Parallelogramm ist.

e) Bestimmen Sie den Punkt D so, dass das Viereck ABCD mit A(4\|2\|-3), B(1\|0\|5) und C(-3\|6\|7) ein Parallelogramm ist.

f) Bestimmen Sie einen Punkt C so, dass das Viereck ABCD mit A(3\|3\|0), B(6\|5\|0) und D(4\|6\|0) ein Trapez aber kein Parallelogramm ist.

# Rechnen mit Vektoren

---

**Rechenregeln für Vektoren:**

Gegeben sind die Punkte P(2|1|0), Q(3|2|−1) und R(−1|0|2)

(a) Die **Summe der Vektoren** $\vec{a} = \overrightarrow{PQ} = \begin{pmatrix} 1 \\ 1 \\ -1 \end{pmatrix}$ und $\vec{b} = \overrightarrow{QR} = \begin{pmatrix} -4 \\ -2 \\ 3 \end{pmatrix}$

berechnet man indem man die einzelnen Komponenten der

Vektoren addiert. Sie beträgt $\vec{a} + \vec{b} = \begin{pmatrix} 1 + (-4) \\ 1 + (-2) \\ -1 + 3 \end{pmatrix} = \begin{pmatrix} -3 \\ -1 \\ 2 \end{pmatrix} = \overrightarrow{PR}$

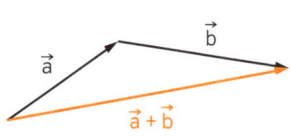

(b) Analog erhält man die Komponenten des **Differenzvektors** $\vec{a} - \vec{b}$:

$\vec{a} - \vec{b} = \begin{pmatrix} 1 - (-4) \\ 1 - (-2) \\ -1 - 3 \end{pmatrix} = \begin{pmatrix} 5 \\ 3 \\ -4 \end{pmatrix}$

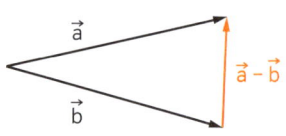

(c) Das **Vierfache** des Vektors $\vec{a} = \begin{pmatrix} 1 \\ 1 \\ -1 \end{pmatrix}$ berechnet man, indem man

jede Komponente des Vektors vervierfacht: $4 \cdot \vec{a} = 4 \cdot \begin{pmatrix} 1 \\ 1 \\ -1 \end{pmatrix} = \begin{pmatrix} 4 \cdot 1 \\ 4 \cdot 1 \\ 4 \cdot (-1) \end{pmatrix} = \begin{pmatrix} 4 \\ 4 \\ -4 \end{pmatrix}$

(d) Eine Summe bzw. Differenz von Vielfachen von Vektoren nennt man **Linearkombination**.
So sind z.B. $2\vec{a} + 3\vec{b}$ oder $\vec{a} - 2\vec{b}$ Linearkombinationen der Vektoren $\vec{a}$ und $\vec{b}$.

---

**1** Gegeben sind der Ursprung O des Koordinatensystems, die Punkte A(1|1|0), B(2|−2|5), C(1|0|0) und D(2|4|−3) sowie die Vektoren $\vec{a} = \overrightarrow{AB}$, $\vec{b} = \overrightarrow{OB}$ und $\vec{c} = \overrightarrow{CD}$. Berechnen Sie folgende Linearkombinationen:

a) $2\vec{a} + \vec{b} = $ _____

b) $\frac{1}{2}\vec{c} - 3\vec{a} = $ _____

c) $-\vec{a} + 3\vec{b} - 2\vec{c} = $ _____

**2** Vereinfachen Sie folgende Ausdrücke und berechnen Sie diese für $\vec{a} = \begin{pmatrix} -1 \\ 2 \\ -4 \end{pmatrix}$, $\vec{b} = \begin{pmatrix} 1 \\ -5 \\ 3 \end{pmatrix}$ und $c = \begin{pmatrix} -5 \\ 7 \\ -1 \end{pmatrix}$

a) $4(\vec{a} + 2\vec{b}) - 7\vec{b} - \vec{a} = $ _____

b) $(\vec{a} - (2\vec{b} - \vec{c})) \cdot (-2) + 2(\vec{b} - \vec{c}) = $ _____

c) $(\vec{b} - 2(\vec{b} - \vec{a})) - 2(3\vec{b} - \vec{c} + \vec{a}) = $ _____

**3** Kreuzen Sie an, welche der Aussagen über die Vektoren
$\vec{a} = \overrightarrow{PQ}$, $\vec{b} = \overrightarrow{PR}$, $\vec{c} = \overrightarrow{SR}$, $\vec{p} = \overrightarrow{RQ}$, $\vec{q} = \overrightarrow{SQ}$ und $\vec{r} = \overrightarrow{PS}$

wahr bzw. falsch sind:

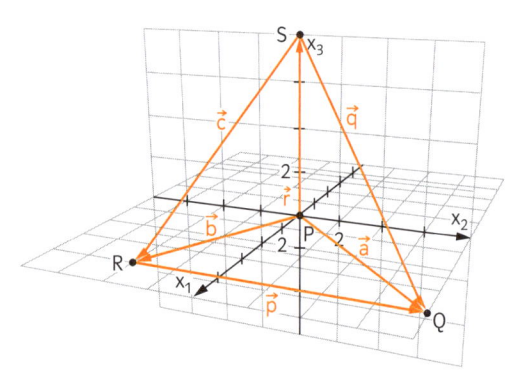

| | wahr | falsch |
|---|---|---|
| $\vec{r} + \vec{q} = \vec{a}$ | ☐ | ☐ |
| $\vec{p} = -\vec{b} + \vec{r} + \vec{q}$ | ☐ | ☐ |
| $\vec{a} - \vec{p} - \vec{c} = \vec{r}$ | ☐ | ☐ |
| $\vec{q} - \vec{p} + \vec{c} = \vec{0}$ | ☐ | ☐ |

**4** Q ist der Punkt, der sich ergibt, wenn man den Punkt P am Punkt A spiegelt. Berechnen Sie jeweils die Koordinaten des fehlenden Punktes.

a) P(2|4|3), A(0|2|−1):   $\vec{q}$ = _____  Q(⬜|⬜|⬜)

b) A(2|9|−3), Q(−1|0|3):   $\vec{p}$ = _____  P(⬜|⬜|⬜)

**5** Betrachten Sie das gezeichnete Prisma mit regelmäßiger sechseckiger Grundfläche. Stellen Sie die folgenden Vektoren als Linearkombination aus $\vec{a}$, $\vec{b}$, $\vec{c}$ und $\vec{d}$ dar.

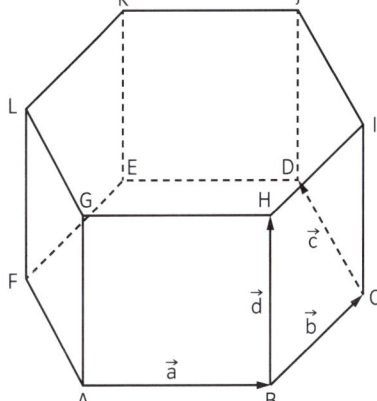

a) $\overrightarrow{AH}$ = _____   b) $\overrightarrow{BD}$ = _____

c) $\overrightarrow{AJ}$ = _____   d) $\overrightarrow{GD}$ = _____

e) $\overrightarrow{EH}$ = _____   f) $\overrightarrow{FJ}$ = _____

---

Den Ortsvektor der Mitte zwischen zwei Punkten A(2|3|3) und B(4|1|2) erhält man, in dem man die Ortsvektoren der Punkte A und B addiert und diese Summe halbiert: $\vec{m} = \frac{1}{2}(\vec{a} + \vec{b})$.

Hier ist $\vec{m} = \frac{1}{2}(\vec{a} + \vec{b}) = \frac{1}{2}\left(\begin{pmatrix}2\\3\\3\end{pmatrix} + \begin{pmatrix}4\\1\\2\end{pmatrix}\right) = \begin{pmatrix}3\\2\\2,5\end{pmatrix}$, der Mittelpunkt M der Strecke $\overline{AB}$ hat also die Koordinaten M(3|2|2,5)

---

**6** Berechnen Sie den Ortsvektor des Mittelpunktes der Strecke $\overline{AB}$.

a) A(1|2|4), B(6|5|9)   $\vec{m}$ = _____  M(⬜|⬜|⬜)

b) A(2|2|4), B(−4|0|10)   $\vec{m}$ = _____  M(⬜|⬜|⬜)

c) A(−2|4|6), B(−8|−8|4)  $\vec{m}$ = _____  M(⬜|⬜|⬜)

**7** M ist der Mittelpunkt der Strecke AB. Bestimmen Sie jeweils die fehlenden Koordinaten.

a) A(3|−1|4), M(5|0|9), B(⬜|⬜|⬜)

b) A(⬜|⬜|⬜), M(1|0|4), B(3|2|−4)

c) A(4|⬜|3), B(1|2|⬜), M(⬜|−2|−5)

**8** $M_a(a|b|c)$, $M_b(1,5|2,5|3,5)$ und $M_c(2|3,5|d)$ seien die Mittelpunkte der Seiten des Dreiecks ABC mit A(1|e|4), B(f|g|9) und C(h|3|i). Bestimmen Sie die Zahlenwerte für a bis i.

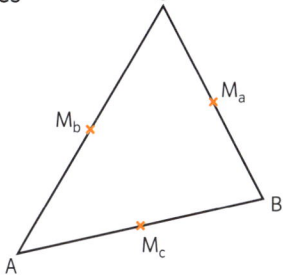

a = _____,   b = _____,   c = _____,

d = _____,   e = _____,   f = _____,

g = _____,   h = _____,   i = _____

# Geraden

Alle Punkte, deren Ortsvektor sich durch $\vec{x} = \begin{pmatrix} 2 \\ 1 \\ 0 \end{pmatrix} + r \cdot \begin{pmatrix} 2 \\ 3 \\ -1 \end{pmatrix}$ berechnen lassen, liegen auf der **Geraden g**

mit dem **Stützvektor** $\vec{p} = \begin{pmatrix} 2 \\ 1 \\ 0 \end{pmatrix}$ und dem **Richtungsvektor** $\vec{u} = \begin{pmatrix} 2 \\ 3 \\ -1 \end{pmatrix}$.

Setzt man für r zum Beispiel 2,5 ein, so erhält man den Ortsvektor des Punktes auf der Geraden, der die

Koordinaten (7|8,5|−2,5) besitzt: $\vec{x} = \begin{pmatrix} 2 \\ 1 \\ 0 \end{pmatrix} + 2,5 \cdot \begin{pmatrix} 2 \\ 3 \\ -1 \end{pmatrix} = \begin{pmatrix} 7 \\ 8,5 \\ -2,5 \end{pmatrix}$.

Will man herausfinden, ob der Punkt Q(0|−2|1) auf der Geraden g liegt, setzt man den Ortsvektor

$\vec{q} = \begin{pmatrix} 0 \\ -2 \\ 1 \end{pmatrix}$ des Punktes für $\vec{x}$ ein und überprüft für die einzelnen Komponenten, ob es ein gemeinsames r gibt:

$\begin{pmatrix} 0 \\ -2 \\ 1 \end{pmatrix} = \begin{pmatrix} 2 \\ 1 \\ 0 \end{pmatrix} + r \cdot \begin{pmatrix} 2 \\ 3 \\ -1 \end{pmatrix}$. Daraus folgt: $\begin{matrix} -2 = r \cdot 2 \\ -3 = r \cdot 3 \\ 1 = r \cdot (-1) \end{matrix}$ .

Das Gleichungssystem ist für r = −1 erfüllt, somit liegt Q auf der Geraden.

R(−1|−3,5|2) hingegen liegt nicht auf der Geraden: $\begin{pmatrix} -1 \\ -3,5 \\ 2 \end{pmatrix} = \begin{pmatrix} 2 \\ 1 \\ 0 \end{pmatrix} + r \cdot \begin{pmatrix} 2 \\ 3 \\ -1 \end{pmatrix}$ liefert $\begin{matrix} -3 = r \cdot 2 \quad \rightarrow r = -1,5 \\ -4,5 = r \cdot 3 \quad \rightarrow r = -1,5 \\ 2 = r \cdot (-1) \rightarrow r = -2 \end{matrix}$

**1** Gegeben ist die Gerade $g: \vec{x} = \begin{pmatrix} 1 \\ 2 \\ 0 \end{pmatrix} + t \cdot \begin{pmatrix} -2 \\ 3 \\ -4 \end{pmatrix}$. Bestimmen Sie diejenigen Punkte auf g, die sich für t = 2,

t = 4 und t = −5 ergeben. Lösung: t = 2: P(▢|▢|▢)   t = 4: Q(▢|▢|▢)   t = −5: R(▢|▢|▢)

**2** Füllen Sie die Lücken so aus, so dass der Punkt R auf der Geraden g liegt.

a) $g: \vec{x} = \begin{pmatrix} 2 \\ 1 \\ 0 \end{pmatrix} + r \cdot \begin{pmatrix} 2 \\ 3 \\ -1 \end{pmatrix}$, $R\left(-1 \mid -3,5 \mid ▢ \right)$        b) $g: \vec{x} = \begin{pmatrix} 3 \\ 1 \\ -1 \end{pmatrix} + r \cdot \begin{pmatrix} 1 \\ ▢ \\ 2 \end{pmatrix}$, $R\left(4 \mid 5 \mid ▢ \right)$

**3** Untersuchen Sie, ob die Punkte P(1|2|3), $Q\left(0 \mid \frac{7}{3} \mid 2\right)$ und R(−9,5|5,5|−4) auf der Geraden $g: \vec{x} = \begin{pmatrix} -2 \\ 3 \\ 1 \end{pmatrix} + t \cdot \begin{pmatrix} 3 \\ -1 \\ 2 \end{pmatrix}$ liegen.

**4** Gegeben ist die Gerade $g: \vec{x} = \begin{pmatrix} 2 \\ -3 \\ -1 \end{pmatrix} + t \cdot \begin{pmatrix} 3 \\ 0 \\ 2 \end{pmatrix}$. Bestimmen Sie, falls möglich, denjenigen Punkt auf g, …

a) … dessen $x_3$-Koordinate Null ist:

b) … der in der $x_1 x_3$-Ebene liegt:

c) … der auf der $x_1$-Achse liegt:

d) … dessen $x_1$-Koordinate −4 beträgt:

Die Gerade, die durch die Punkte A(2|0|3) und B(1|1|4) verläuft, hat eine Gleichung, die man dadurch erhält, dass man z.B. den Ortsvektor von A als Stützvektor nimmt und den Vektor $\overrightarrow{AB}$ als Richtungsvektor:

$g: \vec{x} = \vec{a} + t \cdot \overrightarrow{AB} = \begin{pmatrix} 2 \\ 0 \\ 3 \end{pmatrix} + t \cdot \begin{pmatrix} -1 \\ 1 \\ 1 \end{pmatrix}$. Eine andere Möglichkeit ist $g: \vec{x} = \vec{b} + t \cdot \overrightarrow{BA} = \begin{pmatrix} 1 \\ 1 \\ 4 \end{pmatrix} + t \cdot \begin{pmatrix} 1 \\ -1 \\ -1 \end{pmatrix}$.

**5** Die Punkte A(3|0|−1) und B(4|6|2) liegen auf der Geraden g. Bestimmen Sie drei mögliche Gleichungen dieser Geraden.

$g: \vec{x} = \vec{a} + t \cdot \overrightarrow{AB} = \begin{pmatrix} \square \\ \square \\ \square \end{pmatrix} + t \cdot \begin{pmatrix} \square \\ \square \\ \square \end{pmatrix}$, $g: \vec{x} = \vec{b} + t \cdot \overline{\phantom{xxx}} = \begin{pmatrix} \square \\ \square \\ \square \end{pmatrix} + t \cdot \begin{pmatrix} \square \\ \square \\ \square \end{pmatrix}$, $g: \vec{x} = \overline{\phantom{xxx}} + t \cdot \overline{\phantom{xxx}} = \begin{pmatrix} \square \\ \square \\ \square \end{pmatrix} + t \cdot \begin{pmatrix} \square \\ \square \\ \square \end{pmatrix}$

**6** Auf welchen Geraden liegen die Seiten des Dreiecks ABC mit A(2|3|0), B(−1|0|3) und C(0|1|4)?

Die Seite $\overline{AB}$ liegt auf der Geraden c mit $\vec{x} = \begin{pmatrix} \square \\ \square \\ \square \end{pmatrix} + r \cdot \begin{pmatrix} \square \\ \square \\ \square \end{pmatrix}$, die Seite $\overline{AC}$ liegt auf der Geraden b mit

$\vec{x} = \begin{pmatrix} \square \\ \square \\ \square \end{pmatrix} + r \cdot \begin{pmatrix} \square \\ \square \\ \square \end{pmatrix}$, die Seite $\overline{BC}$ liegt auf der Geraden a mit $\vec{x} = \begin{pmatrix} \square \\ \square \\ \square \end{pmatrix} + r \cdot \begin{pmatrix} \square \\ \square \\ \square \end{pmatrix}$

**7** Die Punkte A(1|1|1), B(5|3|0), C(−2|5|0) und D(2|7|−1) liegen in einer Ebene und bilden die Grundfläche einer Pyramide mit der Spitze S(3|3|5). Bestimmen Sie Gleichungen für die Geraden, auf denen jeweils die Mitten $M_1$, $M_2$, ... der Grundkanten und die Spitze S liegen.

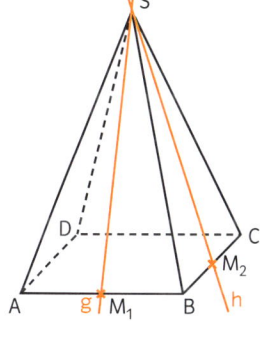

$M_1$ ist die Mitte von $\overline{AB}$: $\vec{m}_1 = \frac{1}{2}(\vec{a} + \vec{b}) = \begin{pmatrix} \square \\ \square \\ \square \end{pmatrix}$, $M_1(\square|\square|\square)$.

Ein Richtungsvektor von g ist $\overrightarrow{M_1S} = \begin{pmatrix} \square \\ \square \\ \square \end{pmatrix}$. Damit wird $g: \vec{x} = \begin{pmatrix} \square \\ \square \\ \square \end{pmatrix} + r \cdot \begin{pmatrix} \square \\ \square \\ \square \end{pmatrix}$.

$M_2$ ist die Mitte von $\overline{BC}$: $M_2(\square|\square|\square)$. Ein Richtungsvektor von h ist $\overrightarrow{M_2S} = \begin{pmatrix} \square \\ \square \\ \square \end{pmatrix}$. $h: \vec{x} = \begin{pmatrix} \square \\ \square \\ \square \end{pmatrix} + r \cdot \begin{pmatrix} \square \\ \square \\ \square \end{pmatrix}$

$M_3(\square|\square|\square)$, $\overrightarrow{M_3S} = \begin{pmatrix} \square \\ \square \\ \square \end{pmatrix}$, $k: \vec{x} = \begin{pmatrix} \square \\ \square \\ \square \end{pmatrix} + r \cdot \begin{pmatrix} \square \\ \square \\ \square \end{pmatrix}$, $M_4(\square|\square|\square)$, $\overrightarrow{M_4S} = \begin{pmatrix} \square \\ \square \\ \square \end{pmatrix}$, $l: \vec{x} = \begin{pmatrix} \square \\ \square \\ \square \end{pmatrix} + r \cdot \begin{pmatrix} \square \\ \square \\ \square \end{pmatrix}$

**8** Ein Würfel, dessen Kanten parallel zu den Koordinatenachsen ist, hat die Kantenlänge 5, der Ursprung des Koordinatensystems ist der Mittelpunkt der Grundfläche.
a) Geben Sie die Koordinaten der Eckpunkte des Würfels an.

A($\square|\square|\square$), B($\square|\square|\square$), C($\square|\square|\square$), D($\square|\square|\square$),
E($\square|\square|\square$), F($\square|\square|\square$), G($\square|\square|\square$), H($\square|\square|\square$)

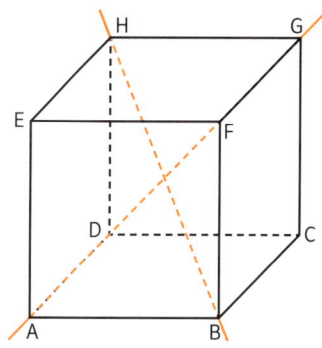

b) Bestimmen Sie Gleichungen für die Geraden, auf denen die Raumdiagonalen $\overline{AG}$ und $\overline{BH}$ des Würfels liegen.

$g = (AG): \vec{x} = \begin{pmatrix} \square \\ \square \\ \square \end{pmatrix} + r \cdot \begin{pmatrix} \square \\ \square \\ \square \end{pmatrix}$; $h = (BH): \vec{x} = \begin{pmatrix} \square \\ \square \\ \square \end{pmatrix} + r \cdot \begin{pmatrix} \square \\ \square \\ \square \end{pmatrix}$

An den Richtungsvektoren zweier Geraden erkennt man, ob die Geraden parallel bzw. identisch sind oder ob sie sich schneiden bzw. windschief sind.

**Beispiel 1:** Bei den beiden Geraden $g: \vec{x} = \begin{pmatrix} 2 \\ 1 \\ 0 \end{pmatrix} + r \cdot \begin{pmatrix} 2 \\ 3 \\ -1 \end{pmatrix}$ und $k: \vec{x} = \begin{pmatrix} 0 \\ 6 \\ 5 \end{pmatrix} + t \cdot \begin{pmatrix} 4 \\ 6 \\ -2 \end{pmatrix}$

sind die **Richtungsvektoren Vielfache voneinander**, g und k sind also **parallel oder identisch**. Da der Stützvektor von g, zu dem der Punkt P(2|1|0) gehört, nicht auf k liegt, sind die beiden Geraden parallel.

Sind die beiden **Richtungsvektoren keine Vielfachen voneinander, schneiden** sich die Geraden oder sind **windschief**. Wie viele **gemeinsame Punkte** zwei Geraden haben, überprüft man, in dem man die rechten Seiten der Geradengleichungen gleichsetzt und das Gleichungssystem löst.

**Beispiel 2:**

$g: \vec{x} = \begin{pmatrix} 2 \\ 1 \\ 0 \end{pmatrix} + r \cdot \begin{pmatrix} 2 \\ 3 \\ -1 \end{pmatrix}, h: \vec{x} = \begin{pmatrix} -1 \\ 2 \\ 2 \end{pmatrix} + s \cdot \begin{pmatrix} 1 \\ 4 \\ 3 \end{pmatrix}$

Aufstellen des LGS:

$\begin{pmatrix} 2 \\ 1 \\ 0 \end{pmatrix} + r \cdot \begin{pmatrix} 2 \\ 3 \\ -1 \end{pmatrix} = \begin{pmatrix} -1 \\ 2 \\ 2 \end{pmatrix} + s \cdot \begin{pmatrix} 1 \\ 4 \\ 3 \end{pmatrix}$ bzw. $s \cdot \begin{pmatrix} 1 \\ 4 \\ 3 \end{pmatrix} + r \cdot \begin{pmatrix} -2 \\ -3 \\ 1 \end{pmatrix} = \begin{pmatrix} 3 \\ -1 \\ -2 \end{pmatrix}$

Das LGS hat keine Lösung, g und h sind entweder parallel oder windschief. Da die beiden Richtungsvektoren keine Vielfachen voneinander sind, sind die beiden Geraden windschief.

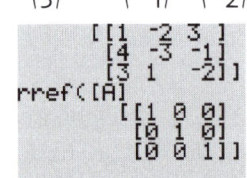

**Beispiel 3:**

$h: \vec{x} = \begin{pmatrix} -1 \\ 2 \\ 2 \end{pmatrix} + s \cdot \begin{pmatrix} 1 \\ 4 \\ 3 \end{pmatrix}$ und $k: \vec{x} = \begin{pmatrix} 0 \\ 6 \\ 5 \end{pmatrix} + t \cdot \begin{pmatrix} 4 \\ 6 \\ -2 \end{pmatrix}$

haben einen gemeinsamen Punkt, da das

dazugehörige LGS $t \cdot \begin{pmatrix} 4 \\ 6 \\ -2 \end{pmatrix} + r \cdot \begin{pmatrix} -1 \\ -4 \\ -3 \end{pmatrix} = \begin{pmatrix} -1 \\ -4 \\ -3 \end{pmatrix}$

genau eine Lösung besitzt: t = 0 und r = 1. Der Schnittpunkt liegt also bei S(0|6|5).

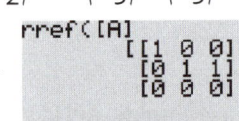

Bemerkung: Bei diesen Aufgaben müssen Sie darauf achten, dass die Parameter der beiden Geraden unterschiedlich bezeichnet sind. Benennen Sie ggf. einen Parameter um.

**1** Bestimmen Sie anhand der Vektoren, welche Aussage jeweils zutrifft, und kreuzen Sie an.

| | Geraden scheiden sich | Geraden sind parallel | Geraden sind windschief |
|---|:---:|:---:|:---:|
| a) $g: \vec{x} = \begin{pmatrix} 1 \\ 0 \\ 3 \end{pmatrix} + t \cdot \begin{pmatrix} -1 \\ 4 \\ 2 \end{pmatrix}, h: \vec{x} = \begin{pmatrix} 3 \\ 3 \\ 3 \end{pmatrix} + t \cdot \begin{pmatrix} 1 \\ -4 \\ -2 \end{pmatrix}$ | ☐ | ☐ | ☐ |
| b) $g: \vec{x} = \begin{pmatrix} 1 \\ 0 \\ 3 \end{pmatrix} + t \cdot \begin{pmatrix} -1 \\ 4 \\ 2 \end{pmatrix}, h: \vec{x} = \begin{pmatrix} 1 \\ 0 \\ 3 \end{pmatrix} + t \cdot \begin{pmatrix} 2 \\ -1 \\ 3 \end{pmatrix}$ | ☐ | ☐ | ☐ |
| c) $g: \vec{x} = \begin{pmatrix} 1 \\ 0 \\ 3 \end{pmatrix} + t \cdot \begin{pmatrix} -1 \\ 4 \\ 2 \end{pmatrix}, h: \vec{x} = \begin{pmatrix} 3 \\ 3 \\ 3 \end{pmatrix} + t \cdot \begin{pmatrix} 2 \\ -1 \\ 3 \end{pmatrix}$ | ☐ | ☐ | ☐ |
| d) $g: \vec{x} = \begin{pmatrix} 1 \\ 0 \\ 3 \end{pmatrix} + t \cdot \begin{pmatrix} -1 \\ 4 \\ 2 \end{pmatrix}, h: \vec{x} = \begin{pmatrix} 0 \\ 4 \\ 5 \end{pmatrix} + t \cdot \begin{pmatrix} 2 \\ -1 \\ 3 \end{pmatrix}$ | ☐ | ☐ | ☐ |
| e) $g: \vec{x} = \begin{pmatrix} 1 \\ 0 \\ 3 \end{pmatrix} + t \cdot \begin{pmatrix} 1 \\ 13,5 \\ -27 \end{pmatrix}, h: \vec{x} = \begin{pmatrix} 3 \\ 3 \\ 3 \end{pmatrix} + t \cdot \begin{pmatrix} -\frac{1}{9} \\ -1,5 \\ 3 \end{pmatrix}$ | ☐ | ☐ | ☐ |
| f) $g: \vec{x} = \begin{pmatrix} 5 \\ 1 \\ 3 \end{pmatrix} + t \cdot \begin{pmatrix} -1 \\ 4 \\ 2 \end{pmatrix}, h: \vec{x} = \begin{pmatrix} 10 \\ 2 \\ 6 \end{pmatrix} + t \cdot \begin{pmatrix} 2 \\ -1 \\ 3 \end{pmatrix}$ | ☐ | ☐ | ☐ |

**2** Die beiden Geraden g und h schneiden sich nicht. Geben Sie einen Stütz- bzw. einen Richtungsvektor so an, dass g und h windschief bzw. parallel sind.

a) $g: \vec{x} = \begin{pmatrix} \square \\ 1 \\ 3 \end{pmatrix} + t \cdot \begin{pmatrix} 1 \\ \frac{1}{2} \\ -0,5 \end{pmatrix}$; $h: \vec{x} = \begin{pmatrix} 0 \\ 2 \\ 2 \end{pmatrix} + s \cdot \begin{pmatrix} 2 \\ \square \\ \square \end{pmatrix}$, g soll parallel zu h sein

b) $g: \vec{x} = \begin{pmatrix} 2 \\ \square \\ \square \end{pmatrix} + t \cdot \begin{pmatrix} 1 \\ 3 \\ 4 \end{pmatrix}$; $h: \vec{x} = \begin{pmatrix} 0 \\ 1 \\ -2 \end{pmatrix} + s \cdot \begin{pmatrix} 2 \\ \square \\ \square \end{pmatrix}$, g soll parallel zu h sein

c) $g: \vec{x} = \begin{pmatrix} 1 \\ 0 \\ 2 \end{pmatrix} + t \cdot \begin{pmatrix} 2 \\ 3 \\ 0 \end{pmatrix}$; $h: \vec{x} = \begin{pmatrix} 1 \\ 0 \\ \square \end{pmatrix} + s \cdot \begin{pmatrix} \square \\ \square \\ \square \end{pmatrix}$, g und h sollen windschief sein

**3** P, Q, R und S sind Schnittpunkte von zwei Geraden. Ordnen Sie die Punkte ihren Geraden zu.
Füllen Sie in d) die Lücken so aus, dass der noch nicht zugeordnete Punkt Schnittpunkt dieser Geraden ist.

a) $g: \vec{x} = \begin{pmatrix} 1 \\ 0 \\ 3 \end{pmatrix} + t \cdot \begin{pmatrix} -1 \\ 4 \\ 2 \end{pmatrix}$

$h: \vec{x} = \begin{pmatrix} 1 \\ 0 \\ 3 \end{pmatrix} + t \cdot \begin{pmatrix} 2 \\ -1 \\ 3 \end{pmatrix}$

b) $g: \vec{x} = \begin{pmatrix} 1 \\ 0 \\ 3 \end{pmatrix} + t \cdot \begin{pmatrix} -1 \\ 4 \\ 2 \end{pmatrix}$

$k: \vec{x} = \begin{pmatrix} 1 \\ -7 \\ -4 \end{pmatrix} + t \cdot \begin{pmatrix} 2 \\ -1 \\ 3 \end{pmatrix}$

c) $h: \vec{x} = \begin{pmatrix} 1 \\ 0 \\ 3 \end{pmatrix} + t \cdot \begin{pmatrix} 2 \\ -1 \\ 3 \end{pmatrix}$

$l: \vec{x} = \begin{pmatrix} -4 \\ 4,5 \\ \frac{19}{2} \end{pmatrix} + t \cdot \begin{pmatrix} -1 \\ 1 \\ 2 \end{pmatrix}$

d) $m: \vec{x} = \begin{pmatrix} 1 \\ 2 \\ 3 \end{pmatrix} + t \cdot \begin{pmatrix} \underline{\phantom{x}} \\ -1 \\ \underline{\phantom{x}} \end{pmatrix}$

$n: \vec{x} = \begin{pmatrix} 1 \\ \underline{\phantom{x}} \\ 3 \end{pmatrix} + t \cdot \begin{pmatrix} 3 \\ 0,5 \\ \underline{\phantom{x}} \end{pmatrix}$

$P(3|-8|-1)$

$R(0|0|0)$

$S(1|0|3)$

$Q(0|\tfrac{1}{2}|1,5)$

**4** Berechnen Sie die Koordinaten des Schnittpunktes von g und h.

a) $g: \vec{x} = \begin{pmatrix} 0 \\ 1 \\ -3 \end{pmatrix} + t \cdot \begin{pmatrix} 4 \\ 1 \\ 2 \end{pmatrix}$, $h: \vec{x} = \begin{pmatrix} 1 \\ -2,5 \\ 5 \end{pmatrix} + t \cdot \begin{pmatrix} 3 \\ 2 \\ -1 \end{pmatrix}$

b) $g: \vec{x} = \begin{pmatrix} 0,5 \\ -1,5 \\ -2,5 \end{pmatrix} + t \cdot \begin{pmatrix} -\frac{1}{2} \\ \frac{1}{4} \\ 1 \end{pmatrix}$, $g: \vec{x} = \begin{pmatrix} -1 \\ \frac{3}{4} \\ 12,5 \end{pmatrix} + t \cdot \begin{pmatrix} 3 \\ -0,5 \\ 2 \end{pmatrix}$

Gleichsetzen: $\begin{pmatrix} 0 \\ 1 \\ -3 \end{pmatrix} + t \cdot \begin{pmatrix} 4 \\ 1 \\ 2 \end{pmatrix} = \begin{pmatrix} 1 \\ -2,5 \\ 5 \end{pmatrix} + s \cdot \begin{pmatrix} 3 \\ 2 \\ -1 \end{pmatrix}$

Gleichsetzen:

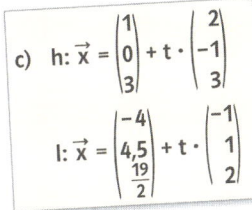

Umsortieren: $t \cdot \begin{pmatrix} 4 \\ 1 \\ 2 \end{pmatrix} + s \cdot \begin{pmatrix} \square \\ \square \\ \square \end{pmatrix} = \begin{pmatrix} 1 \\ -2,5 \\ 5 \end{pmatrix} - \begin{pmatrix} \square \\ \square \\ \square \end{pmatrix}$

Umsortieren:

Lösung des LGS:

Lösung des LGS:

$t = \square$ , $s = \square$ , Schnittpunkt: $S(\square | \square | \square)$

$t = \square$ , $s = \square$ , Schnittpunkt: $S(\square | \square | \square)$

**5** Untersuchen Sie, welche der Geraden g, h und k sich jeweils schneiden. Geben Sie dann deren Schnittpunkt an.

a) $g: \vec{x} = \begin{pmatrix} 1 \\ 2 \\ 0 \end{pmatrix} + t \cdot \begin{pmatrix} -1 \\ 3 \\ 3 \end{pmatrix}$, $h: \vec{x} = \begin{pmatrix} 3 \\ -4 \\ -6 \end{pmatrix} + r \cdot \begin{pmatrix} 3 \\ 1 \\ 2 \end{pmatrix}$, $k: \vec{x} = \begin{pmatrix} 4 \\ 3 \\ 6 \end{pmatrix} + s \cdot \begin{pmatrix} 2 \\ -6 \\ -6 \end{pmatrix}$

b) $g: \vec{x} = \begin{pmatrix} 3 \\ 0 \\ 1 \end{pmatrix} + t \cdot \begin{pmatrix} 2 \\ 4 \\ 3 \end{pmatrix}$, $h: \vec{x} = \begin{pmatrix} 4 \\ 2 \\ 2,5 \end{pmatrix} + t \cdot \begin{pmatrix} -3 \\ 1 \\ 2 \end{pmatrix}$, $k: \vec{x} = \begin{pmatrix} 5 \\ 4 \\ 4 \end{pmatrix} + s \cdot \begin{pmatrix} 8 \\ 10 \\ 7 \end{pmatrix}$

**6** Die Punkte A(1|1|1), B(5|3|0), C(−2|5|0) und D(2|7|−1) liegen in einer Ebene und bilden die Grundfläche einer Pyramide mit der Spitze S. Die Seitenkanten $\overline{AS}$ und $\overline{CS}$ der Pyramide liegen auf den Geraden

$$g: \vec{x} = \begin{pmatrix} 1 \\ 1 \\ 1 \end{pmatrix} + t \cdot \begin{pmatrix} 1 \\ 1 \\ 2 \end{pmatrix} \quad \text{und} \quad h: \vec{x} = \begin{pmatrix} -2 \\ 5 \\ 0 \end{pmatrix} + t \cdot \begin{pmatrix} 1 \\ -0{,}4 \\ 1 \end{pmatrix}.$$

a) Bestimmen Sie die Koordinaten der Spitze S der Pyramide.

b) Geben Sie die Geradengleichung der Geraden k an, auf der die Seitenkante $\overline{DS}$ liegt: $k: \vec{x} = \begin{pmatrix} \ \\ \ \\ \ \end{pmatrix} + t \cdot \begin{pmatrix} \ \\ \ \\ \ \end{pmatrix}$.

Füllen Sie die Lücken in der Geradengleichung $m: \vec{x} = \begin{pmatrix} \ \\ 3 \\ \ \end{pmatrix} + t \cdot \begin{pmatrix} \ \\ \ \\ 1 \end{pmatrix}$ so aus, dass die Seitenkante $\overline{BS}$ auf m liegt.

**7** Es liegt ein Würfel der Kantenlänge 5 vor. $M_1$ und $M_2$ sind jeweils Seitenmitten. Schneiden sich die Geraden g und h bzw. die Geraden g und k?

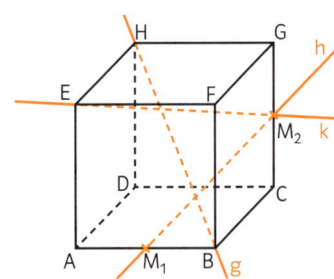

**8** Um einen Tunnel zu bauen, beginnen zwei Bautrupps von den Enden aus gleichzeitig zu graben. Trupp A gräbt von A(−0,4|1,6|3,6) aus in Richtung des Vektors $\begin{pmatrix} 4 \\ -1 \\ -1 \end{pmatrix}$, Trupp B gräbt von B(3|−1|2) aus in Richtung $\begin{pmatrix} 4 \\ 3 \\ 1 \end{pmatrix}$.

a) Stellen Sie die Gleichungen der Geraden auf, entlang derer die Trupps bohren.

Trupp A: Gerade g: _____   Trupp B: Gerade h: _____

b) Zeigen Sie, dass sich die beiden Bohrtrupps nicht treffen werden:

c) Als Trupp B am Punkt P(3,4|−0,7|2,1) angekommen ist, bemerken sie ihren Irrtum. In welche Richtung muss Trupp B nun weitergraben, wenn sich die beiden Trupps im Punkt T(3,6|0,6|2,6) treffen sollen?

Neue Bohrrichtung: _____

d) Muss Trupp A ebenfalls irgendwann eine Richtungsänderung vornehmen? _____

# Längen messen – Einheitsvektoren

Den **Abstand d** der beiden Punkte $A(2|1|1)$ und $B(3|2|-1)$ berechnet man mittels

$d = \sqrt{(b_1 - a_1)^2 + (b_2 - a_2)^2 + (b_3 - a_3)^2} = \sqrt{(3-2)^2 + (2-1)^2 + (-1-1)^2} = \sqrt{6}$.

Der Vektor $\overrightarrow{AB} = \begin{pmatrix} 1 \\ 1 \\ -2 \end{pmatrix}$ hat dann den **Betrag d**. Im Beispiel ist also $|\overrightarrow{AB}| = \sqrt{6}$.

**1** Berechnen Sie den Abstand der Punkte A und B.

a) $A(0|0|2)$, $B(-1|1|2)$ 　　　　b) $A(3|-2|5)$, $B(2|2|3)$ 　　　　c) $A(\sqrt{2}|1|-0{,}4)$, $B\left(0\left|\tfrac{1}{2}\right|0{,}1\right)$

**2** d soll der Betrag des Vektors $\overrightarrow{AB}$ sein. Berechnen Sie jeweils die fehlenden Koordinaten der Punkte A und B.

a) $A(1|a|3)$, $B(2|4|-1)$, $d = \sqrt{17}$ 　　b) $A(2|1|0)$, $B(b|0|1)$, $d = \sqrt{6}$ 　　c) $A(x|x|2)$, $B(1|x|5)$, $d = 5$

a = _____ 　　b = _____ 　　x = _____

**3** a) Die vier Punkte $A(2|0|2)$, $B(1|1|1)$, $C(0|2|2)$ und $D(1|1|3)$ liegen in einer Ebene. Handelt es sich bei dem Viereck ABCD um eine Raute?

$\overrightarrow{AB} =$ _____ , 　$|\overrightarrow{AB}| =$ _____ , 　$\overrightarrow{CD} =$ _____ , 　$|\overrightarrow{CD}| =$ _____

$\overrightarrow{BC} =$ _____ , 　$|\overrightarrow{BC}| =$ _____ , 　$\overrightarrow{AD} =$ _____ , 　$|\overrightarrow{AD}| =$ _____

Antwort: _____

b) Berechnen Sie in diesem Viereck die Längen der Diagonalen $\overline{AC}$ bzw. $\overline{BD}$.

Diagonale $\overline{AC}$: _____ , 　Diagonale $\overline{BD}$: _____

Der Vektor $\vec{a} = \begin{pmatrix} 0{,}5 \\ 0{,}5 \\ \sqrt{0{,}5} \end{pmatrix}$ hat den Betrag $|\vec{a}| = \sqrt{0{,}5^2 + 0{,}5^2 + \left(\sqrt{0{,}5}\right)^2} = 1$. $\vec{a}$ heißt deshalb **Einheitsvektor**.

Außer zum Nullvektor gibt es zu jedem Vektor $\vec{a}$ einen Einheitsvektor $\vec{a}_0$, der die selbe Richtung hat wie $\vec{a}$.

Man berechnet ihn durch $\vec{a}_0 = \dfrac{1}{|\vec{a}|} \cdot \vec{a}$

So ist $\vec{a}_0 = \dfrac{1}{\sqrt{6}} \cdot \begin{pmatrix} 2 \\ 1 \\ 1 \end{pmatrix}$ der Einheitsvektor, der dieselbe Richtung hat wie $\vec{a} = \begin{pmatrix} 2 \\ 1 \\ 1 \end{pmatrix}$.

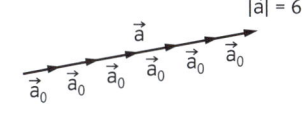

$|\vec{a}| = 6$

**4** Bestimmen Sie den zu $\vec{a} = \begin{pmatrix} 2 \\ 5 \\ 1 \end{pmatrix}$ gehörenden Einheitsvektor.

$|\vec{a}| =$ _____ , 　$\vec{a}_0 =$ _____

**5** a) Welcher Punkt zwischen $A(2|3|-1)$ und $B(5|7|-1)$ liegt von A aus eine Einheit entfernt?

b) Wie weit ist dieser Punkt von B entfernt?

# Modellieren mit Vektoren

Mithilfe von Vektoren können beispielsweise beschrieben werden:

**Richtungen von Bewegungen, von Geschwindigkeiten und Beträge von Geschwindigkeiten**

**Beispiel:** Eine Fliege bewegt sich in 10 Sekunden von A(3|2|5) nach B(−17|22|15) (Koordinaten in Metern). Sie fliegt also in Richtung $\overrightarrow{AB} = \begin{pmatrix} -20 \\ 20 \\ 10 \end{pmatrix}$. In einer Sekunde kommt sie demnach $\vec{r} = \frac{1}{10} \cdot \overrightarrow{AB} = \begin{pmatrix} -2 \\ 2 \\ 1 \end{pmatrix}$ weit. Der Betrag $|\vec{r}| = 3$ bedeutet, dass die Fliege in einer Sekunde die Strecke 3 m zurücklegt, sie fliegt also mit einer Geschwindigkeit von $3\frac{m}{s}$. Um eine Gleichung für die Positionen der Fliege aufstellen zu können – dabei soll der Parameter t in Sekunden gemessen werden – muss der Richtungsvektor auf die Länge 1 normiert werden: $\vec{r}_0 = \frac{1}{|\vec{r}|} \cdot \vec{r} = \frac{1}{3}\begin{pmatrix} -2 \\ 2 \\ 1 \end{pmatrix}$. Zu jedem Zeitpunkt t gibt die Gerade

$g: \vec{x} = \begin{pmatrix} 3 \\ 2 \\ 5 \end{pmatrix} + t \cdot 3 \cdot \frac{1}{3} \cdot \begin{pmatrix} -2 \\ 2 \\ 1 \end{pmatrix}$ die Position der Fliege an.

**Richtungen von resultierenden Kräften bzw. Geschwindigkeiten und deren Beträge**

**Beispiel 1:** An einem Körper greifen an einem gemeinsamen Punkt zwei Kräfte $\vec{F}_1 = \begin{pmatrix} 4 \\ 2 \\ -3 \end{pmatrix}$ und $\vec{F}_2 = \begin{pmatrix} -1 \\ 0 \\ 5 \end{pmatrix}$ an. Die Gesamtkraft $\vec{F}_{gesamt}$, die auf den Körper wirkt, beträgt $\vec{F}_{gesamt} = \vec{F}_1 + \vec{F}_2 = \begin{pmatrix} 3 \\ 2 \\ 2 \end{pmatrix}$.

**Beispiel 2:** Ein Boot kommt in einer Sekunde bezüglich des Wassers $\vec{v}_1 = \begin{pmatrix} 1 \\ -2 \end{pmatrix}$ weit, es bewegt sich also mit einer Geschwindigkeit von $|\vec{v}_1| = 5$, das Wasser fließt in einer Sekunde bezüglich des Ufers in Richtung $\vec{v}_2 = \begin{pmatrix} 2 \\ 1 \end{pmatrix}$, also ebenfalls mit einer Geschwindigkeit von $|\vec{v}_2| = 5$. Damit fährt das Boot bezüglich des Ufers ingesamt mit einer Geschwindigkeit von $\vec{v}_1 + \vec{v}_2 = \begin{pmatrix} 3 \\ -1 \end{pmatrix}$, deren Betrag $\sqrt{10}$ ist.

**1** Ein Ballon startet in A(0|0|0). Nach 5 Minuten befindet er sich im Punkt H(0|0|1). Stellen Sie eine Gleichung für die Bahn des Ballons auf, wobei der Parameter t die Zahl der seit dem Start vergangenen Minuten angibt.

**2** In ebenem Gelände fährt ein Fahrrad mit der Geschwindigkeit $5{,}0\frac{m}{s}$. Der Fahrer startet in A(200|300) und fährt geradewegs in Richtung B(500|700) (alle Koordinatenangaben in Meter).

a) Wo befindet sich das Rad nach einer Minute?

Schritt 1: Bestimmen des Richtungsvektors der Bewegung: $\vec{r} = \overrightarrow{AB} = \begin{pmatrix} \phantom{0} \\ \phantom{0} \end{pmatrix}$

Schritt 2: Normierung auf die Länge 1:

$\vec{r}_0 = \frac{1}{|\vec{r}|} \cdot \vec{r} = \frac{1}{\sqrt{(\phantom{0}^2 + \phantom{0}^2)}} \cdot \begin{pmatrix} \phantom{0} \\ \phantom{0} \end{pmatrix} = \frac{1}{\phantom{0}} \cdot \begin{pmatrix} \phantom{0} \\ \phantom{0} \end{pmatrix} = \begin{pmatrix} 0{,}6 \\ 0{,}8 \end{pmatrix}$

Schritt 3: Gleichung für die Positionen des Fahrrads: $\vec{x} = \vec{a} + 5{,}0 \cdot t \cdot \vec{r}_0 = \begin{pmatrix} \phantom{0} \\ \phantom{0} \end{pmatrix} + t \cdot \begin{pmatrix} \phantom{0} \\ \phantom{0} \end{pmatrix}$

Schritt 4: Nach einer Minute (d.h. t = _____ Sekunden) befindet sich das Rad also bei $\vec{x} = \begin{pmatrix} \phantom{0} \\ \phantom{0} \end{pmatrix}$.

Nach einer Minute befindet sich das Rad bei P(　|　).

b) Das Ziel ist 500 m von A entfernt. Berechnen Sie die Koordinaten des Zielpunktes Z, wenn Z auf der Strecke $\overline{AB}$ liegt. Es gilt: $\vec{z} = \boxed{\phantom{0}} + 500 \cdot \vec{r}_0 = \begin{pmatrix} \phantom{0} \\ \phantom{0} \end{pmatrix} + \frac{\phantom{0}}{\sqrt{\phantom{0}}} \cdot \begin{pmatrix} \phantom{0} \\ \phantom{0} \end{pmatrix} = \begin{pmatrix} \phantom{0} \\ \phantom{0} \end{pmatrix}$, also ist Z(　|　).

**3** Ein Motorsegler stellt seinen Motor im Punkt A(120|300|2500) ab und gleitet anschließend bezüglich der Luft entlang der Geraden $g: \vec{x} = \vec{a} + t \cdot \begin{pmatrix} -1 \\ 5 \\ -0{,}1 \end{pmatrix}$ mit einer Geschwindigkeit von $50 \frac{m}{s}$ (t in Sekunden).

Nach 3 Minuten gerät er in eine Luftströmung, die bezogen auf den Boden mit einer Geschwindigkeit von $10 \frac{m}{s}$ entlang der Richtung $\begin{pmatrix} 3 \\ -1 \\ 0 \end{pmatrix}$ fließt.

a) Wie hoch über dem Erdboden befindet sich das Segelflugzeug, wenn es in die Strömung gerät?

Richtungsvektor der Bewegung: $\vec{r} = \begin{pmatrix} \phantom{xx} \\ \phantom{xx} \\ \phantom{xx} \end{pmatrix}$; Normierung des Richtungsvektors: $\vec{r}_0 = \frac{1}{\sqrt{\phantom{xx}}} \begin{pmatrix} \phantom{xx} \\ \phantom{xx} \\ \phantom{xx} \end{pmatrix}$;

Gleichung für die Positionen des Motorseglers: $\vec{x} = $ _____

Hier interessiert nur die $x_3$-Koordinate: $x_3 = $ _____. Mit t = _____ folgt $x_3 = $ _____.

b) Mit welcher resultierenden Geschwindigkeit fliegt er?

Die resultierende Geschwindigkeit erhält man als Summe der Vektoren der Einzelgeschwindigkeiten:

Segler: $\vec{v}_0 = 50 \cdot \frac{1}{\left| \begin{pmatrix} -1 \\ 5 \\ -0{,}1 \end{pmatrix} \right|} \cdot \begin{pmatrix} -1 \\ 5 \\ -0{,}1 \end{pmatrix} = \frac{50}{5{,}1} \cdot \begin{pmatrix} -1 \\ 5 \\ -0{,}1 \end{pmatrix} = \begin{pmatrix} -9{,}8 \\ 49 \\ -0{,}98 \end{pmatrix}$, Luft: $\vec{u}_0 = \boxed{\phantom{x}} \cdot \frac{1}{\boxed{\phantom{x}}} \cdot \begin{pmatrix} \phantom{x} \\ \phantom{x} \\ \phantom{x} \end{pmatrix} = \begin{pmatrix} \phantom{x} \\ \phantom{x} \\ \phantom{x} \end{pmatrix}$

Resultierende Geschwindigkeit: $\vec{v}_{gesamt} = \vec{u}_0 + \vec{v}_0 = \begin{pmatrix} \phantom{x} \\ \phantom{x} \\ \phantom{x} \end{pmatrix}$, $\left| \vec{v}_{ges} \right| = $ _____

Bei Fragestellungen wie „Wann kommen sich zwei Flugzeuge am nächsten?" lässt sich die gesuchte minimale Entfernung der Positionen als **Extremwertaufgabe** leicht mit dem Rechner lösen.

**4** Das Kleinflugzeug G startet im Punkt A(−3|−7|0) und fliegt mit einer Geschwindigkeit von $90 \frac{km}{h}$ entlang der Geraden $\begin{pmatrix} 2 \\ 2 \\ 1 \end{pmatrix}$. Das Kleinflugzeug H fliegt entlang der Geraden und $h: \vec{x} = \begin{pmatrix} 1 \\ -3 \\ 1 \end{pmatrix} + t \cdot \begin{pmatrix} 55 \\ 62 \\ 31 \end{pmatrix}$.

a) Bestimmen Sie eine Gleichung für die Positionen des Flugzeugs G.

Normierter Richtungsvektor: $\vec{r}_0 = \frac{1}{\boxed{\phantom{x}}} \cdot \begin{pmatrix} 2 \\ 2 \\ 1 \end{pmatrix}$; Positionen: $\vec{x} = \begin{pmatrix} \phantom{x} \\ \phantom{x} \\ \phantom{x} \end{pmatrix} + \boxed{\phantom{x}} \cdot t \cdot \boxed{\phantom{x}} \cdot \begin{pmatrix} 2 \\ 2 \\ 1 \end{pmatrix} = \begin{pmatrix} \phantom{x} \\ \phantom{x} \\ \phantom{x} \end{pmatrix} + t \cdot \begin{pmatrix} \phantom{x} \\ \phantom{x} \\ \phantom{x} \end{pmatrix}$

b) Mit welcher Geschwindigkeit fliegt das Flugzeug H?

c) Wo befinden sich die beiden Flugzeuge nach jeweils 6 Minuten?

d) Zu welchem Zeitpunkt kommen sich die Flugzeuge am nächsten und wie weit sind sie dann voneinander entfernt?

Die Flugzeuge befinden sich zum Zeitpunkt t an den Positionen $P_G(\boxed{\phantom{x}}|\boxed{\phantom{x}}|\boxed{\phantom{x}})$ und $P_H(\boxed{\phantom{x}}|\boxed{\phantom{x}}|\boxed{\phantom{x}})$. Der Abstand d der Flugzeugpositionen beträgt zum Zeitpunkt t

$d(t) = \left| \overrightarrow{P_G P_H} \right| = \sqrt{(\phantom{xxxx})^2 + (\phantom{xxxx})^2 + (\phantom{xxxx})^2}$.

Der Rechner liefert für t = _____ die Koordinaten des Tiefpunktes der Funktion d: $T(\boxed{\phantom{x}}|\boxed{\phantom{x}})$.

Die Flugzeuge kommen sich mit $d_{min} = $ _____ zum Zeitpunkt t = _____ am nächsten.

**1** Gegeben sind die Punkte A(1|2|3), B(3|−2|−1) und C(0|4|−1).

a) Bestimmen Sie die Vektoren $\vec{p} = \overrightarrow{AB}$, $\vec{q} = \overrightarrow{BC}$, $\vec{r} = \overrightarrow{CA}$ sowie deren Beträge.

b) Bestimmen Sie $2\vec{p} + \vec{q} - 3\vec{r}$ und $0{,}5\vec{r} - 1{,}5\vec{p}$.

c) Welcher Einheitsvektor hat dieselbe Richtung wie $-\vec{p}$?

d) Untersuchen Sie, welche der Vektoren $\vec{p}$, $\vec{q}$ und $\vec{r}$ orthogonal zueinander sind.

**2** a) Füllen Sie die Lücken so aus, dass das Viereck ABCD mit $A\left(2\,|\,1\,|\,\blacksquare\right)$,

B(5|0|1), $C\left(9\,|\,\blacksquare\,|\,6\right)$ und $D\left(\blacksquare\,|\,1\,|\,8\right)$ ein Parallelogramm ist.

b) Bestimmen Sie die Koordinaten der Mittelpunkte $M_1$, $M_2$, $M_3$ und $M_4$ der
Parallelogrammseiten.

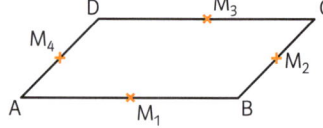

c) Weisen Sie mit Hilfe geeigneter Vektoren nach, dass das Viereck $M_1M_2M_3M_4$ wieder ein Parallelogramm ist.

**3** a) Die Gerade g verläuft durch die Punkte A(3|1|−2) und B(−1|5|2). Geben Sie drei verschiedene Darstellungen für diese Gerade an.

b) Die Gerade h verläuft parallel zur $x_3$-Achse durch den Punkt P(3|2|5). Geben Sie eine Gleichung für h an.

c) Die Gerade k verläuft in der $x_1x_3$-Ebene parallel zur ersten Winkelhalbierenden durch den Punkt R(1|0|4).
Geben Sie eine Gleichung für k an.

**4** Gegeben sind die Geraden $g: \vec{x} = \begin{pmatrix} 3 \\ 3 \\ -5 \end{pmatrix} + t \cdot \begin{pmatrix} -1 \\ 2 \\ 2 \end{pmatrix}$ und $h: \vec{x} = \begin{pmatrix} -2 \\ 3 \\ 5 \end{pmatrix} + t \cdot \begin{pmatrix} 2 \\ 0 \\ -4 \end{pmatrix}$.

a) Untersuchen Sie, ob die Punkte A(6|−3|−11), B(0|9|−9) und C(−6|3|−13) auf g bzw. h liegen.

b) Bestimmen Sie den Schnittpunkt der beiden Geraden.

c) Welche Punkte auf g sind von S jeweils eine Einheit weit entfernt?

**5** Gegeben sind die Geraden $g: \vec{x} = \begin{pmatrix} 0 \\ 4 \\ 10 \end{pmatrix} + t \cdot \begin{pmatrix} -1 \\ 2 \\ 5 \end{pmatrix}$, $h: \vec{x} = \begin{pmatrix} 0 \\ 7 \\ 1{,}5 \end{pmatrix} + t \cdot \begin{pmatrix} 0 \\ 2 \\ 1 \end{pmatrix}$ und $k: \vec{x} = \begin{pmatrix} 3 \\ -1 \\ 1 \end{pmatrix} + t \cdot \begin{pmatrix} -1 \\ 1 \\ 4 \end{pmatrix}$.

Untersuchen Sie, ob die Geraden die Koordinatenachsen schneiden.

**6** Geben Sie zur Geraden $g: \vec{x} = \begin{pmatrix} 2 \\ -4 \\ 1 \end{pmatrix} + t \cdot \begin{pmatrix} 3 \\ 2 \\ -5 \end{pmatrix}$ eine Gerade h an, die …

a) … durch den Punkt P(1|0|0) parallel zu g verläuft.

b) … g in dem Punkt S schneidet, der für $t = 1$ auf der Geraden g liegt.

c) … durch einen Punkt W(2|−4|?) windschief zu g verläuft.

**7** Untersuchen Sie, ob sich die Geraden g und h schneiden (geben Sie dann den Schnittpunkt an) oder ob die Geraden parallel bzw. windschief sind.

a) $g: \vec{x} = \begin{pmatrix} 1 \\ 0 \\ 9 \end{pmatrix} + t \cdot \begin{pmatrix} 3 \\ 2 \\ -5 \end{pmatrix}$, $h: \vec{x} = \begin{pmatrix} 2 \\ -4 \\ 1 \end{pmatrix} + t \cdot \begin{pmatrix} 0{,}5 \\ 1 \\ -1 \end{pmatrix}$

b) $g: \vec{x} = \begin{pmatrix} 4 \\ 3 \\ 2 \end{pmatrix} + t \cdot \begin{pmatrix} 0{,}25 \\ 1 \\ \frac{3}{4} \end{pmatrix}$, $h: \vec{x} = \begin{pmatrix} 5 \\ 0 \\ -3 \end{pmatrix} + t \cdot \begin{pmatrix} 2 \\ 1 \\ -2 \end{pmatrix}$

c) $g: \vec{x} = \begin{pmatrix} \frac{1}{2} \\ 1 \\ -2 \end{pmatrix} + t \cdot \begin{pmatrix} 0 \\ 4 \\ -1 \end{pmatrix}$, $h: \vec{x} = \begin{pmatrix} 1 \\ 2 \\ -4 \end{pmatrix} + t \cdot \begin{pmatrix} 0 \\ 1 \\ -0{,}25 \end{pmatrix}$

d) $g: \vec{x} = \begin{pmatrix} -2 \\ -3 \\ 1 \end{pmatrix} + t \cdot \begin{pmatrix} -1 \\ 2 \\ -3 \end{pmatrix}$, $h: \vec{x} = \begin{pmatrix} -2 \\ -8 \\ 10 \end{pmatrix} + t \cdot \begin{pmatrix} 4 \\ 2 \\ -6 \end{pmatrix}$

e) $g: \vec{x} = \begin{pmatrix} 0 \\ 0 \\ 5 \end{pmatrix} + t \cdot \begin{pmatrix} 1 \\ 0 \\ 0 \end{pmatrix}$, $g: \vec{x} = \begin{pmatrix} 12 \\ -8 \\ -3 \end{pmatrix} + t \cdot \begin{pmatrix} 3 \\ -2 \\ -2 \end{pmatrix}$

f) $g: \vec{x} = \begin{pmatrix} -0{,}5 \\ 1 \\ 3 \end{pmatrix} + t \cdot \begin{pmatrix} -1 \\ 3 \\ -0{,}5 \end{pmatrix}$, $g: \vec{x} = \begin{pmatrix} 1 \\ 4 \\ -1 \end{pmatrix} + t \cdot \begin{pmatrix} 2 \\ -6 \\ 1 \end{pmatrix}$

# Ebenen im Raum – Parameterform

Punkte, deren Ortsvektor sich mittels $\vec{x} = \vec{p} + r \cdot \vec{u} + s \cdot \vec{v}$ berechnen lassen, liegen in einer Ebene E. $\vec{p}$ ist dabei ein **Stützvektor**, $\vec{u}$ und $\vec{v}$ sind die nicht-parallelen **Spannvektoren**.

E: $\vec{x} = \vec{p} + r \cdot \vec{u} + s \cdot \vec{v}$ heißt dann **Parametergleichung** der Ebene.

Beispiel: P(3|2|0) sei ein Punkt in der Ebene E, $\vec{u} = \begin{pmatrix} 1 \\ 2 \\ 4 \end{pmatrix}$ bzw. $\vec{v} = \begin{pmatrix} 3 \\ 0 \\ 2 \end{pmatrix}$

seien Spannvektoren. Dann lautet die Parametergleichung von E: $\vec{x} = \begin{pmatrix} 3 \\ 2 \\ 0 \end{pmatrix} + r \cdot \begin{pmatrix} 1 \\ 2 \\ 4 \end{pmatrix} + s \cdot \begin{pmatrix} 3 \\ 0 \\ 2 \end{pmatrix}$.

Setzt man für r und s reelle Zahlen ein, so findet man Ortsvektoren von Punkten, die in der Ebene liegen. Beispielsweise erhält man für r = 2 und s = −1 den Punkt Q(2|6|6) der Ebene.
Möchte man untersuchen, ob der Punkt R(8|0|0) in der Ebene liegt,

so muss man das LGS $\begin{pmatrix} 8 \\ 0 \\ 0 \end{pmatrix} = \begin{pmatrix} 3 \\ 2 \\ 0 \end{pmatrix} + r \cdot \begin{pmatrix} 1 \\ 2 \\ 4 \end{pmatrix} + s \cdot \begin{pmatrix} 3 \\ 0 \\ 2 \end{pmatrix}$ lösen.

Es ergibt sich $r \cdot \begin{pmatrix} 1 \\ 2 \\ 4 \end{pmatrix} + s \cdot \begin{pmatrix} 3 \\ 0 \\ 2 \end{pmatrix} = \begin{pmatrix} 5 \\ -2 \\ 0 \end{pmatrix}$.

```
        [[1  3  5 ]
         [2  0  -2]
         [4  2  0 ]]
rref([A]
        [[1  0  -1]
         [0  1  2 ]
         [0  0  0 ]]
■
```

```
        [[1  3  5]
         [2  0  1]
         [4  2  3]]
rref([A]
        [[1  0  0]
         [0  1  0]
         [0  0  1]]
```

Für r = −1 und s = 2 liegt R also in E.
Der Punkt S(8|3|3) hingegen liegt nicht in E, denn das zugehörige LGS hat keine Lösung.

**1** Prüfen Sie, ob die Punkte P(3|3|9), Q(1|−1|−1) und R(−1|−5|−1) in der Ebene E: $\vec{x} = \begin{pmatrix} 2 \\ 1 \\ 4 \end{pmatrix} + s \cdot \begin{pmatrix} 1 \\ 2 \\ 5 \end{pmatrix} + t \cdot \begin{pmatrix} 0 \\ 2 \\ 1 \end{pmatrix}$

liegen. Liegen sie auch in F: $\vec{x} = \begin{pmatrix} 5 \\ 7 \\ 9 \end{pmatrix} + s \cdot \begin{pmatrix} 3 \\ 6 \\ 5 \end{pmatrix} + t \cdot \begin{pmatrix} 1 \\ 2 \\ 1 \end{pmatrix}$?

**2** Bestimmen Sie für r = 2 die fehlenden Koordinaten so, dass der Punkt R(5|1|−2) in den Ebenen

E: $\vec{x} = \begin{pmatrix} 2 \\ 5 \\ \square \end{pmatrix} + r \cdot \begin{pmatrix} 0 \\ 1 \\ 1 \end{pmatrix} + t \cdot \begin{pmatrix} 1 \\ \square \\ -1 \end{pmatrix}$ bzw. F: $\vec{x} = \begin{pmatrix} -1 \\ 4 \\ \square \end{pmatrix} + s \cdot \begin{pmatrix} \square \\ 1 \\ -1 \end{pmatrix} + r \cdot \begin{pmatrix} -2 \\ 3 \\ 1 \end{pmatrix}$ liegt.

Drei Punkte legen stets eine Ebene fest.
Beispiel: P(2|1|0), Q(4|4|−1) und R(0|3|3) liegen in der Ebene E. Wähle beispielsweise den Stützvektor

$\vec{p} = \begin{pmatrix} 2 \\ 1 \\ 0 \end{pmatrix}$ und bilde mit P und Q den Spannvektor $\vec{u} = \vec{PQ} = \vec{q} - \vec{p} = \begin{pmatrix} 2 \\ 3 \\ -1 \end{pmatrix}$ und mit P und R den Spannvektor

$\vec{v} = \vec{r} - \vec{p} = \begin{pmatrix} -2 \\ 2 \\ 3 \end{pmatrix}$. Es ist dann E: $\vec{x} = \begin{pmatrix} 2 \\ 1 \\ 0 \end{pmatrix} + r \cdot \begin{pmatrix} 2 \\ 3 \\ -1 \end{pmatrix} + s \cdot \begin{pmatrix} -2 \\ 2 \\ 3 \end{pmatrix}$

**3** Bestimmen Sie zwei verschiedene Parameterdarstellungen der Ebene E, in der die Punkte P(2|3|1), Q(−2|0|−2) und R(4|4|0) liegen.

**4** R(0|3|3) ist ein Punkt, der nicht auf der Geraden g: $\vec{x} = \begin{pmatrix} 2 \\ 1 \\ 0 \end{pmatrix} + r \cdot \begin{pmatrix} 2 \\ 3 \\ -1 \end{pmatrix}$ liegt.

Bestimmen Sie eine Parametergleichung der Ebene E, in der R und die Gerade g liegen. Ein Stützvektor ist

beispielsweise $\vec{p} = \begin{pmatrix} \square \\ \square \\ \square \end{pmatrix}$, ein Spannvektor der Ebene wird durch den Richtungsvektor $\vec{u} = \begin{pmatrix} \square \\ \square \\ \square \end{pmatrix}$ der Geraden festgelegt. Aus dem Stützvektor der Geraden und dem Ortsvektor des Punktes R lässt sich der andere Spann-

vektor $\vec{v} = \begin{pmatrix} \phantom{0} \\ \phantom{0} \\ \phantom{0} \end{pmatrix} - \begin{pmatrix} \phantom{0} \\ \phantom{0} \\ \phantom{0} \end{pmatrix} = \begin{pmatrix} \phantom{0} \\ \phantom{0} \\ \phantom{0} \end{pmatrix}$ bestimmen. $E: \vec{x} = \begin{pmatrix} \phantom{0} \\ \phantom{0} \\ \phantom{0} \end{pmatrix} + r \cdot \begin{pmatrix} \phantom{0} \\ \phantom{0} \\ \phantom{0} \end{pmatrix} + s \cdot \begin{pmatrix} \phantom{0} \\ \phantom{0} \\ \phantom{0} \end{pmatrix}$.

**5** Überprüfen Sie, ob sich mithilfe der Geraden g und dem Punkt P eine Ebene festlegen lässt und bestimmen Sie gegebenenfalls eine Parametergleichung der Ebene.

a) $g: \vec{x} = \begin{pmatrix} 4 \\ 0 \\ -1 \end{pmatrix} + t \cdot \begin{pmatrix} 3 \\ -1 \\ 1 \end{pmatrix}$, $P(6|-1|1)$   Liegt P auf g? _____

Ebenengleichung: _____

b) $g: \vec{x} = \begin{pmatrix} -1 \\ 2 \\ 1 \end{pmatrix} + t \cdot \begin{pmatrix} 4 \\ 2 \\ 4 \end{pmatrix}$, $P(1|3|3)$   Liegt P auf g? _____

Ebenengleichung: _____

**6** Weisen Sie nach, dass sich die Geraden $g: \vec{x} = \begin{pmatrix} 2 \\ 1 \\ 0 \end{pmatrix} + r \cdot \begin{pmatrix} 2 \\ 3 \\ -1 \end{pmatrix}$ und

$h: \vec{x} = \begin{pmatrix} 4 \\ 4 \\ -1 \end{pmatrix} + r \cdot \begin{pmatrix} -2 \\ 2 \\ 3 \end{pmatrix}$ im Punkt $S(4|4|-1)$ schneiden und bestimmen Sie eine

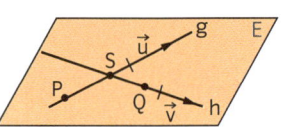

Parametergleichung der Ebene E, in der g und h verlaufen.

**7** Die beiden Geraden $g: \vec{x} = \begin{pmatrix} 2 \\ 1 \\ 0 \end{pmatrix} + r \cdot \begin{pmatrix} 2 \\ 3 \\ -1 \end{pmatrix}$ und $h: \vec{x} = \begin{pmatrix} 0 \\ 3 \\ 3 \end{pmatrix} + r \cdot \begin{pmatrix} -2 \\ -3 \\ 1 \end{pmatrix}$ sind parallel,

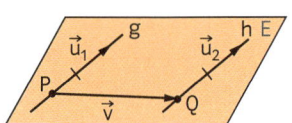

verlaufen also beide in einer Ebene E. Festlegung eines Stützvektors $\vec{p}$ der Ebene:

$\vec{p} = \begin{pmatrix} \phantom{0} \\ \phantom{0} \\ \phantom{0} \end{pmatrix}$. Festlegen eines Spannvektors $\vec{u} = \begin{pmatrix} \phantom{0} \\ \phantom{0} \\ \phantom{0} \end{pmatrix}$. Berechnung eines Spannvektors

$\vec{v} = \begin{pmatrix} \phantom{0} \\ \phantom{0} \\ \phantom{0} \end{pmatrix} - \begin{pmatrix} \phantom{0} \\ \phantom{0} \\ \phantom{0} \end{pmatrix} = \begin{pmatrix} \phantom{0} \\ \phantom{0} \\ \phantom{0} \end{pmatrix}$. Parametergleichung der Ebene $E: \vec{x} = \begin{pmatrix} \phantom{0} \\ \phantom{0} \\ \phantom{0} \end{pmatrix} + r \cdot \begin{pmatrix} \phantom{0} \\ \phantom{0} \\ \phantom{0} \end{pmatrix} + s \cdot \begin{pmatrix} \phantom{0} \\ \phantom{0} \\ \phantom{0} \end{pmatrix}$

**8** Die drei Punkte A, B und C liegen in einer Ebene E. Bestimmen Sie die fehlende Koordinate des Punktes D so, dass D ebenfalls in E liegt.

a) $A(3|2|2)$, $B(1|2|3)$, $C(-4|3|3)$, $D(5|2|a)$     b) $A(-1|2|2)$, $B(3|-1|2)$, $C(2|2|5)$, $D(2|b|1)$

Stütz- und Spannvektoren $\vec{p} = \begin{pmatrix} \phantom{0} \\ \phantom{0} \\ \phantom{0} \end{pmatrix}$, $\vec{u} = \begin{pmatrix} \phantom{0} \\ \phantom{0} \\ \phantom{0} \end{pmatrix}$, $\vec{v} = \begin{pmatrix} \phantom{0} \\ \phantom{0} \\ \phantom{0} \end{pmatrix}$     Stütz- und Spannvektoren $\vec{p} = \begin{pmatrix} \phantom{0} \\ \phantom{0} \\ \phantom{0} \end{pmatrix}$, $\vec{u} = \begin{pmatrix} \phantom{0} \\ \phantom{0} \\ \phantom{0} \end{pmatrix}$, $\vec{v} = \begin{pmatrix} \phantom{0} \\ \phantom{0} \\ \phantom{0} \end{pmatrix}$

Parametergleichung: $E: \vec{x} = \begin{pmatrix} \phantom{0} \\ \phantom{0} \\ \phantom{0} \end{pmatrix} + r \cdot \begin{pmatrix} \phantom{0} \\ \phantom{0} \\ \phantom{0} \end{pmatrix} + s \cdot \begin{pmatrix} \phantom{0} \\ \phantom{0} \\ \phantom{0} \end{pmatrix}$     Parametergleichung: $E: \vec{x} = \begin{pmatrix} \phantom{0} \\ \phantom{0} \\ \phantom{0} \end{pmatrix} + r \cdot \begin{pmatrix} \phantom{0} \\ \phantom{0} \\ \phantom{0} \end{pmatrix} + s \cdot \begin{pmatrix} \phantom{0} \\ \phantom{0} \\ \phantom{0} \end{pmatrix}$

Bestimmung von r und s:     Bestimmung von r und s:

Bestimmung von a:     Bestimmung von b:

# Zueinander orthogonale Vektoren – Skalarprodukt

Der Ausdruck $\vec{a} \cdot \vec{b} = a_1 b_1 + a_2 b_2 + a_3 b_3$ heißt **Skalarprodukt der Vektoren** $\vec{a}$ **und** $\vec{b}$.

Zwei Vektoren $\vec{a} = \begin{pmatrix} a_1 \\ a_2 \\ a_3 \end{pmatrix}$ und $\vec{b} = \begin{pmatrix} b_1 \\ b_2 \\ b_3 \end{pmatrix}$ sind genau dann zueinander orthogonal, wenn deren

Skalarprodukt $\vec{a} \cdot \vec{b} = a_1 b_1 + a_2 b_2 + a_3 b_3$ null ist.

So sind $\vec{a} = \begin{pmatrix} 1 \\ -1 \\ 2 \end{pmatrix}$ und $\vec{b} = \begin{pmatrix} -2 \\ -2 \\ 0 \end{pmatrix}$ orthogonal, da $\vec{a} \cdot \vec{b} = 1 \cdot (-2) + (-1) \cdot (-2) + 2 \cdot 0 = 0$.

**1** Berechnen Sie das Skalarprodukt der Vektoren $\vec{a}$ und $\vec{b}$.

a) $\vec{a} = \begin{pmatrix} 5 \\ 2 \\ 1 \end{pmatrix}$, $\vec{b} = \begin{pmatrix} -1 \\ 3 \\ 2 \end{pmatrix}$

b) $\vec{a} = \begin{pmatrix} 0{,}5 \\ 2 \\ 4 \end{pmatrix}$, $\vec{b} = \begin{pmatrix} -2 \\ -3{,}5 \\ 2 \end{pmatrix}$

c) $\vec{a} = \begin{pmatrix} \sqrt{2} \\ 2 \\ -4 \end{pmatrix}$, $\vec{b} = \begin{pmatrix} 3 \\ \sqrt{2} \\ \sqrt{2} \end{pmatrix}$

**2** Berechnen Sie die Variablen a, b und c jeweils so, dass die beiden Vektoren orthogonal zueinander sind.

a) $\vec{a} = \begin{pmatrix} 2 \\ a \\ -1 \end{pmatrix}$, $\vec{b} = \begin{pmatrix} -1 \\ 3 \\ 4 \end{pmatrix}$     $0 = \vec{a} \cdot \vec{b} = 2 \cdot \boxed{\phantom{x}} + a \cdot \boxed{\phantom{x}} + (-1) \cdot 4 = $ _____ , a = _____

b) $\vec{a} = \begin{pmatrix} -1 \\ 2 \\ b \end{pmatrix}$, $\vec{b} = \begin{pmatrix} -1 \\ b \\ 2 \end{pmatrix}$     $0 = \vec{a} \cdot \vec{b} = $ _____ , b = _____

c) $\vec{a} = \begin{pmatrix} c \\ c \\ 1 \end{pmatrix}$, $\vec{b} = \begin{pmatrix} -1 \\ 3 \\ 4 \end{pmatrix}$     $0 = \vec{a} \cdot \vec{b} = $ _____ , c = _____

**3** Die beiden Geraden g und h sollen sich orthogonal schneiden. Bestimmen Sie unter dieser Voraussetzung jeweils die Zahl a.

a) $g: \vec{x} = \begin{pmatrix} 4 \\ -1 \\ 6 \end{pmatrix} + t \cdot \begin{pmatrix} 1 \\ 0 \\ 2 \end{pmatrix}$; $h: \vec{x} = \begin{pmatrix} 4 \\ -1 \\ 6 \end{pmatrix} + s \cdot \begin{pmatrix} 3 \\ 1 \\ a \end{pmatrix}$

b) $g: \vec{x} = \begin{pmatrix} 1 \\ 2 \\ 0 \end{pmatrix} + t \cdot \begin{pmatrix} 3 \\ 4 \\ -7 \end{pmatrix}$; $h: \vec{x} = \begin{pmatrix} 1 \\ 2 \\ 0 \end{pmatrix} + s \cdot \begin{pmatrix} -1 \\ a \\ a \end{pmatrix}$

**4** a) Überprüfen Sie, in welcher der Ecken $A(8|1|10)$, $B(5|0|9)$ oder $C(4|2|10)$ das Dreieck ABC einen rechten Winkel hat.

b) Ergänzen Sie das rechtwinklige Dreieck so durch einen vierten Punkt D, dass das entstehende Viereck ein Rechteck ist.

**5** Sind die beiden Vektoren $\vec{a}$ und $\vec{b}$ orthogonal zueinander?

Falls ja, bestimmen Sie einen dritten Vektor $\vec{c} = \begin{pmatrix} 1 \\ c_2 \\ c_3 \end{pmatrix}$, so dass alle drei Vektoren zueinander orthogonal sind.

a) $\vec{a} = \begin{pmatrix} 2 \\ 3 \\ 1 \end{pmatrix}$, $\vec{b} = \begin{pmatrix} 1 \\ -2 \\ 4 \end{pmatrix}$

b) $\vec{a} = \begin{pmatrix} -1 \\ 4 \\ 4 \end{pmatrix}$, $\vec{b} = \begin{pmatrix} 3 \\ 0 \\ 1 \end{pmatrix}$

c) $\vec{a} = \begin{pmatrix} 4 \\ 2 \\ -3 \end{pmatrix}$, $\vec{b} = \begin{pmatrix} 6 \\ -6 \\ 4 \end{pmatrix}$

a)
$\vec{a} \cdot \vec{b} = $ _____
$\vec{a} \perp \vec{b}$: ☐ ja ☐ nein

ggf. Bedingung für $\vec{c} \perp \vec{a}$:

_____

ggf. Bedingung für $\vec{c} \perp \vec{b}$:

_____

Lösung des LGS: $c_2 = \boxed{\phantom{x}}$, $c_3 = \boxed{\phantom{x}}$

b)
$\vec{a} \cdot \vec{b} = $ _____
$\vec{a} \perp \vec{b}$: ☐ ja ☐ nein

ggf. Bedingung für $\vec{c} \perp \vec{a}$:

_____

ggf. Bedingung für $\vec{c} \perp \vec{b}$:

_____

Lösung des LGS: $c_2 = \boxed{\phantom{x}}$, $c_3 = \boxed{\phantom{x}}$

c)
$\vec{a} \cdot \vec{b} = $ _____
$\vec{a} \perp \vec{b}$: ☐ ja ☐ nein

ggf. Bedingung für $\vec{c} \perp \vec{a}$:

_____

ggf. Bedingung für $\vec{c} \perp \vec{b}$:

_____

Lösung des LGS: $c_2 = \boxed{\phantom{x}}$, $c_3 = \boxed{\phantom{x}}$

# Normalengleichung und Koordinatengleichung einer Ebene

Einen Vektor $\vec{n}$, der orthogonal auf der Ebene E steht, nennt man **Normalenvektor von E**.
Damit steht $\vec{n}$ orthogonal auf allen Vektoren $\overrightarrow{PX}$, wenn $\vec{p}$ ein Stützvektor von E ist und $\vec{x}$ der Ortsvektor eines Punktes X in E. Es ist dann $\overrightarrow{PX} \cdot \vec{n} = 0$.
Die daraus entstehende Gleichung $(\vec{x} - \vec{p}) \cdot \vec{n} = 0$ heißt **Normalengleichung von E**.

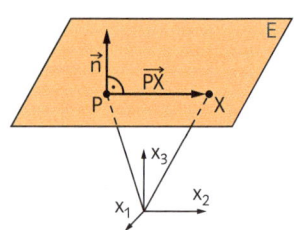

Beispiel: Ist $\vec{n} = \begin{pmatrix} 2 \\ -1 \\ 4 \end{pmatrix}$ ein Normalenvektor von E und liegt P(3|5|0) in E, lautet

die Normalengleichung $E: \left[ \vec{x} - \begin{pmatrix} 3 \\ 5 \\ 0 \end{pmatrix} \right] \cdot \begin{pmatrix} 2 \\ -1 \\ 4 \end{pmatrix} = 0$. Der Punkt R(1|5|1) liegt in E, denn der Ortsvektor $\vec{r} = \begin{pmatrix} 1 \\ 5 \\ 1 \end{pmatrix}$

von R erfüllt die Normalengleichung: $\left[ \begin{pmatrix} 1 \\ 5 \\ 1 \end{pmatrix} - \begin{pmatrix} 3 \\ 5 \\ 0 \end{pmatrix} \right] \cdot \begin{pmatrix} 2 \\ -1 \\ 4 \end{pmatrix} = \begin{pmatrix} -2 \\ 0 \\ 1 \end{pmatrix} \cdot \begin{pmatrix} 2 \\ -1 \\ 4 \end{pmatrix} = -2 \cdot 2 + 0 \cdot (-1) + 1 \cdot 4 = 0$.

S(1|3|−5) hingegen liegt nicht in E, da $\left[ \begin{pmatrix} 1 \\ 3 \\ -5 \end{pmatrix} - \begin{pmatrix} 3 \\ 5 \\ 0 \end{pmatrix} \right] \cdot \begin{pmatrix} 2 \\ -1 \\ 4 \end{pmatrix} = \begin{pmatrix} -2 \\ -2 \\ -5 \end{pmatrix} \cdot \begin{pmatrix} 2 \\ -1 \\ 4 \end{pmatrix} = -2 \cdot 2 + (-2) \cdot (-1) + (-5) \cdot 4 = 22 \neq 0$.

**1** a) Der Punkt P(3|1|−2) liegt in der Ebene E, $\vec{n} = \begin{pmatrix} 1 \\ 0 \\ 3 \end{pmatrix}$ ist ein Normalenvektor von E. Bestimmen Sie eine

Normalengleichung von E.  E = _____

b) Überprüfen Sie, ob die Punkte P bzw. Q in E liegen.

P(2|2|2): $\left[ \begin{pmatrix} 2 \\ 2 \\ 2 \end{pmatrix} - \begin{pmatrix} 3 \\ 1 \\ -2 \end{pmatrix} \right] \cdot \begin{pmatrix} 1 \\ 0 \\ 3 \end{pmatrix} =$ _____ Antwort: _____

Q(0|5|−1): _____ Antwort: _____

**2** Der Vektor $\vec{n} = \begin{pmatrix} 2 \\ -2 \\ 5 \end{pmatrix}$ steht orthogonal auf der Ebene E, in der auch der Punkt P(1|4|0) liegt.

a) Stellen Sie eine Normalengleichung für E auf. _____

b) Bestimmen Sie, falls möglich, die Zahlen a, b und c so, dass die Punkte P(a|3|2), Q(b|b|2), R(c|c|c) in der Ebene E liegen.

**3** Die Gerade $g: \vec{x} = \begin{pmatrix} 2 \\ -1 \\ 1 \end{pmatrix} + t \cdot \begin{pmatrix} 2 \\ 2 \\ 3 \end{pmatrix}$ verläuft orthogonal zu E, der Punkt P(2|3|3) liegt in E.

Bestimmen Sie damit eine Normalengleichung von E.

**4** Ein Tischbein zeigt von einem Punkt F(2|3|0) des Fußbodens aus nach oben, die Tischplatte ist 10 Einheiten vom Boden entfernt. Bestimmen Sie eine Normalengleichung der Ebene, in der die Tischplatte liegt.

Normalenvektor $\vec{n} = \begin{pmatrix} \\ \\ \end{pmatrix}$, Ortsvektor eines Punkt P in E: $\vec{p} = \begin{pmatrix} \\ \\ \end{pmatrix}$, Normalengleichung: _____

**5** Bestimmen Sie eine Normalengleichung der $x_1 x_2$-Ebene.

Kennt man eine Normalengleichung $E: \left[\vec{x} - \begin{pmatrix} 3 \\ 5 \\ 0 \end{pmatrix}\right] \cdot \begin{pmatrix} 2 \\ -3 \\ 4 \end{pmatrix} = 0$ der Ebene, dann erhält man durch Berechnung

des Skalarproduktes eine Koordinatengleichung von $E: \left[\begin{pmatrix} x_1 \\ x_2 \\ x_3 \end{pmatrix} - \begin{pmatrix} 3 \\ 5 \\ 0 \end{pmatrix}\right] \cdot \begin{pmatrix} 2 \\ -3 \\ 4 \end{pmatrix} = 0$ wird zu $\begin{pmatrix} x_1 - 3 \\ x_2 - 5 \\ x_3 - 0 \end{pmatrix} \cdot \begin{pmatrix} 2 \\ -3 \\ 4 \end{pmatrix} = 0$

und damit ergibt sich die Gleichung $2 \cdot (x_1 - 3) - 3 \cdot (x_2 - 5) + 4 \cdot x_3 = 0$. Ausmultipliziert und umsortiert ergibt sich eine **Koordinatengleichung von** $E: 2x_1 - 3x_2 + 4x_3 = -9$.

Ist nun umgekehrt $E: -x_1 + 3x_2 - 4x_3 = 13$ eine Koordinatengleichung der Ebene E, so ist $\vec{n} = \begin{pmatrix} -1 \\ 3 \\ -4 \end{pmatrix}$

ein Normalenvektor von E.
Wählt man nun beispielsweise den Punkt $P(2\,|\,5\,|\,0)$, der in E liegt, kann man daraus eine Normalen-

gleichung aufstellen: $E: \left[\vec{x} - \begin{pmatrix} 2 \\ 5 \\ 0 \end{pmatrix}\right] \cdot \begin{pmatrix} -1 \\ 3 \\ -4 \end{pmatrix} = 0$

**6** Wandeln Sie die Normalengleichung der Ebene E in eine Koordinatengleichung um.

a) $E: \left[\vec{x} - \begin{pmatrix} 0 \\ 2 \\ 2 \end{pmatrix}\right] \cdot \begin{pmatrix} -3 \\ 1 \\ 5 \end{pmatrix} = 0$ _____

b) $E: \left[\vec{x} - \begin{pmatrix} -1 \\ 3 \\ 4 \end{pmatrix}\right] \cdot \begin{pmatrix} 2 \\ -2 \\ 4 \end{pmatrix} = 0$ _____

c) $E: \left[\vec{x} - \begin{pmatrix} 1 \\ -2 \\ 2 \end{pmatrix}\right] \cdot \begin{pmatrix} 1 \\ 0 \\ 4 \end{pmatrix} = 0$ _____

**7** Der Vektor $\vec{n} = \begin{pmatrix} -1 \\ 2 \\ 1 \end{pmatrix}$ ist ein Normalenvektor von E, und der Punkt $P(0\,|\,0\,|\,2)$ liegt in E. Bestimmen Sie eine

Koordinatengleichung von E.

Normalengleichung von E: _____     Koordinatengleichung von E: _____

**8** Die beiden Punkte $P(3\,|\,2\,|\,1)$ und $Q(7\,|\,-4\,|\,11)$ liegen spiegelbildlich zur Ebene E.
Stellen Sie eine Normalengleichung von E auf und wandeln Sie diese in eine Koordinatengleichung um.

Normalenvektor: $\vec{n} = \begin{pmatrix} \phantom{x} \\ \phantom{x} \\ \phantom{x} \end{pmatrix}$, Ortsvektor des Mittelpunktes der Strecke $\overline{PQ}$: _____

Normalengleichung: _____

Koordinatengleichung: _____

**9** Wandeln Sie die Koordinatengleichung von E in eine Normalengleichung um.
a) $E: 2x_1 + 3x_2 + 3x_3 = 8$     b) $E: 2x_1 - 4x_2 = 8$     c) $E: -4x_1 + 2x_3 = 8$     d) $E: 2x_1 = -3$

# Lagen von Ebenen erkennen und Ebenen zeichnen

In der Ebene $E_1$: $x_1 = -4$ liegen alle Punkte, deren $x_1$-Koordinate $-4$ ist, unabhängig davon, wie groß ihre $x_2$- bzw. $x_3$-Koordinaten sind. Daher liegt diese Ebene parallel zur $x_2x_3$-Ebene und verläuft durch den Punkt $(-4\,|\,0\,|\,0)$.

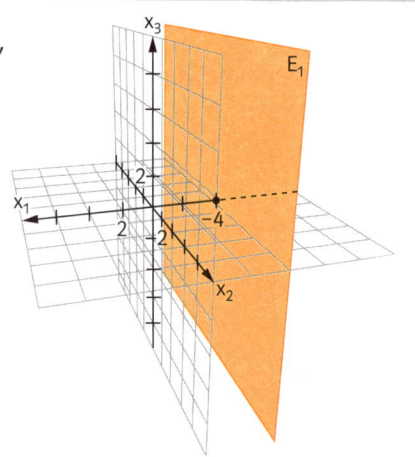

Die Ebene $E_2$: $x_1 + 2x_2 = 4$ verläuft parallel zur $x_3$-Achse. Die Schnittpunkte mit den anderen beiden Achsen erhält man folgendermaßen:
Bedingung für den Schnittpunkt mit der $x_2$-Achse:
$x_1 = 0$: $0 + 2x_2 = 4$, also $x_2 = 2$: $S_2(0\,|\,2\,|\,0)$
Bedingung für den Schnittpunkt mit der $x_1$-Achse:
$x_2 = 0$: $x_1 + 0 = 4$, also $x_1 = 4$: $S_1(4\,|\,0\,|\,0)$
Die Schnittpunkte mit den Koordinatenachsen heißen **Spurpunkte**. Mit ihrer Hilfe lässt sich leicht ein Ausschnitt der Ebene zeichnen.

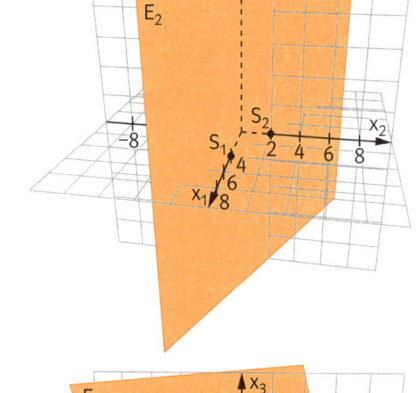

Hat man eine Ebenengleichung der Form $E_3$: $2x_1 + 4x_2 + x_3 = 4$ vorliegen, lassen sich alle Spurpunkte bestimmen.
Schnittpunkt mit der $x_1$-Achse: $x_2 = x_3 = 0$: $2x_1 = 4$, $S_1(2\,|\,0\,|\,0)$
Schnittpunkt mit der $x_2$-Achse: $x_1 = x_3 = 0$: $4x_2 = 4$, $S_2(0\,|\,1\,|\,0)$
Schnittpunkt mit der $x_3$-Achse: $x_1 = x_2 = 0$: $x_3 = 4$, $S_3(0\,|\,0\,|\,4)$

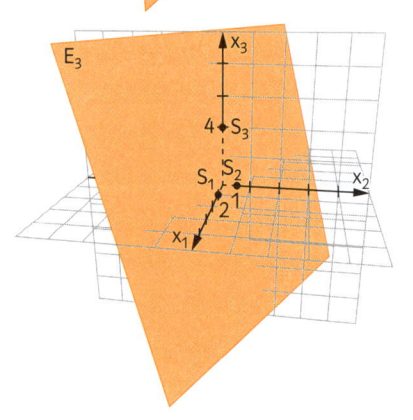

**1** Bestimmen Sie die Spurpunkte der Ebene E und zeichnen Sie damit einen Ausschnitt dieser Ebene.

a) E: $x_1 + 2x_2 - 3x_3 = 6$

Schnittpunkt mit der $x_1$-Achse: $x_2 = x_3 = 0$: _____ , $S_1(\,\blacksquare\,|\,\blacksquare\,|\,\blacksquare\,)$

Schnittpunkt mit der $x_2$-Achse: $x_1 = x_3 = 0$: _____ , $S_2(\,\blacksquare\,|\,\blacksquare\,|\,\blacksquare\,)$

Schnittpunkt mit der $x_3$-Achse: $x_1 = x_2 = 0$: _____ , $S_3(\,\blacksquare\,|\,\blacksquare\,|\,\blacksquare\,)$

b) E: $-x_1 + 2x_2 = 4$

Schnittpunkt mit der $x_\blacksquare$-Achse: $x_\blacksquare = x_\blacksquare = 0$: _____ , $S_\blacksquare(\,\blacksquare\,|\,\blacksquare\,|\,\blacksquare\,)$

Schnittpunkt mit der $x_\blacksquare$-Achse: $x_\blacksquare = x_\blacksquare = 0$: _____ , $S_\blacksquare(\,\blacksquare\,|\,\blacksquare\,|\,\blacksquare\,)$

c) E: $-3x_3 = 6$

Schnittpunkt mit der $x_\blacksquare$-Achse: $x_\blacksquare = x_\blacksquare = 0$: _____ , $S_\blacksquare(\,\blacksquare\,|\,\blacksquare\,|\,\blacksquare\,)$

**2** Ordnen Sie die Ebenengleichungen $E_1$ bis $E_4$ den Beschreibungen (a) bis (e) zu. Geben Sie zu der nicht zugeordneten Beschreibung eine passende Ebenengleichung an.

$E_4: 3x_1 + 2x_3 = 0$    $E_1: 3x_1 + 2x_2 = 5$    $E_3: -2x_1 = -4$    $E_2: -x_1 + 2x_2 + 3x_3 = 6$

(c) Die $x_1$-Achse und die $x_2$-Achse liegen in dieser Ebene.

(a) Die Ebene ist parallel zur $x_2x_3$-Ebene.

(d) Der Ursprung liegt in dieser Ebene.

(b) Die Ebene ist nur zur $x_3$-Achse parallel.

(e) Die Ebene schneidet alle drei Koordinatenachsen.

**3** Die Ebene $E: ax_1 + bx_2 + cx_3 = d$ hat nur die angegebenen Spurpunkte. Geben Sie jeweils eine Koordinatengleichung dieser Ebene an.

a) $S_1(3\,|\,0\,|\,0)$    E: _____

b) $S_1(2\,|\,0\,|\,0)$, $S_2(0\,|\,3\,|\,0)$

Kein $S_3$ bedeutet: c = 0

$S_1$ in E eingesetzt: 2a = d

$S_2$ in E eingesetzt: _____

Man wählt z.B. d = 6.

Damit ist a = _____, b = _____

E: __ $x_1$ + __ $x_2$ + __ $x_3$ = __

c) $S_2(0\,|\,4\,|\,0)$, $S_3(0\,|\,0\,|-2)$

Kein $S_1$ bedeutet: _____

$S_2$ in E eingesetzt: _____

$S_3$ in E eingesetzt: _____

Man wählt z.B. d = 4.

Damit ist __ = _____, __ = _____

E: _____

d) $S_1(2\,|\,0\,|\,0)$, $S_2(0\,|\,3\,|\,0)$, $S_3(0\,|\,0\,|-1)$

$S_1$ in E eingesetzt: _____

$S_2$ in E eingesetzt: _____

$S_3$ in E eingesetzt: _____

Man wählt z.B. d = 6.

Damit ist

a = _____, b = _____, c = _____

E: _____

**4** Die Ebene E ist parallel zur $x_2$-Achse. Der Punkt $P(1\,|\,0\,|\,3)$ liegt in der Ebene und ein Spurpunkt ist $S_1(2\,|\,0\,|\,0)$ Bestimmen Sie die Parameter a, b, c der Ebene $E: ax_1 + bx_2 + cx_3 = d$ für d = 6 und bestimmen Sie den anderen Spurpunkt.

$S_2$ eingesetzt in E liefert: _____ ; P eingesetzt in E liefert: _____ ;

d = 6 eingesetzt ergibt: a = _____ . Damit ist dann c = _____ .

Ebenengleichung: _____ ;

Spurpunkt: $S$__ ( __ | __ | __ )

**5** Die Ebene E hat die Spurpunkte $S_1(2\,|\,0\,|\,0)$ und $S_2(0\,|\,1\,|\,0)$. Bestimmen Sie a, b, c und d so, dass der Punkt $P(2\,|\,5\,|\,5)$ ebenfalls in E liegt. Geben Sie den dritten Spurpunkt an.

Man wählt $E: ax_1 + bx_2 + cx_3 = d$

$S_1$ eingesetzt in E liefert: _____ ; $S_2$ eingesetzt in E liefert: _____ .

Man wählt d: d = _____ . d eingesetzt ergibt: a = _____ und b = _____ .

Zwischenergebnis: E: __ $x_1$ + __ $x_2$ + c $x_3$ = __ . P eingesetzt in E liefert: _____ .

Damit wird c = _____ .

Die Ebenengleichung lautet dann: _____ .

Spurpunkt $S$__ : Schnittpunkt mit der $x_3$-Achse: $x$__ = $x$__ = 0: _____ , $S$__ ( __ | __ | __ )

### Bestimmung der Lage einer Ebene zu einer Geraden durch Lösung eines LGS

Eine Ebene und eine Gerade können sich schneiden (dann haben sie einen gemeinsamen Punkt), sie können parallel oder identisch sein, d.h. sie haben keinen bzw. unendlich viele gemeinsame Punkte.

**Beispiel 1:** E und g schneiden sich

Die Ebene $E: 2x_1 + 3x_2 - x_3 = 4$ und die Gerade $g: \vec{x} = \begin{pmatrix} 3 \\ 2 \\ 1 \end{pmatrix} + t \cdot \begin{pmatrix} 2 \\ 1 \\ 0 \end{pmatrix}$ haben den Schnittpunkt $P(1|1|1)$:

Setzt man die einzelnen Komponenten des Ortsvektors $\vec{x}$ der Geraden in die Koordinatengleichung der Ebene ein und löst die entstehende Gleichung $2(3 + 2t) + 3(2 + t) - (1 + 0t) = 4$, dann ergibt sich der

Wert $t = -1$. Das heißt, der Schnittpunkt P mit dem Ortsvektor $\vec{p} = \begin{pmatrix} 3 \\ 2 \\ 1 \end{pmatrix} - 1 \cdot \begin{pmatrix} 2 \\ 1 \\ 0 \end{pmatrix} = \begin{pmatrix} 1 \\ 1 \\ 1 \end{pmatrix}$ liegt sowohl auf der Geraden als auch in der Ebene.

**Beispiel 2:** E und h sind parallel

Die Ebene $E: 2x_1 + 3x_2 - x_3 = 4$ und die Gerade $h: \vec{x} = \begin{pmatrix} 3 \\ 2 \\ 1 \end{pmatrix} + t \cdot \begin{pmatrix} 1 \\ -1 \\ -1 \end{pmatrix}$ sind parallel.

Die Gleichung, die zu lösen ist, lautet $2(3 + t) + 3(2 - t) - (1 - t) = 4$. Sie hat keine Lösung, h und E haben also keinen gemeinsamen Punkt.

**Beispiel 3:** k liegt in E

Die Gerade $k: \vec{x} = \begin{pmatrix} 1 \\ 1 \\ 1 \end{pmatrix} t \cdot \begin{pmatrix} 1 \\ -1 \\ -1 \end{pmatrix}$ hat mit der Ebene $E: 2x_1 + 3x_2 - x_3 = 4$ unendlich viele gemeinsame

Punkte, denn sie liegt in $E: 2(1 + t) + 3(1 - t) - (1 - t) = 4$ liefert $4 = 4$.

---

**1** Bestimmen Sie den Schnittpunkt, den E und g haben.

a) $E: -x_1 + 2x_2 + x_3 = 5$, $g: \vec{x} = \begin{pmatrix} -1 \\ 6 \\ -6 \end{pmatrix} + t \cdot \begin{pmatrix} 2 \\ -1 \\ 3 \end{pmatrix}$

b) $E: 3x_1 - 2x_2 = 4$, $g: \vec{x} = \begin{pmatrix} 2 \\ 1 \\ 3 \end{pmatrix} + t \cdot \begin{pmatrix} -1 \\ 2 \\ 2 \end{pmatrix}$

**2** Liegt die Gerade g in der Ebene oder verläuft sie parallel dazu?

a) $E: -2x_1 + x_2 + 2x_3 = 3$, $g: \vec{x} = \begin{pmatrix} 5 \\ 7 \\ 3 \end{pmatrix} + t \cdot \begin{pmatrix} 2 \\ 2 \\ 1 \end{pmatrix}$

b) $E: -2x_1 + x_2 + 2x_3 = 3$, $g: \vec{x} = \begin{pmatrix} 1 \\ 0 \\ 2 \end{pmatrix} + t \cdot \begin{pmatrix} 1 \\ 4 \\ -1 \end{pmatrix}$

**3** Sonnenstrahlen sollen parallel zum Vektor $\begin{pmatrix} 4 \\ 5 \\ 7 \end{pmatrix}$ verlaufen. Ein Turm mit dem Fußpunkt $F(-2|1|0)$ und der Spitze

$S(-2|1|15)$ wirft einen Schatten auf einen Hang, der durch die Ebene $E: x_1 + 2x_2 + x_3 = -6$ repräsentiert wird. Wo liegt der Schattenpunkt T der Turmspitze auf dem Hang und wie lang ist der Schatten des Turmes?

Der Sonnenstrahl g durch die Turmspitze hat die Parametergleichung $g: \vec{x} = \begin{pmatrix} \phantom{0} \\ \phantom{0} \\ \phantom{0} \end{pmatrix} + t \cdot \begin{pmatrix} \phantom{0} \\ \phantom{0} \\ \phantom{0} \end{pmatrix}$

Gleichung, die entsteht, wenn man g in E einsetzt: _____

Berechnung von t: _____ Berechnung des Schnittpunktes T: _____

Abstand von T und F: _____

**4** In welchem Punkt P schneidet die Gerade $g: \vec{x} = \begin{pmatrix} 3 \\ 2 \\ 1 \end{pmatrix} + t \cdot \begin{pmatrix} 2 \\ 1 \\ 0 \end{pmatrix}$ die Ebene $E: \vec{x} = \begin{pmatrix} 0 \\ 0 \\ -4 \end{pmatrix} + r \cdot \begin{pmatrix} -5 \\ 3 \\ -1 \end{pmatrix} + s \cdot \begin{pmatrix} 2 \\ 3 \\ 13 \end{pmatrix}$ ?

Gleichsetzen der rechten Seiten führt zum LGS: $r \cdot \begin{pmatrix} \phantom{3} \\ 3 \\ -1 \end{pmatrix} + s \cdot \begin{pmatrix} 2 \\ \phantom{2} \\ \phantom{2} \end{pmatrix} + t \cdot \begin{pmatrix} -2 \\ \phantom{2} \\ \phantom{2} \end{pmatrix} = \begin{pmatrix} \phantom{2} \\ \phantom{2} \\ 5 \end{pmatrix}$. Lösung des LGS liefert

$t =$ _____ . In g eingesetzt ergibt dies den Ortsvektor $\vec{p} = \begin{pmatrix} 3 \\ 2 \\ 1 \end{pmatrix} + \phantom{\blacksquare} \cdot \begin{pmatrix} 2 \\ 1 \\ 0 \end{pmatrix} = \begin{pmatrix} \phantom{2} \\ \phantom{2} \\ \phantom{2} \end{pmatrix}$. P( ▮ | ▮ | ▮ )

**5** Zeigen Sie, dass $h: \vec{x} = \begin{pmatrix} 3 \\ 2 \\ 1 \end{pmatrix} + t \cdot \begin{pmatrix} 1 \\ -1 \\ -1 \end{pmatrix}$ parallel zu $E: \vec{x} = \begin{pmatrix} 0 \\ 0 \\ -4 \end{pmatrix} + r \cdot \begin{pmatrix} -5 \\ 3 \\ -1 \end{pmatrix} + s \cdot \begin{pmatrix} 2 \\ 3 \\ 13 \end{pmatrix}$ ist, indem Sie wie in Aufgabe 4 verfahren.

**6** Untersuchen Sie die gegenseitige Lage von E und g.

a) $E: \vec{x} = \begin{pmatrix} 1 \\ -1 \\ -1 \end{pmatrix} + r \cdot \begin{pmatrix} 1 \\ 1 \\ 2 \end{pmatrix} + s \cdot \begin{pmatrix} 3 \\ 0 \\ 1 \end{pmatrix}$, $g: \vec{x} = \begin{pmatrix} 5 \\ 1 \\ 2 \end{pmatrix} + t \cdot \begin{pmatrix} -1 \\ 4 \\ 3 \end{pmatrix}$

b) $E: \vec{x} = \begin{pmatrix} 1 \\ 0 \\ 2 \end{pmatrix} + s \cdot \begin{pmatrix} -1 \\ 2 \\ -1 \end{pmatrix} + t \cdot \begin{pmatrix} 0 \\ 3 \\ -2 \end{pmatrix}$, $g: \vec{x} = \begin{pmatrix} 4 \\ 4 \\ 4 \end{pmatrix} + t \cdot \begin{pmatrix} -1 \\ 5 \\ -3 \end{pmatrix}$

---

**Bestimmung der Lage einer Ebene zu einer Geraden durch Untersuchung von Vektoren**

**Beispiel 1:**

Im obigen Kasten wurde gezeigt, dass sich die Ebene $E: 2x_1 + 3x_2 - x_3 = 4$ und die Gerade

$g: \vec{x} = \begin{pmatrix} 3 \\ 2 \\ 1 \end{pmatrix} + t \cdot \begin{pmatrix} 2 \\ 1 \\ 0 \end{pmatrix}$ schneiden. Dies zeigt sich auch darin, dass der Normalenvektor $\vec{n} = \begin{pmatrix} 2 \\ 3 \\ -1 \end{pmatrix}$ der Ebene

und der Richtungsvektor $\vec{u} = \begin{pmatrix} 2 \\ 1 \\ 0 \end{pmatrix}$ nicht orthogonal zueinander sind: $\vec{n} \cdot \vec{u} = \begin{pmatrix} 2 \\ 3 \\ -1 \end{pmatrix} \cdot \begin{pmatrix} 2 \\ 1 \\ 0 \end{pmatrix} = 4 + 3 = 7 \neq 0$.

**Beispiel 2:**

Der Normalenvektor von $E: 2x_1 + 3x_2 - x_3 = 4$ und der Richtungsvektor von $h: \vec{x} = \begin{pmatrix} 3 \\ 2 \\ 1 \end{pmatrix} + t \cdot \begin{pmatrix} 1 \\ -1 \\ -1 \end{pmatrix}$ hingegen

sind orthogonal, da $\vec{n} \cdot \vec{u} = \begin{pmatrix} 2 \\ 3 \\ -1 \end{pmatrix} \cdot \begin{pmatrix} 1 \\ -1 \\ -1 \end{pmatrix} = 2 - 3 + 1 = 0$. Der Punkt P(3|2|1) der Geraden liegt nicht in E.

Die Ebene E und Gerade h sind also parallel.

---

**7** Untersuchen Sie mithilfe geeigneter Vektoren, ob sich die Ebene E und die Gerade g schneiden. Schneiden E und g sich nicht, bestimmen Sie, ob g in E liegt oder g parallel zu E ist.

a) $E: 3x_1 - 2x_2 + 7x_3 = -4$, $g: \vec{x} = \begin{pmatrix} 2 \\ 0 \\ 0 \end{pmatrix} + t \cdot \begin{pmatrix} 1 \\ -2 \\ -1 \end{pmatrix}$

b) $E: -2{,}5x_1 - 0{,}5x_2 + 2x_3 = 0$, $g: \vec{x} = \begin{pmatrix} 2 \\ 0 \\ 0 \end{pmatrix} + t \cdot \begin{pmatrix} 1 \\ 1 \\ 1 \end{pmatrix}$

c) $E: -2{,}5x_1 - 0{,}5x_2 + 3x_3 = -5$, $g: \vec{x} = \begin{pmatrix} 2 \\ 0 \\ 0 \end{pmatrix} + t \cdot \begin{pmatrix} 1 \\ 1 \\ 1 \end{pmatrix}$

d) $E: \left[ \vec{x} - \begin{pmatrix} 2 \\ 2 \\ 1 \end{pmatrix} \right] \cdot \begin{pmatrix} 3 \\ -1 \\ 1 \end{pmatrix} = 0$, $g: \vec{x} = \begin{pmatrix} 1 \\ 0 \\ 2 \end{pmatrix} + t \cdot \begin{pmatrix} 2 \\ -2 \\ 1 \end{pmatrix}$

e) $E: \left[ \vec{x} - \begin{pmatrix} 2 \\ 4 \\ 3 \end{pmatrix} \right] \cdot \begin{pmatrix} -2 \\ 1 \\ 2 \end{pmatrix} = 0$, $g: \vec{x} = \begin{pmatrix} 5 \\ 6 \\ 5 \end{pmatrix} + t \cdot \begin{pmatrix} 2 \\ 6 \\ -1 \end{pmatrix}$

f) $E: \left[ \vec{x} - \begin{pmatrix} -2 \\ 4 \\ -1 \end{pmatrix} \right] \cdot \begin{pmatrix} -3 \\ 1 \\ 0 \end{pmatrix} = 0$, $g: \vec{x} = \begin{pmatrix} 1 \\ 0 \\ 2 \end{pmatrix} + t \cdot \begin{pmatrix} 2 \\ 6 \\ 6 \end{pmatrix}$

# Gegenseitige Lage von Ebenen

**Beide Ebenen liegen in Koordinatengleichungen vor**

**Beispiel 1:**
Betrachtet man die Normalenvektoren der beiden Ebenen $E: 2x_1 + 3x_2 - x_3 = 5$ und $F: 4x_1 + 6x_2 - 2x_3 = 3$

so stellt man fest, dass $\vec{n_E} = \begin{pmatrix} 2 \\ 3 \\ -1 \end{pmatrix}$ und $\vec{n_F} = \begin{pmatrix} 4 \\ 6 \\ -2 \end{pmatrix}$ parallel zueinander sind. Der Punkt $P(1|1|0)$ liegt in E,

aber nicht in F. Daher sind die beiden Ebenen parallel.

**Beispiel 2:**
Die beiden Ebenen $E: 2x_1 + 3x_2 - x_3 = 5$ und $F: -5x_1 + 10x_2 - x_3 = 5$ schneiden sich in einer Geraden, da ihre Normalenvektoren nicht parallel sind.
Die Gleichung für die Schnittgerade bestimmt man so:

Stelle für das LGS $\begin{array}{r} 2x_1 + 3x_2 - x_3 = 5 \\ -5x_1 + 10x_2 - x_3 = 5 \end{array}$ Stufenform her: $\begin{array}{r} 2x_1 + 3x_2 - x_3 = 5 \\ 35x_2 - 7x_3 = 35 \end{array}$

Wähle beispielsweise $x_3 = t$ und drücke die anderen beiden Koordinaten mithilfe von t aus: $x_2 = 1 + \frac{1}{5}t$

und $x_1 = 1 + \frac{1}{5}t$. Die Gerade g lautet also $g: \vec{x} = \begin{pmatrix} 1 \\ 1 \\ 0 \end{pmatrix} + t \cdot \begin{pmatrix} \frac{1}{5} \\ \frac{1}{5} \\ 1 \end{pmatrix}$

oder mit ganzzahligen Komponenten des Richtungsvektors: $g: \vec{x} = \begin{pmatrix} 1 \\ 1 \\ 0 \end{pmatrix} + t \cdot \begin{pmatrix} 1 \\ 1 \\ 5 \end{pmatrix}$.

**1** Untersuchen Sie mithilfe der Normalenvektoren, welche der Ebenen $E: -x_1 + 2x_2 - 3x_3 = 8$,
$F: 2x_1 + 4x_2 + 6x_3 = 8$ bzw. $G: 2x_1 - 4x_2 + 6x_3 = 4$ parallel sind. Bestimmen Sie ansonsten die Schnittgerade.

**2** Bestimmen Sie die Lücken in den Normalenvektoren so, dass die beiden Ebenen $E: -2x_1 + \boxed{\phantom{x}} x_2 - x_3 = 4$
und $F: \left[ \vec{x} - \begin{pmatrix} 1 \\ -4 \\ 3 \end{pmatrix} \right] \cdot \begin{pmatrix} 4 \\ 3 \\ \boxed{\phantom{x}} \end{pmatrix} = 0$ parallel sind.

**Eine Ebene liegt in einer Koordinatengleichung vor, die andere Ebene in einer Parametergleichung**

**Beispiel 1:** $E: 2x_1 + 3x_2 - x_3 = 5$, $F: \vec{x} = \begin{pmatrix} 0 \\ 0 \\ -1{,}5 \end{pmatrix} + r \cdot \begin{pmatrix} 5 \\ -3 \\ 1 \end{pmatrix} + s \cdot \begin{pmatrix} 2 \\ 3 \\ 13 \end{pmatrix}$

Untersucht man E und F auf gemeinsame Punkte, bietet es sich hier an, die Komponenten des Ortsvektors der Punkte von F in E einzusetzen: $2 \cdot (5r + 2s) + 3 \cdot (-3r + 3s) - (-1{,}5 + r + 13s) = 5$. Es ergibt sich die Falschaussage $1{,}5 = 5$. Das bedeutet, dass die beiden Ebenen keine gemeinsamen Punkte haben; sie sind also parallel.

**Beispiel 2:**
Die beiden Ebenen $E: 2x_1 + 3x_2 - x_3 = 5$ und $F: \vec{x} = \begin{pmatrix} 1 \\ 1 \\ 5 \end{pmatrix} + r \cdot \begin{pmatrix} 2 \\ 1 \\ 0 \end{pmatrix} + s \cdot \begin{pmatrix} -1 \\ 0 \\ 5 \end{pmatrix}$ schneiden sich in einer

Geraden. Analog zum Beispiel 1 erhält man: $2 \cdot (1 + 2r - s) + 3 \cdot (1 + r) - (5 + 5s) = 5$. Es ergibt sich $7r - 7s = 5$, also z.B. $r = \frac{5}{7} + s$. Setzt man r in die Parametergleichung von F ein und fasst zusammen

erhält man die Gleichung für die Schnittgerade: $\vec{x} = \begin{pmatrix} 1 \\ 1 \\ 5 \end{pmatrix} + \left(\frac{5}{7} + s\right) \cdot \begin{pmatrix} 2 \\ 1 \\ 0 \end{pmatrix} + s \cdot \begin{pmatrix} -1 \\ 0 \\ 5 \end{pmatrix} = \begin{pmatrix} 1 + \frac{10}{7} \\ 1 + \frac{5}{7} \\ 5 \end{pmatrix} + s \cdot \begin{pmatrix} 1 \\ 1 \\ 5 \end{pmatrix}$.

Sie lautet also $g: \vec{x} = \begin{pmatrix} \frac{17}{7} \\ \frac{12}{7} \\ 5 \end{pmatrix} + s \cdot \begin{pmatrix} 1 \\ 1 \\ 5 \end{pmatrix}$.

**3** Untersuchen Sie, ob sich die Ebenen E und F schneiden. Geben Sie gegebenenfalls die Schnittgerade an.

a) $E: 3x_1 + 2x_2 - x_3 = 3$, $F: \vec{x} = \begin{pmatrix} 1 \\ 1 \\ 0 \end{pmatrix} + s \cdot \begin{pmatrix} -1 \\ -1 \\ 1 \end{pmatrix} + t \cdot \begin{pmatrix} 1 \\ 2 \\ 1 \end{pmatrix}$   b) $E: \vec{x} = \begin{pmatrix} -1 \\ 1 \\ 3 \end{pmatrix} + r \cdot \begin{pmatrix} 4 \\ 1 \\ -2 \end{pmatrix} + t \cdot \begin{pmatrix} 1 \\ 1 \\ 0 \end{pmatrix}$, $F: 2x_1 - 2x_2 + 3x_3 = -2$

**4** a) Weisen Sie nach, dass sich die beiden Ebenen $E: 2x_1 - x_2 + 3x_3 = 6$ und $F: \vec{x} = \begin{pmatrix} 3 \\ 3 \\ 2 \end{pmatrix} + s \cdot \begin{pmatrix} -1 \\ 2 \\ 4 \end{pmatrix} + t \cdot \begin{pmatrix} 0 \\ 1 \\ 1 \end{pmatrix}$ schneiden.

b) $g: \vec{x} = \begin{pmatrix} 4,5 \\ 4,5 \\ a \end{pmatrix} + r \cdot \begin{pmatrix} 1 \\ b \\ 0 \end{pmatrix}$ ist Schnittgerade der beiden Ebenen aus Teilaufgabe a). Setzen Sie g in E ein und bestimmen Sie damit a und b.

**5** Bestimmen Sie die Zahlen a, b und c in der Parametergleichung von F so aus, dass die Ebenen F und $E: x_1 + 2x_2 - x_3 = 4$ identisch sind.

a) $F: \vec{x} = \begin{pmatrix} 3 \\ 3 \\ a \end{pmatrix} + s \cdot \begin{pmatrix} b \\ 2 \\ 6 \end{pmatrix} + t \cdot \begin{pmatrix} 0 \\ -2 \\ c \end{pmatrix}$

F in E eingesetzt liefert $\left(3 + \boxed{\phantom{x}} \cdot s\right) + 2\left(\boxed{\phantom{x}} + 2s - 2\boxed{\phantom{x}}\right) - \left(\boxed{\phantom{x}} + \boxed{\phantom{x}} + \boxed{\phantom{x}}\right) = 4$.

Zusammengefasst ergibt sich $\left(9 - \boxed{\phantom{x}}\right) + \left(b - \boxed{\phantom{x}}\right) \cdot s + \left(\boxed{\phantom{x}} - 4\right) \cdot t = 4$.

Die Koeffizienten vor s und t müssen jeweils null sein: $b - \boxed{\phantom{x}} = 0$ und $\boxed{\phantom{x}} - 4 = 0$.

Damit wird $b = \boxed{\phantom{x}}$ und $c = \boxed{\phantom{x}}$. Für die Zahlen muss gelten: $9 - \boxed{\phantom{x}} = 4$, also $a = \boxed{\phantom{x}}$.

b) $F: \vec{x} = \begin{pmatrix} -2 \\ a \\ 4 \end{pmatrix} + s \cdot \begin{pmatrix} 4 \\ -1 \\ b \end{pmatrix} + t \cdot \begin{pmatrix} 3 \\ c \\ -5 \end{pmatrix}$

---

**Beide Ebenen liegen in Parametergleichung vor**

Hierbei ist es am einfachsten, das LGS zu lösen, das auf gemeinsame Punkte untersucht.

Dabei muss man darauf achten, dass die Parameter der Ebenen unterschiedlich bezeichnet sind.

$E: \vec{x} = \begin{pmatrix} 4 \\ -1 \\ 10 \end{pmatrix} + t \cdot \begin{pmatrix} 2 \\ -1 \\ 2 \end{pmatrix} + s \cdot \begin{pmatrix} 3 \\ 0 \\ 2 \end{pmatrix}$ und $F: \vec{x} = \begin{pmatrix} -6 \\ 1 \\ 2 \end{pmatrix} + r \cdot \begin{pmatrix} 3 \\ -5 \\ 3 \end{pmatrix} + u \cdot \begin{pmatrix} 2 \\ 4 \\ 1 \end{pmatrix}$ liefern das LGS $\begin{array}{r} 2t + 3s - 3r - 2u = -10 \\ -t \quad\;\; + 5r - 4u = \;\;\; 2 \\ 2t + 2s - 3r - \;\; u = \;\; -8 \end{array}$

mit unendlich vielen Lösungen. In der letzten Zeile erkennt man einen Zusammen-hang zwischen r und u: $r - u = 0$. Damit kann man die Schnittgerade bestimmen, indem man diese Gleichung nach r auflöst, dies in die Parametergleichung von F einsetzt und zusammenfasst:

$\vec{x} = \begin{pmatrix} -6 \\ 1 \\ 2 \end{pmatrix} + u \cdot \begin{pmatrix} 3 \\ -5 \\ 3 \end{pmatrix} + u \cdot \begin{pmatrix} 2 \\ 4 \\ 1 \end{pmatrix} = \begin{pmatrix} -6 \\ 1 \\ 2 \end{pmatrix} + u \cdot \begin{pmatrix} 3+2 \\ -5+4 \\ 3+1 \end{pmatrix} = \begin{pmatrix} -6 \\ 1 \\ 2 \end{pmatrix} + u \cdot \begin{pmatrix} 5 \\ -1 \\ 4 \end{pmatrix}$.

```
 2  3 -3 -2 -10...
-1  0  5 -4  2 ...
 2  2 -3 -1 -8 ...
rref([A])
[[1 0 0 -1 -2]
 [0 1 0 -1 -2]
 [0 0 1 -1  0]]
```

Die Schnittgerade lautet also $g: \vec{x} = \begin{pmatrix} -6 \\ 1 \\ 2 \end{pmatrix} + u \cdot \begin{pmatrix} 5 \\ -1 \\ 4 \end{pmatrix}$

Hat das LGS keine Lösung, so sind beide Ebenen parallel.

---

**6** Überprüfen Sie, ob die beiden Ebenen gemeinsame Punkte haben oder nicht. Geben sie gegebenenfalls die Schnittgerade an.

a) $E: \vec{x} = \begin{pmatrix} 4 \\ -1 \\ 10 \end{pmatrix} + t \cdot \begin{pmatrix} 2 \\ -1 \\ 2 \end{pmatrix} + s \cdot \begin{pmatrix} 3 \\ 0 \\ 2 \end{pmatrix}$, $F: \vec{x} = \begin{pmatrix} 2 \\ 3 \\ 3 \end{pmatrix} + t \cdot \begin{pmatrix} 1 \\ 1 \\ 0 \end{pmatrix} + s \cdot \begin{pmatrix} 1 \\ -2 \\ 2 \end{pmatrix}$

b) $E: \vec{x} = \begin{pmatrix} 2 \\ -1 \\ 0 \end{pmatrix} + t \cdot \begin{pmatrix} 1 \\ 2 \\ 0 \end{pmatrix} + s \cdot \begin{pmatrix} 5 \\ 1 \\ 0 \end{pmatrix}$, $F: \vec{x} = \begin{pmatrix} 2 \\ 3 \\ 2 \end{pmatrix} + t \cdot \begin{pmatrix} 1 \\ 1 \\ 0 \end{pmatrix} + s \cdot \begin{pmatrix} 1 \\ -2 \\ 2 \end{pmatrix}$

**1** Gegeben sind die Punkte $A(1|2|3)$, $B(3|-2|-1)$ und $C(0|4|-1)$.
a) Bestimmen Sie die Vektoren $\vec{p} = \overrightarrow{AB}$, $\vec{q} = \overrightarrow{BC}$, $\vec{r} = \overrightarrow{CA}$ sowie deren Beträge.
b) Bestimmen Sie $2\vec{p} + \vec{q} - 3\vec{r}$ und $0{,}5\vec{r} - 1{,}5\vec{p}$.
c) Welcher Einheitsvektor hat dieselbe Richtung wie $-\vec{p}$?
d) Untersuchen Sie, welche der Vektoren $\vec{p}$, $\vec{q}$ und $\vec{r}$ orthogonal zueinander sind.

**2** Gegeben sind die Geraden $g: \vec{x} = \begin{pmatrix} 3 \\ 3 \\ -5 \end{pmatrix} + t \cdot \begin{pmatrix} -1 \\ 2 \\ 2 \end{pmatrix}$ und $h: \vec{x} = \begin{pmatrix} -2 \\ 3 \\ 5 \end{pmatrix} + t \cdot \begin{pmatrix} 2 \\ 0 \\ -4 \end{pmatrix}$.
a) Untersuchen Sie, ob die Punkte $A(6|-3|-11)$, $B(0|9|-9)$ und $C(-6|3|-13)$ auf g bzw. h liegen.
b) Bestimmen Sie den Schnittpunkt der beiden Geraden.
c) Stellen Sie eine Parametergleichung der Ebene E auf, in der g und h liegen.

**3** a) Bestimmen Sie die Parametergleichung einer Ebene E, in der die Gerade $g: \vec{x} = \begin{pmatrix} -1 \\ 2 \\ -3 \end{pmatrix} + t \cdot \begin{pmatrix} 4 \\ 3 \\ 5 \end{pmatrix}$ verläuft und in der $P(2|2|-3)$ liegt
b) Bestimmen Sie einen Normalenvektor von E und stellen Sie sowohl eine Normalengleichung als auch eine Koordinatengleichung von E auf.

**4** Eine Ebene E hat die Koordinatengleichung $E: -x_1 + 3x_2 = 6$.
a) Bestimmen Sie eine Parametergleichung dieser Ebene.
b) Welche besondere Lage hat E im Koordinatensystem?
c) Zeichnen Sie einen Ausschnitt von E.

**5** Bestimmen Sie jeweils eine Koordinatengleichung der gesuchten Ebene.
a) Die Punkte $A(3|2|2)$, $B(0|0|1)$ und $C(4|-1|-5)$ liegen in E.
b) $S(2|0|2)$ ist ein Spurpunkt und $\vec{n} = \begin{pmatrix} 2 \\ -1 \\ 6 \end{pmatrix}$ ist ein Normalenvektor der Ebene F.
c) In der Ebene G, die parallel zur $x_1x_2$-Ebene ist, liegt der Punkt $P(2|3|-1)$.
d) Die Ebene H verläuft so, dass die Punkte $A(2|3|4)$ und $B(6|-1|10)$ spiegelbildlich bezüglich H liegen.

**6** Die Ebene E und die Gerade g schneiden sich. Das zu berechnende LGS ist rechts in Matrixform dargestellt.
a) Füllen Sie die Lücken in den Parametergleichungen von

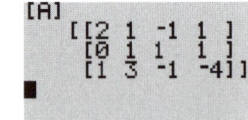

$$E: \vec{x} = \begin{pmatrix} \square \\ 1 \\ 5 \end{pmatrix} + r \cdot \begin{pmatrix} \square \\ 0 \\ 1 \end{pmatrix} + s \cdot \begin{pmatrix} 1 \\ \square \\ 3 \end{pmatrix} \quad \text{und} \quad g: \vec{x} = \begin{pmatrix} 2 \\ 2 \\ \square \end{pmatrix} + t \cdot \begin{pmatrix} \square \\ \square \\ \square \end{pmatrix} \quad \text{aus.}$$

b) Berechnen Sie den Schnittpunkt von E und g.

**7** Untersuchen Sie die gegenseitige Lage der Ebenen $E: \vec{x} = \begin{pmatrix} 2 \\ 0 \\ 2 \end{pmatrix} + t \cdot \begin{pmatrix} 1 \\ -1 \\ -2 \end{pmatrix} + s \cdot \begin{pmatrix} 1 \\ 3 \\ 4 \end{pmatrix}$, $F: 4x_1 - 2x_2 + x_3 = -6$
und $G: \left[ \vec{x} - \begin{pmatrix} 1 \\ 4 \\ -2 \end{pmatrix} \right] \cdot \begin{pmatrix} 8 \\ -4 \\ 2 \end{pmatrix} = 0$ und bestimmen Sie gegebenenfalls die Schnittgerade.

# Abstand eines Punktes von einer Ebene

Der Punkt R(4|−5|5) hat verschiedene Entfernungen zu den Punkten der Ebene E: $2x_1 − 4x_2 + 4x_3 = −6$.
Der **Abstand des Punktes R von der Ebene E** ist die kleinste dieser Entfernungen. Dies ist die Länge des Lotes von R auf E, also die Länge der Strecke vom Punkt R zum Lotfußpunkt F.

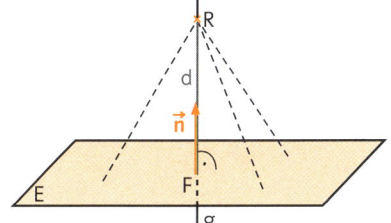

Den Abstand von R und E berechnet man in mehreren Schritten:
1. Die Lotgerade g zu E durch R hat als Stützvektor den Ortsvektor $\vec{r}$ von R und als Richtungsvektor den Normalenvektor $\vec{n}$ von E.

$$g: \vec{x} = \begin{pmatrix} 4 \\ -5 \\ 5 \end{pmatrix} + t \cdot \begin{pmatrix} 2 \\ -4 \\ 4 \end{pmatrix}$$

2. Der Lotfußpunkt F ist der Schnittpunkt von g mit E.
   Aus $2 \cdot (4 + 2t) − 4 \cdot (−5 − 4t) + 4 \cdot (5 + 4t) = −6$ folgt $t = −1{,}5$. Einsetzen in die Gleichung der Gerade g liefert den Lotfußpunkt F(1|1|−1).
3. Die Streckenlänge $|\overrightarrow{RF}| = \sqrt{(1 − 4)^2 + (1 + 5)^2 + (−1 − 5)^2} = 9$ ist der Abstand des Punktes R von der Ebene E.

Ergebnis: Der Abstand des Punktes R von der Ebene E beträgt 9 LE.

---

**1** Bestimmen Sie den Abstand des Punktes R von der Ebene E.

a) R(4|0|7); E: $2x_1 + 3x_2 + 6x_3 = 1$.

Lotgerade g zu E durch R: $\vec{x} =$ _____

Schneiden von g und E:

_____

_____

_____

t = _____

Einsetzen in die Geradengleichung ergibt den Lotfußpunkt F _____.

$|\overrightarrow{RF}| =$ _____

Ergebnis: Der Abstand des Punktes R von der Ebene E beträgt _____.

b) R(8|6|14); E: $\left[ \vec{x} − \begin{pmatrix} 0 \\ 2 \\ -5 \end{pmatrix} \right] \cdot \begin{pmatrix} 6 \\ 0 \\ 8 \end{pmatrix} = 0$.

Die Ebene E hat die Koordinatengleichung _____

Lotgerade g zu E durch R: $\vec{x} =$ _____

Schneiden von g und E:

_____

_____

_____

t = _____

Einsetzen in die Geradengleichung ergibt den Lotfußpunkt F _____.

$|\overrightarrow{RF}| =$ _____

Ergebnis: Der Abstand des Punktes R von der Ebene E beträgt _____.

**2** Gegeben ist die Ebene $E: 2x_1 - x_2 + 2x_3 = 6$. Die Punkte A, B, C und D auf den hellgrauen Kärtchen in der oberen Reihe liegen nicht in der Ebene E. Ordnen Sie jedem der Punkte seinen Lotfußpunkt (weiße Kärtchen) und den Abstand von der Ebene E (orange Kärtchen) zu. Dabei bleiben einige Kärtchen übrig.

| $A(3 \mid -0,5 \mid 2)$ | $B(-3 \mid 5 \mid 4)$ | $C\left(\frac{2}{3} \mid 3 \mid -\frac{2}{3}\right)$ | $D(5 \mid -4 \mid 5)$ |
|---|---|---|---|

| $F_1(-1 \mid 4 \mid 6)$ | $F_2\left(0 \mid 0 \mid \frac{2}{3}\right)$ | $F_3(1 \mid -2 \mid 1)$ | $F_4(2 \mid 0 \mid 1)$ | $F_5\left(\frac{8}{3} \mid 2 \mid \frac{4}{3}\right)$ |
|---|---|---|---|---|

| $d = 1$ LE | $d = 1,5$ LE | $d = 2$ LE | $d = 3$ LE | $d = 6$ LE | $d = 12$ LE |
|---|---|---|---|---|---|

**3** Eine Ebene E hat den Normalenvektor $\vec{n} = \begin{pmatrix} -0,5 \\ 1 \\ -1 \end{pmatrix}$ und geht durch den Punkt $P(6 \mid 4 \mid -1)$.

Berechnen Sie den Abstand des Ursprungs von der Ebene E.

**4** Der Punkt $F(3 \mid 2 \mid 2)$ liegt in der Ebene $E: 4x_1 + 6x_2 - 12x_3 = 0$. Bestimmen Sie alle Punkte, die von der Ebene E den Abstand 7 LE haben und deren Lotfußpunkt der Punkt F ist.

E hat den Normalenvektor $\vec{n} = \begin{pmatrix} \underline{\phantom{x}} \\ \underline{\phantom{x}} \\ \underline{\phantom{x}} \end{pmatrix}$ mit $|\vec{n}| = $ ____ . Also ist der Normaleneinheitsvektor $\vec{n_0} = $ ____ $\cdot \begin{pmatrix} \underline{\phantom{x}} \\ \underline{\phantom{x}} \\ \underline{\phantom{x}} \end{pmatrix}$.

$\overrightarrow{OR} = \overrightarrow{OF} + 7 \cdot \vec{n_0} = $ _____

$\overrightarrow{OS} = $ _____

Man erhält $R(\underline{\phantom{x}} \mid \underline{\phantom{x}} \mid \underline{\phantom{x}})$ und $S(\underline{\phantom{x}} \mid \underline{\phantom{x}} \mid \underline{\phantom{x}})$.

**5** Betrachtet wird die Ebene $E: 4x_1 + 4x_2 - 2x_3 = 10$ mit Normalenvektor $\vec{n} = \begin{pmatrix} 4 \\ 4 \\ -2 \end{pmatrix}$ der Länge $|\vec{n}| = 6$.

a) Weisen Sie nach, dass der Punkt $P(7 \mid 14 \mid -8)$ nicht in der Ebene E liegt.
b) Bestimmen Sie den Lotfußpunkt F von P auf der Ebene E und den Abstand von P zu E.
c) P soll an E gespiegelt werden. Welche der folgenden Lösungsansätze führen zum richtigen Bildpunkt P'?

|  | richtig | falsch |
|---|---|---|
| A: $\overrightarrow{OP'} = \overrightarrow{OF} + \overrightarrow{PF} = \overrightarrow{OF} - 2,5 \cdot \vec{n}$ | ☐ | ☐ |
| B: $\overrightarrow{OP'} = \overrightarrow{OF} + 15 \cdot \vec{n}$ | ☐ | ☐ |
| C: $\overrightarrow{OP'} = \overrightarrow{OF} + 15 \cdot \frac{1}{6} \cdot \vec{n} = \overrightarrow{OF} + 2,5 \cdot \vec{n}$ | ☐ | ☐ |
| D: $\overrightarrow{OP'} = \overrightarrow{OP} + 2 \cdot \overrightarrow{PF} = \overrightarrow{OP} - 2 \cdot 2,5 \cdot \vec{n}$ | ☐ | ☐ |

d) Berechnen Sie die Koordinaten des Spiegelpunktes P' von P an der Ebene E, indem Sie einen richtigen Lösungsansatz vervollständigen.
e) Welche Denkfehler wurden bei den falschen Lösungsansätzen in c) gemacht?

**6** Wahr oder falsch? Kreuzen Sie an und korrigieren Sie gegebenenfalls.

|  | w | f |
|---|---|---|
| A: Alle Punkte, die von einer Ebene E den Abstand 4 haben, bilden zwei zu E parallele Ebenen. | ☐ | ☐ |
| B: Zu jedem Punkt P in einer Ebene E gibt es genau zwei Punkte, die nicht in E liegen und deren Lotfußpunkt auf E der Punkt P ist. | ☐ | ☐ |
| C: Der Punkt $P(1 \mid 2 \mid 3)$ hat von der $x_1x_2$-Ebene den Abstand 1 LE. | ☐ | ☐ |

Korrigierte Aussagen:

_____

_____

# Die Hesse'sche Normalenform

Ein Normalenvektor der Länge 1 heißt **Normaleneinheitsvektor** $\vec{n_0}$. Eine Ebenengleichung der Form $E: (\vec{x} - \vec{p}) \cdot \vec{n_0} = 0$ mit dem Normaleneinheitsvektor $\vec{n_0}$ heißt **Hesse'sche Normalenform**.

Beispiel: Der Vektor $\vec{n_0} = \frac{1}{3}\begin{pmatrix} 1 \\ 2 \\ 2 \end{pmatrix}$ hat die Länge 1.

Die Ebenengleichung einer Ebene $E: \left[\vec{x} - \begin{pmatrix} 1 \\ 1 \\ 1 \end{pmatrix}\right] \cdot \frac{1}{3}\begin{pmatrix} 1 \\ 2 \\ 2 \end{pmatrix} = 0$ ist eine **Hesse'sche Normalenform**.

**1** Geben Sie zu den folgenden Ebenen eine Gleichung in Hesse'scher Normalenform an.

a) $E: \left[\vec{x} - \begin{pmatrix} 2 \\ 2 \\ -1 \end{pmatrix}\right] \cdot \begin{pmatrix} 8 \\ -1 \\ 4 \end{pmatrix} = 0$

$\vec{n} = \begin{pmatrix} \underline{\phantom{xx}} \\ \underline{\phantom{xx}} \\ \underline{\phantom{xx}} \end{pmatrix}$; $|\vec{n}| = $ _____ ; $E:$ _____

b) $E: \vec{x} = \begin{pmatrix} 1 \\ 5 \\ 7 \end{pmatrix} + r\begin{pmatrix} 0 \\ 6 \\ 3 \end{pmatrix} + s\begin{pmatrix} 2 \\ 0 \\ -3 \end{pmatrix}$

Der Normalenvektor $\vec{n}$ ist orthogonal zu beiden Richtungsvektoren von E. Man erhält ein Gleichungssystem

mit den beiden Gleichungen $0 \cdot n_1 + 6 \cdot n_2 + 3 \cdot n_3 = 0$ und _____ .
Lösen des Gleichungssystems:

_____

_____

_____

Setzt man z.B. $n_1 = 3$ ein, erhält man $n_2 = $ _____ und $n_3 = $ _____ .

$\vec{n} = \begin{pmatrix} \underline{\phantom{xx}} \\ \underline{\phantom{xx}} \\ \underline{\phantom{xx}} \end{pmatrix}$; $|\vec{n}| = $ _____ ; $E:$ _____

**2** Welche der folgenden Ebenengleichungen sind Hesse'sche Normalenformen? Ändern Sie alle übrigen Ebenengleichungen in Hesse'sche Normalenformen um.

A: $\left[\vec{x} - \begin{pmatrix} -5 \\ 0 \\ 8 \end{pmatrix}\right] \cdot \begin{pmatrix} 1 \\ 0 \\ 0 \end{pmatrix} = 0$

B: $\left[\vec{x} - \begin{pmatrix} 2 \\ 3 \\ 6 \end{pmatrix}\right] \cdot \frac{1}{11}\begin{pmatrix} 2 \\ 6 \\ 9 \end{pmatrix} = 0$

C: $\left[\vec{x} - \begin{pmatrix} 2 \\ 0 \\ -1 \end{pmatrix}\right] \cdot \begin{pmatrix} 1 \\ 1 \\ 1 \end{pmatrix} = 0$

D: $\left[\vec{x} - \begin{pmatrix} 10 \\ -4 \\ 1 \end{pmatrix}\right] \cdot \frac{1}{38}\begin{pmatrix} 2 \\ -5 \\ 3 \end{pmatrix} = 0$

E: $\left[\vec{x} - \begin{pmatrix} -1 \\ 12 \\ -3 \end{pmatrix}\right] \cdot \begin{pmatrix} -0,8 \\ 0,6 \\ 0 \end{pmatrix} = 0$

F: $\left[\vec{x} - \begin{pmatrix} 7 \\ 8 \\ 9 \end{pmatrix}\right] \cdot \frac{1}{\sqrt{14}}\begin{pmatrix} 1 \\ -3 \\ 2 \end{pmatrix} = 0$

Für den **Abstand d eines Punktes $R(r_1|r_2|r_3)$** von der Ebene E gilt:

$$d = \left|(\vec{r} - \vec{p}) \cdot \vec{n_0}\right|.$$

Ist $a_1x_1 + a_2x_2 + a_3x_3 = b$ eine Koordinatengleichung der Ebene E, so gilt:

$$d = \left|\frac{a_1r_1 + a_2r_2 + a_3r_3 - b}{\sqrt{a_1^2 + a_2^2 + a_3^2}}\right|.$$

Beispiel: Der Punkt $R(3|5|5)$ hat von der Ebene E den Abstand

$$d = \left|\left|\begin{pmatrix} 3 \\ 5 \\ 5 \end{pmatrix} - \begin{pmatrix} 1 \\ 1 \\ 1 \end{pmatrix}\right) \cdot \frac{1}{3}\begin{pmatrix} 1 \\ 2 \\ 2 \end{pmatrix}\right| = \frac{1}{3}(2 + 8 + 8) = 6.$$

E hat die Koordinatengleichung $x_1 + 2x_2 + 2x_3 = 5$.
Es gilt:

$$d = \left|\frac{1 \cdot 3 + 2 \cdot 5 + 2 \cdot 5 - 5}{\sqrt{1^2 + 2^2 + 2^2}}\right| = \left|\frac{18}{3}\right| = 6.$$

**3** Berechnen Sie die Abstände der Punkte A(7|4|9), B(4|4|3), C(−5|1|0) und D(26|12|22) von der

Ebene $E: \left[ \vec{x} - \begin{pmatrix} 1 \\ 0 \\ -1 \end{pmatrix} \right] \cdot \begin{pmatrix} 8 \\ 4 \\ 8 \end{pmatrix} = 0.$

**4** Zu welcher der Ebenen $E: 4x_1 − 3x_3 = 10$, $F: 2x_1 − 2x_2 + x_3 = −5$ und $G: x_1 + x_2 + x_3 = 0$ hat der Punkt
$P(2|−3|5)$ den kleinsten Abstand?

$d(P; E) = $ _____

$d(P; F) = $ _____

$d(P; G) = $ _____

P hat von der Ebene _____ den kleinsten Abstand.

**5** Bei den folgenden Rechnungen sollte jeweils der Abstand eines Punktes von einer Ebene berechnet werden. Dabei wurden Fehler gemacht. Finden Sie die Fehler und korrigieren Sie.

a) $P(3|2|1)$; $E: −x_1 − 2x_2 + 4x_3 = 10$; $d(P; E) = \left| \dfrac{−1 \cdot 3 − 2 \cdot 2 + 4 \cdot 1 − 10}{21} \right| = \left| \dfrac{−13}{21} \right| = \dfrac{13}{21} \approx 0{,}62$

b) $P(−2|0|5)$; $E: 3x_1 + 6x_2 = −8$; $d(P; E) = \left| \dfrac{3 \cdot (−2) + 6 \cdot 0 + 0 \cdot 5 − 8}{\sqrt{45}} \right| = \left| \dfrac{−14}{\sqrt{45}} \right| = \dfrac{14}{\sqrt{45}} \approx 2{,}09$

**6** Weisen Sie nach, dass die Gerade $g: \vec{x} = \begin{pmatrix} 10 \\ -3 \\ -2 \end{pmatrix} + r \cdot \begin{pmatrix} 1 \\ 2 \\ 3 \end{pmatrix}$ parallel zur Ebene $E: 4x_1 + 0{,}5x_2 − 2x_3 = 2$ ist.

Berechnen Sie den Abstand der Geraden g von der Ebene E.

**7** Ordnen Sie jeder Ebene in der linken Spalte eine dazu parallele Ebene in der rechten Spalte zu.
Bestimmen Sie jeweils den Abstand der parallelen Ebenen.

$E_1: 7x_1 − 4x_2 + 4x_3 = 13$

$E_2: x_1 + 4x_2 − x_3 = −5$

$E_3: \left[ \vec{x} - \begin{pmatrix} 0 \\ 2 \\ 1 \end{pmatrix} \right] \cdot \begin{pmatrix} 3 \\ 0 \\ 4 \end{pmatrix} = 0$

$E_4: 2x_1 − 2x_2 + x_3 = −1$

$F_1: \left[ \vec{x} - \begin{pmatrix} 4 \\ -1 \\ 5 \end{pmatrix} \right] \cdot \begin{pmatrix} 1 \\ 4 \\ -1 \end{pmatrix} = 0$

$F_2: 4x_1 − 4x_2 + 2x_3 = 10$

$F_3: \vec{x} = \begin{pmatrix} 3 \\ 2 \\ 5 \end{pmatrix} + r \begin{pmatrix} 4 \\ 2 \\ -3 \end{pmatrix} + \begin{pmatrix} -8 \\ 10 \\ 6 \end{pmatrix}$

$F_4: 7x_1 − 4x_2 + 4x_3 = −14$

**8** a) Bestimmen Sie die beiden Ebenen F und G, die von der Ebene $E: 6x_1 − 3x_2 − 2x_3 = 12$ den Abstand
$d = 6$ LE haben.

Für die Ebene E gilt: $\vec{n} = \begin{pmatrix} \phantom{x} \\ \phantom{x} \\ \phantom{x} \end{pmatrix}$ und $|\vec{n}| = $ _____. Damit berechnet man die Ebenen F und G:

$F: 6x_1 − 3x_2 − 2x_3 = 12 + |\vec{n}| \cdot d = $ _____

$G: 6x_1 − 3x_2 − 2x_3 = 12 − |\vec{n}| \cdot d = $ _____

b) Bestimmen Sie alle Ebenen, die von der Ebene $E: 2x_1 − 10x_2 + 11x_3 = 15$ den Abstand $d = 15$ LE haben.

_____

_____

_____

_____

# Abstand eines Punktes von einer Geraden

Der Punkt R(4|7|−12) hat verschiedene Entfernungen von den

Punkten der Gerade $g: \vec{x} = \begin{pmatrix} -5 \\ 2 \\ 6 \end{pmatrix} + t \cdot \begin{pmatrix} 4 \\ 3 \\ -2 \end{pmatrix}$.

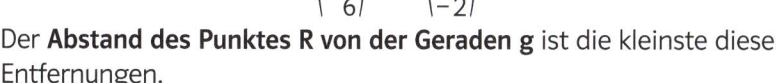

Der **Abstand des Punktes R von der Geraden g** ist die kleinste dieser Entfernungen.

Für jedes t ist $P_t(-5 + 4t | 2 + 3t | 6 - 2t)$ ein Punkt auf g.

Der Abstand des Punktes R von einem Punkt auf g entspricht der

Länge des Vektors $\overrightarrow{P_tR} = \begin{pmatrix} 4 - (-5 + 4t) \\ 7 - (2 + 3t) \\ -12 - (6 - 2t) \end{pmatrix} = \begin{pmatrix} 9 - 4t \\ 5 - 3t \\ -18 + 2t \end{pmatrix}$.

Es wird nun diejenige reelle Zahl t gesucht, für die der Betrag des Vektors $\overrightarrow{P_tR}$ am kleinsten ist.
Zur Berechnung dieser Zahl t gibt es mehrere Möglichkeiten:

**1. Möglichkeit (mit GTR): Extremwertbedingung**
Man betrachtet die Funktion d, die für jedes t den Betrag des Vektors $\overrightarrow{P_tR}$ angibt, und berechnet mit dem GTR das Minimum dieser Funktion.
Es gilt: $d(t) = \sqrt{(9 - 4t)^2 + (5 - 3t)^2 + (-18 + 2t)^2} = \sqrt{29t^2 - 174t + 430}$.
Mit dem GTR erhält man das Minimum d(3) = 13. Der Abstand des Punktes R von g beträgt also 13 LE.
Einsetzen von t = 3 in die allgemeine Form $P_t$ ergibt den Lotfußpunkt F(7|11|0) von R auf g.

---

**1** Berechnen Sie den Abstand des Punktes R von der Geraden g mithilfe der Extremwertbedingung.

a) $R(-4|9|-1); \; g: \vec{x} = \begin{pmatrix} 1 \\ -1 \\ 1 \end{pmatrix} + t \cdot \begin{pmatrix} 3 \\ 4 \\ -2 \end{pmatrix}$

Allgemeiner Punkt auf der Geraden g: $P_t(\underline{\hspace{1.5cm}}|\underline{\hspace{1.5cm}}|\underline{\hspace{1.5cm}})$

$\overrightarrow{P_tR} = $ _____

d(t) = _____

Mit dem GTR erhält man das Minimum d(___) = _____ . Der Abstand von R und g beträgt _____ .

b) $R(7|0|8); \; g: \vec{x} = \begin{pmatrix} -1 \\ 1 \\ 3 \end{pmatrix} + t \cdot \begin{pmatrix} 4 \\ -2 \\ 2 \end{pmatrix}$

Allgemeiner Punkt auf der Geraden g: $P_t(\underline{\hspace{1.5cm}}|\underline{\hspace{1.5cm}}|\underline{\hspace{1.5cm}})$

$\overrightarrow{P_tR} = $ _____

d(t) = _____

Mit dem GTR erhält man das Minimum d(___) ≈ _____ . Der Abstand von R und g beträgt _____ .

**2** Gegeben sind ein Punkt R und eine Gerade g. Welcher der vorgeschlagenen Vektoren ist der Vektor $\overrightarrow{P_tR}$ für einen beliebigen Punkt $P_t$ auf der Geraden g? Kreuzen Sie an.

a) $R(5|-6|3); \; g: \vec{x} = \begin{pmatrix} 0 \\ -7 \\ 8 \end{pmatrix} + t \cdot \begin{pmatrix} 5 \\ 3 \\ -2 \end{pmatrix}$ 
$\square \; \overrightarrow{P_tR} = \begin{pmatrix} 5t - 5 \\ 3t - 1 \\ -2t + 3 \end{pmatrix}$ 
$\square \; \overrightarrow{P_tR} = \begin{pmatrix} 5t \\ -7 + 3t \\ 8 - 2t \end{pmatrix}$ 
$\square \; \overrightarrow{P_tR} = \begin{pmatrix} 5 - 5t \\ 1 - 3t \\ -5 + 2t \end{pmatrix}$

b) $R(-2|9|0); \; g: \vec{x} = \begin{pmatrix} 4 \\ 5 \\ -6 \end{pmatrix} + t \cdot \begin{pmatrix} -2 \\ 4 \\ 5 \end{pmatrix}$ 
$\square \; \overrightarrow{P_tR} = \begin{pmatrix} 4 \\ 5 + 5t \\ -6 - 5t \end{pmatrix}$ 
$\square \; \overrightarrow{P_tR} = \begin{pmatrix} -6 + 2t \\ 4 - 4t \\ 6 - 5t \end{pmatrix}$ 
$\square \; \overrightarrow{P_tR} = \begin{pmatrix} 4 + 2t \\ 5 - 9t \\ -6 \end{pmatrix}$

**3** Berechnen Sie den Abstand des Punktes R von der Geraden g mithilfe der Orthogonalitätbedingung.

a) $R(10|-4|-9)$; g: $\vec{x} = \begin{pmatrix} -7 \\ 5 \\ -2 \end{pmatrix} + t \cdot \begin{pmatrix} 12 \\ -9 \\ 5 \end{pmatrix}$

Allgemeiner Punkt auf der Geraden g: $P_t($_____|_____|_____$)$

$\vec{P_tR} =$

_____

Es gilt: $\left( \dfrac{\phantom{xxxx}}{\phantom{xxxx}} \right) \cdot \left( \dfrac{\phantom{xx}}{\phantom{xx}} \right) = 0$, also _____

Lösen der Gleichung: _____

Einsetzen von t = _____ in die allgemeine Form $P_t$ ergibt den Lotfußpunkt F(___|___|___) von R auf g.

$|\vec{FR}| =$ _____

b) $R(-8|-5|6)$; g: $\vec{x} = \begin{pmatrix} 7 \\ 0 \\ -9 \end{pmatrix} + t \cdot \begin{pmatrix} 2 \\ 4 \\ -6 \end{pmatrix}$

Allgemeiner Punkt auf der Geraden g: $P_t($_____|_____|_____$)$

$\vec{P_tR} =$

_____

Es gilt: $\left( \dfrac{\phantom{xxxx}}{\phantom{xxxx}} \right) \cdot \left( \dfrac{\phantom{xx}}{\phantom{xx}} \right) = 0$, also _____

Lösen der Gleichung: _____

Einsetzen von t = _____ in die allgemeine Form $P_t$ ergibt den Lotfußpunkt F(___|___|___) von R auf g.

$|\vec{FR}| =$ _____

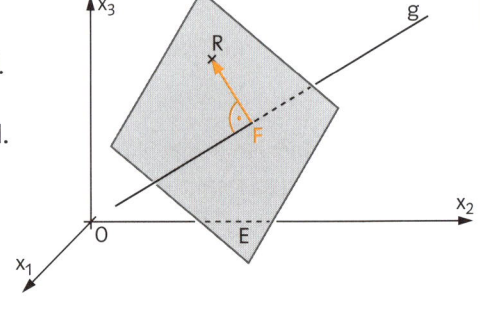

**4** Der Abstand eines Punktes R zur einer Geraden g soll mit einer Hilfsebene bestimmt werden. Welche der angegebenen Ebenen E, F und G ist dafür geeignet?

a) $R(3|-5|2)$ und $g: \vec{x} = \begin{pmatrix} 2 \\ -1 \\ 0 \end{pmatrix} + t \cdot \begin{pmatrix} 1 \\ 4 \\ 2 \end{pmatrix}$

☐ E: $2x_1 - x_2 = 11$        ☐ F: $x_1 + 4x_2 + 2x_3 = -13$        ☐ G: $3x_1 - 5x_2 + 2x_3 = 12$

b) $R(0|1|-3)$ und $g: \vec{x} = \begin{pmatrix} 6 \\ -3 \\ -3 \end{pmatrix} + t \cdot \begin{pmatrix} -2 \\ 5 \\ -4 \end{pmatrix}$

☐ E: $-2x_1 + 5x_2 - 4x_3 = -7$     ☐ F: $-2x_1 + 5x_2 - 4x_3 = -15$     ☐ G: $-2x_1 + 5x_2 - 4x_3 = 17$

**5** Berechnen Sie den Abstand des Punktes R von der Geraden g mit einer Hilfsebene.

a) $R(6|-9|6)$; $g: \vec{x} = \begin{pmatrix} -1 \\ 1 \\ 0 \end{pmatrix} + t \cdot \begin{pmatrix} 4 \\ -2 \\ 2 \end{pmatrix}$

1. Schritt: Hilfsebene E: _____

2. Schritt: Schneiden von g und E: _____

_____

Einsetzen von t = _____ in die Gleichung von g ergibt den Lotfußpunkt F(____|____|____) von R auf g.

3. Schritt: $|\overrightarrow{FR}|$ _____

b) $R(8|3|2)$; $g: \vec{x} = \begin{pmatrix} -9 \\ -7 \\ -5 \end{pmatrix} + t \cdot \begin{pmatrix} 5 \\ 10 \\ 12 \end{pmatrix}$

1. Schritt: Hilfsebene E: _____

2. Schritt: Schneiden von g und E: _____

_____

Einsetzen von t = _____ in die Gleichung von g ergibt den Lotfußpunkt F(____|____|____) von R auf g.

3. Schritt: $|\overrightarrow{FR}|$ _____

**6** Welcher der drei Punkte $A(-1|5|-3)$, $B(9|5|9)$ und $C(-4|-8|-4)$ hat von der Geraden

$g: \vec{x} = \begin{pmatrix} -5 \\ 0 \\ 2 \end{pmatrix} + t \cdot \begin{pmatrix} 4 \\ 3 \\ 1 \end{pmatrix}$ den kleinsten Abstand?

**7** Die Punkte auf den orangefarbenen Kärtchen sind jeweils die Ecken eines Dreiecks. Ordnen Sie jedem Dreieck dasjenige hellgraue Kärtchen zu, das den Flächeninhalt des Dreiecks angibt.

| A(1\|0\|−5) B(1\|4\|−2) C(1\|−2\|6) | A(−2\|−4\|−4) B(2\|9\|3) C(−2\|11\|−1) | A(−8\|10\|0) B(8\|−14\|4) C(0\|−10\|7) | A(3\|8\|−6) B(3\|−2\|4) C(−1\|−2\|−4) | 45 | $20\sqrt{6}$ |
| | | | | 25 | $12\sqrt{53}$ |

# Abstand windschiefer Geraden

Unter dem **Abstand zweier windschiefer Geraden g und h** versteht man die kleinste Entfernung zwischen den Punkten von g und von h. Um den Abstand von g und h zu berechnen, sucht man diejenigen Punkte G auf der Geraden g und H auf der Geraden h, für die die Strecke $\overline{GH}$ die kürzeste Verbindung zwischen den Geraden ist. Diese Strecke ist orthogonal zu beiden Geraden. Man nennt sie **gemeinsames Lot** der windschiefen Geraden g und h. Die Länge der Strecke $\overline{GH}$ ist der Abstand von g und h.

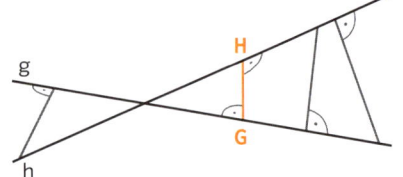

Beispiel: Die Geraden $g: \vec{x} = \begin{pmatrix} -1 \\ 1 \\ -1 \end{pmatrix} + s \cdot \begin{pmatrix} 1 \\ 0 \\ 2 \end{pmatrix}$ und $h: \vec{x} = \begin{pmatrix} 8 \\ -6 \\ -5 \end{pmatrix} + t \cdot \begin{pmatrix} -1 \\ 4 \\ -1 \end{pmatrix}$ sind zueinander windschief.

Für jedes s ist $G_s(-1+s\,|\,1\,|\,1+2s)$ ein Punkt auf g und für jedes t ist $H_t(8-t\,|\,-6+4t\,|\,-5-t)$ ein Punkt auf h.

$$\overrightarrow{G_sH_t} = \begin{pmatrix} 8-t-(-1+s) \\ -6+4t-1 \\ -5-t-(1+2s) \end{pmatrix} = \begin{pmatrix} 8-t+1-s \\ -6+4t-1 \\ -5-t-1-2s \end{pmatrix} = \begin{pmatrix} 9-s-t \\ -7+4t \\ -4-2s-t \end{pmatrix}$$

Der gesuchte Vektor ist orthogonal zu den Richtungsvektoren der Geraden g und h.

Also gilt: (1) $\begin{pmatrix} 9-s-t \\ -7+4t \\ -4-2s-t \end{pmatrix} \cdot \begin{pmatrix} 1 \\ 0 \\ 2 \end{pmatrix} = 0$ und (2) $\begin{pmatrix} 9-s-t \\ -7+4t \\ -4-2s-t \end{pmatrix} \cdot \begin{pmatrix} -1 \\ 4 \\ -1 \end{pmatrix} = 0$.

Dies führt auf das LGS (1) $-5s - 3t = -1$ (2) $3s + 18t = 33$ mit den Lösungen $s = -1$ und $t = 2$.

Einsetzen von $s = -1$ in g liefert $G(-2\,|\,1\,|\,-3)$. Einsetzen von $t = 2$ in h liefert $H(6\,|\,2\,|\,-7)$.

$d(g;h) = |\overrightarrow{GH}| = \sqrt{(6-(-2))^2 + (2-1)^2 + (-7-(-3))^2} = \sqrt{81} = 9$.

Ergebnis: Der Abstand der beiden windschiefen Geraden g und h beträgt 9 LE.

---

**1** Berechnen Sie den Abstand der windschiefen Geraden g und h.

a) $g: \vec{x} = \begin{pmatrix} -1 \\ -7 \\ 6 \end{pmatrix} + s \cdot \begin{pmatrix} 0 \\ 2 \\ -1 \end{pmatrix}$; $h: \vec{x} = \begin{pmatrix} 6 \\ 1 \\ 0 \end{pmatrix} + t \cdot \begin{pmatrix} 3 \\ 2 \\ 2 \end{pmatrix}$

Für jedes s liegt $G_s(\_\_\_|\_\_\_|\_\_\_)$ auf g und für jedes t liegt $H_t(\_\_\_|\_\_\_|\_\_\_)$ auf h.

$\overrightarrow{G_sH_t} = $ _____

Der gesuchte Vektor ist orthogonal zu den Richtungsvektoren der Geraden g und h.

Also gilt: (1) _____ = 0 und (2) _____ = 0.

Ausführen der Skalarmultiplikation ergibt

(1) _____

(2) _____

Dies führt auf das LGS (1) _____ mit den Lösungen s = _____ und t = _____.
(2) _____

Einsetzen von s in g liefert $G(\_\_\_|\_\_\_|\_\_\_)$. Einsetzen von t in h liefert $H(\_\_\_|\_\_\_|\_\_\_)$.

$d(g;h) = $ _____

---

b) $g: \vec{x} = \begin{pmatrix} 2 \\ 1 \\ -8 \end{pmatrix} + s \cdot \begin{pmatrix} 1 \\ 1 \\ -1 \end{pmatrix}$; $h: \vec{x} = \begin{pmatrix} -4 \\ 2 \\ -1 \end{pmatrix} + t \cdot \begin{pmatrix} -1 \\ -4 \\ 6 \end{pmatrix}$

**2** Gegeben sind zwei windschiefe Geraden g und h. Welcher der vorgeschlagenen Vektoren ist der Vektor $\overrightarrow{G_sH_t}$ für zwei beliebige Punkte $G_s$ auf g und $H_t$ auf h? Kreuzen Sie an.

a) g: $\vec{x} = \begin{pmatrix} 7 \\ -6 \\ 10 \end{pmatrix} + s \cdot \begin{pmatrix} 4 \\ -1 \\ -2 \end{pmatrix}$ und h: $\vec{x} = \begin{pmatrix} 3 \\ 0 \\ 10 \end{pmatrix} + t \cdot \begin{pmatrix} 8 \\ 1 \\ -3 \end{pmatrix}$

☐ $\overrightarrow{G_sH_t} = \begin{pmatrix} 4s - 8t + 4 \\ -s - t - 6 \\ -2s + 3t \end{pmatrix}$
☐ $\overrightarrow{G_sH_t} = \begin{pmatrix} 4s + 8t + 10 \\ -s + t - 6 \\ -2s - 3t + 20 \end{pmatrix}$
☐ $\overrightarrow{G_sH_t} = \begin{pmatrix} -4s + 8t - 4 \\ +s + t + 6 \\ +2s - 3t \end{pmatrix}$

b) g: $\vec{x} = \begin{pmatrix} 2 \\ -9 \\ 5 \end{pmatrix} + s \cdot \begin{pmatrix} 0 \\ 1 \\ 3 \end{pmatrix}$ und h: $\vec{x} = \begin{pmatrix} 4 \\ -5 \\ 4 \end{pmatrix} + t \cdot \begin{pmatrix} -2 \\ 6 \\ -1 \end{pmatrix}$

☐ $\overrightarrow{G_sH_t} = \begin{pmatrix} -s + t + 2 \\ -s + t + 4 \\ -s + t - 1 \end{pmatrix}$
☐ $\overrightarrow{G_sH_t} = \begin{pmatrix} -2t + 2 \\ -s + 6t + 4 \\ -3s - t - 1 \end{pmatrix}$
☐ $\overrightarrow{G_sH_t} = \begin{pmatrix} -2t \\ -s + 6t \\ -3s - t \end{pmatrix}$

**3** a) Berechnen Sie den Abstand der Punkte A(8|5|−4) und B(−4|−4|−10) zur Geraden g mit der Gleichung $\vec{x} = \begin{pmatrix} 1 \\ 10 \\ 10 \end{pmatrix} + t \cdot \begin{pmatrix} 0 \\ 3 \\ 1 \end{pmatrix}$.

b) h sei die Gerade durch die Punkte A und B. Berechnen Sie den Abstand der beiden Geraden g und h.

c) Vergleichen Sie allgemein den Abstand zweier Punkte A und B zu einer Geraden g mit dem Abstand der Geraden durch A und B zur Geraden g.

**4** Die Figur zeigt eine Pyramide mit quadratischer Grundfläche und der Höhe 6 cm. Die Grundfläche der Pyramide hat die Seitenlänge 4 cm. Bestimmen Sie den Abstand der Grundflächenkante $\overline{AB}$ von der Seitenkante $\overline{CS}$.

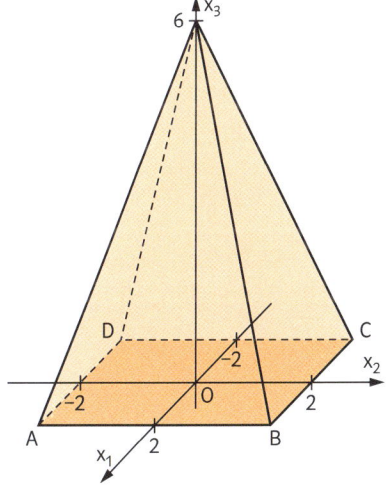

Koordinaten der vorgegebenen Punkte:

A(___|___|___), B(___|___|___)

Gerade g durch A und B: $\vec{x} = \begin{pmatrix} \phantom{-} \\ \phantom{-} \\ \phantom{-} \end{pmatrix} + t \cdot \begin{pmatrix} \phantom{-} \\ \phantom{-} \\ \phantom{-} \end{pmatrix}$,

C(___|___|___), S(___|___|___)

Gerade h durch C und S: $\vec{x} = \begin{pmatrix} \phantom{-} \\ \phantom{-} \\ \phantom{-} \end{pmatrix} + t \cdot \begin{pmatrix} \phantom{-} \\ \phantom{-} \\ \phantom{-} \end{pmatrix}$

d(g;h) = _____

**5** Zu welcher der drei Koordinatenachsen hat die Gerade g: $\vec{x} = \begin{pmatrix} 1 \\ 2 \\ 3 \end{pmatrix} + s \cdot \begin{pmatrix} 3 \\ 2 \\ 1 \end{pmatrix}$ den kleinsten Abstand?

Gleichung der $x_1$-Achse: $\vec{x} =$ ___; Abstand von g zur $x_1$-Achse: _____

Gleichung der $x_2$-Achse: $\vec{x} =$ ___; Abstand von g zur $x_2$-Achse: _____

Gleichung der $x_3$-Achse: $\vec{x} =$ ___; Abstand von g zur $x_3$-Achse: _____

Ergebnis: Die Gerade g hat zur ___-Achse den kleinsten Abstand.

**6** Eine Kugel rollt auf einer Schiene, der im Koordinatensystem die Gerade g: $\vec{x} = \begin{pmatrix} -1 \\ 2 \\ -7 \end{pmatrix} + s \cdot \begin{pmatrix} -1 \\ 0 \\ 1 \end{pmatrix}$ entspricht.

Wie groß darf der Radius der Kugel höchstens sein, damit sie unter einer zweiten Schiene durchrollen kann, der im Koordinatensystem die Gerade h: $\vec{x} = \begin{pmatrix} 0 \\ -6 \\ 6 \end{pmatrix} + t \cdot \begin{pmatrix} 2 \\ 2 \\ -1 \end{pmatrix}$ entspricht?

# Winkel zwischen Vektoren – Skalarprodukt

Zwei Vektoren $\vec{a}$ und $\vec{b}$ mit gleichem Anfangspunkt bilden zwei Winkel.
Der kleinere dieser beiden Winkel heißt **Winkel zwischen den Vektoren $\vec{a}$ und $\vec{b}$**.
Für den Winkel $\alpha$ zwischen den Vektoren $\vec{a}$ und $\vec{b}$ gilt: $\vec{a} \cdot \vec{b} = |\vec{a}| \cdot |\vec{b}| \cdot \cos(\alpha)$.
Daraus lässt sich eine Formel zur Berechnung des Winkels $\alpha$ herleiten:

$$\cos(\alpha) = \frac{\vec{a} \cdot \vec{b}}{|\vec{a}| \cdot |\vec{b}|} \quad \text{mit } 0° \leq \alpha \leq 180°$$

**Beispiele:** Berechnung des Winkels $\alpha$ zwischen zwei Vektoren $\vec{a}$ und $\vec{b}$

1. $\vec{a} = \begin{pmatrix} 1 \\ 2 \\ 3 \end{pmatrix}$; $\vec{b} = \begin{pmatrix} 4 \\ 5 \\ 6 \end{pmatrix}$. Es ist $|\vec{a}| = \sqrt{14}$ und $|\vec{b}| = \sqrt{77}$. $\cos(\alpha) = \frac{4 + 10 + 8}{\sqrt{14} \cdot \sqrt{77}} = \frac{32}{\sqrt{1078}} = \frac{32}{7\sqrt{22}}$; $\alpha \approx 12{,}9°$

2. $\vec{a} = \begin{pmatrix} 1 \\ -2 \\ 2 \end{pmatrix}$; $\vec{b} = \begin{pmatrix} 4 \\ 4 \\ -7 \end{pmatrix}$. Es ist $|\vec{a}| = 3$ und $|\vec{b}| = 9$. $\cos(\alpha) = \frac{4 - 8 - 14}{3 \cdot 9} = \frac{-18}{27} = \frac{-2}{3}$; $\alpha \approx 131{,}8°$

**1** Berechnen Sie die Größe des Winkels $\alpha$ zwischen den Vektoren $\vec{a}$ und $\vec{b}$.

a) $\vec{a} = \begin{pmatrix} 4 \\ 0 \\ -3 \end{pmatrix}$; $\vec{b} = \begin{pmatrix} 5 \\ 14 \\ 2 \end{pmatrix}$. Es ist $|\vec{a}| =$ _____ und $|\vec{b}| =$ _____

$\cos(\alpha) =$ _____ ; $\alpha \approx$ _____

b) $\vec{a} = \begin{pmatrix} 8 \\ 1 \\ -3 \end{pmatrix}$; $\vec{b} = \begin{pmatrix} -4 \\ 6 \\ 1 \end{pmatrix}$. Es ist $|\vec{a}| =$ _____ und $|\vec{b}| =$ _____

$\cos(\alpha) =$ _____ ; $\alpha \approx$ _____

**2** Berechnen Sie Länge der Vektoren und die Winkel zwischen den Vektoren. Tragen Sie die Winkel in die Tabelle ein.

$\vec{a} = \begin{pmatrix} 1 \\ 2 \\ -4 \end{pmatrix}$; $|\vec{a}| =$ _____

$\vec{b} = \begin{pmatrix} 2 \\ 1 \\ 1 \end{pmatrix}$; $|\vec{b}| =$ _____

$\vec{c} = \begin{pmatrix} 4 \\ -12 \\ 3 \end{pmatrix}$; $|\vec{c}| =$ _____

| | $\vec{a}$ | $-\vec{a}$ | $\vec{c}$ | $-\vec{c}$ |
|---|---|---|---|---|
| $\vec{a}$ | | | | |
| $\vec{b}$ | | | | |
| $-\vec{b}$ | | | | |

**3** Die Punkte A(−1|0|2), B(2|4|2) und C(−5|3|10) bilden ein Dreieck.
a) Berechnen Sie die Längen der Seiten des Dreiecks ABC.
b) Weisen Sie nach, dass das Dreieck bei A einen rechten Winkel hat.
c) Bestimmen Sie die Größen der Innenwinkel des Dreiecks.
d) Berechnen Sie den Flächeninhalt des Dreiecks.

**4** Wo stecken die Fehler? Korrigieren Sie und beschreiben Sie den Fehler.

| Vorgegebene Vektoren: | Falsche Berechnung des Winkels zwischen den Vektoren: | Richtige Berechnung des Winkels zwischen den Vektoren: | Dieser Fehler ist unterlaufen: |
|---|---|---|---|
| $\vec{a} = \begin{pmatrix} 6 \\ -2 \\ -3 \end{pmatrix}$; $\vec{b} = \begin{pmatrix} 7 \\ 4 \\ -4 \end{pmatrix}$ | $\cos(\alpha) = \frac{42 - 8 + 12}{7 + 9} = \frac{46}{16}$ GTR findet keinen Winkel $\alpha$. | | |
| $\vec{a} = \begin{pmatrix} -2 \\ 3 \\ 5 \end{pmatrix}$; $\vec{b} = \begin{pmatrix} 1 \\ 2 \\ -1 \end{pmatrix}$ | $\cos(\alpha) = \frac{2 + 6 + 5}{\sqrt{38} \cdot \sqrt{6}} = \frac{11}{\sqrt{228}}$ $\alpha \approx 30{,}6°$ | | |
| $\vec{a} = \begin{pmatrix} 1 \\ 5 \\ -3 \end{pmatrix}$; $\vec{b} = \begin{pmatrix} 0 \\ -2 \\ 4 \end{pmatrix}$ | $\cos(\alpha) = \frac{-10 - 12}{\sqrt{35} \cdot \sqrt{20}} = \frac{-22}{10\sqrt{7}}$ $\alpha \approx 1{,}0°$ | | |

## Schnittwinkel Gerade – Gerade

Um den Schnittwinkel zweier Geraden g und h zu bestimmen, berechnet man den Winkel $\alpha$ zwischen ihren Richtungsvektoren $\vec{u_1}$ und $\vec{u_2}$. Es gilt:

$$\cos(\alpha) = \frac{|\vec{u_1} \cdot \vec{u_2}|}{|\vec{u_1}| \cdot |\vec{u_2}|}, \quad 0° \leq \alpha \leq 90°$$

Beispiel: Den Schnittwinkel der beiden Geraden $g: \vec{x} = \begin{pmatrix} 4 \\ 0 \\ 5 \end{pmatrix} + r \cdot \begin{pmatrix} 2 \\ -3 \\ 1 \end{pmatrix}$ und $h: \vec{x} = \begin{pmatrix} 2 \\ 3 \\ 4 \end{pmatrix} + s \cdot \begin{pmatrix} 1 \\ 4 \\ 5 \end{pmatrix}$ berechnet man wie folgt:

$$\cos(\alpha) = \frac{\left| \begin{pmatrix} 2 \\ -3 \\ 1 \end{pmatrix} \cdot \begin{pmatrix} 1 \\ 4 \\ 5 \end{pmatrix} \right|}{\sqrt{2^2 + (-3)^2 + 1^2} \cdot \sqrt{1^2 + 2^2 + 4^2 + 5^2}} = \frac{|2 - 12 + 5|}{\sqrt{14} \cdot \sqrt{42}}; \quad \alpha \approx 78,1°$$

**1** Gegeben sind zwei sich schneidende Geraden g und h. Bestimmen Sie die Größe des Schnittwinkels.

a) $g: \vec{x} = \begin{pmatrix} -3 \\ 8 \\ 5 \end{pmatrix} + r \cdot \begin{pmatrix} 1 \\ 4 \\ 2 \end{pmatrix}$; $h: \vec{x} = \begin{pmatrix} 4 \\ 2 \\ 0 \end{pmatrix} + r \cdot \begin{pmatrix} -5 \\ 2 \\ -1 \end{pmatrix}$

$\cos(\alpha) =$ _____ ; $\alpha \approx$ _____

b) $g: \vec{x} = \begin{pmatrix} 6 \\ -2 \\ 8 \end{pmatrix} + r \cdot \begin{pmatrix} 2 \\ -2 \\ 3 \end{pmatrix}$; $h: \vec{x} = \begin{pmatrix} 2 \\ -5 \\ 5 \end{pmatrix} + r \cdot \begin{pmatrix} 0 \\ 7 \\ -3 \end{pmatrix}$

$\cos(\alpha) =$ _____ ; $\alpha \approx$ _____

**2** Gegeben sind zwei Geraden g und h. Untersuchen Sie die gegenseitige Lage der Geraden. Bestimmen Sie bei sich schneidenden Geraden den Schnittpunkt und den Schnittwinkel. Berechnen Sie bei parallelen und windschiefen Geraden den Abstand der Geraden.

| Vorgegebene Geraden: | Gegenseitige Lage: | Schnittpunkt, Schnittwinkel: | Abstand: |
|---|---|---|---|
| $g: \vec{x} = \begin{pmatrix} 7 \\ -2 \\ -4 \end{pmatrix} + r \cdot \begin{pmatrix} 3 \\ 0 \\ -4 \end{pmatrix}$; $h: \vec{x} = \begin{pmatrix} -1 \\ 3 \\ 1 \end{pmatrix} + s \cdot \begin{pmatrix} 2 \\ -5 \\ 3 \end{pmatrix}$ | ☐ schneiden sich<br>☐ parallel<br>☐ windschief | | |
| $g: \vec{x} = \begin{pmatrix} 1 \\ -1 \\ 2 \end{pmatrix} + r \cdot \begin{pmatrix} 1 \\ 0 \\ 1 \end{pmatrix}$; $h: \vec{x} = \begin{pmatrix} 5 \\ 6 \\ -2 \end{pmatrix} + s \cdot \begin{pmatrix} -3 \\ 0 \\ -3 \end{pmatrix}$ | ☐ schneiden sich<br>☐ parallel<br>☐ windschief | | |
| $g: \vec{x} = \begin{pmatrix} -3 \\ 5 \\ 1 \end{pmatrix} + r \cdot \begin{pmatrix} 2 \\ 2 \\ 1 \end{pmatrix}$; $h: \vec{x} = \begin{pmatrix} 2 \\ 6 \\ 4 \end{pmatrix} + s \cdot \begin{pmatrix} 4 \\ 3 \\ 1 \end{pmatrix}$ | ☐ schneiden sich<br>☐ parallel<br>☐ windschief | | |
| $g: \vec{x} = \begin{pmatrix} 2 \\ -1 \\ 5 \end{pmatrix} + r \cdot \begin{pmatrix} 5 \\ 1 \\ -2 \end{pmatrix}$; $h: \vec{x} = \begin{pmatrix} 3 \\ 4 \\ -5 \end{pmatrix} + s \cdot \begin{pmatrix} 1 \\ -1 \\ 2 \end{pmatrix}$ | ☐ schneiden sich<br>☐ parallel<br>☐ windschief | | |

## Schnittwinkel Ebene – Ebene

Um den Schnittwinkel zweier Ebenen $E_1$ und $E_2$ zu bestimmen, berechnet man den Winkel $\alpha$ zwischen ihren Normalenvektoren $\vec{n_1}$ und $\vec{n_2}$. Es gilt:

$$\cos(\alpha) = \frac{|\vec{n_1} \cdot \vec{n_2}|}{|\vec{n_1}| \cdot |\vec{n_2}|}, \quad 0° \leq \alpha \leq 90°$$

Beispiel: Die Ebenen $E_1: 2x_1 - x_2 + 7x_3 = 5$ und $E_2: -3x_1 + 4x_3 = -6$ haben die Normalenvektoren $\vec{n_1} = \begin{pmatrix} 2 \\ -1 \\ 7 \end{pmatrix}$ und $\vec{n_2} = \begin{pmatrix} -3 \\ 0 \\ 4 \end{pmatrix}$. Den Schnittwinkel der Ebenen $E_1$ und $E_2$ berechnet man wie folgt:

$$\cos(\alpha) = \frac{\left| \begin{pmatrix} 2 \\ -1 \\ 7 \end{pmatrix} \cdot \begin{pmatrix} -3 \\ 0 \\ 4 \end{pmatrix} \right|}{\sqrt{2^2 + (-1)^2 + 7^2} \cdot \sqrt{(-3)^2 + 4^2}} = \frac{|-6 + 28|}{\sqrt{54} \cdot 5} = \frac{22}{5\sqrt{45}}; \quad \alpha \approx 53,2°$$

**3** Gegeben sind zwei Ebenen $E_1$ und $E_2$. Bestimmen Sie die Größe ihres Schnittwinkels.

a) $E_1: 3x_1 - x_2 + 8x_3 = 4$; $E_2: x_1 + 4x_2 + 2x_3 = 0$

Für die Normalenvektoren $\vec{n_1}$ von $E_1$ und $\vec{n_2}$ von $E_2$ gilt: $\vec{n_1} = \begin{pmatrix} \rule{1cm}{0.4pt} \end{pmatrix}$; $|\vec{n_1}| = $ \rule{2cm}{0.4pt}; $\vec{n_2} = \begin{pmatrix} \rule{1cm}{0.4pt} \end{pmatrix}$; $|\vec{n_2}| = $ \rule{2cm}{0.4pt}.

$\cos(\alpha) = $ \rule{8cm}{0.4pt}; $\alpha \approx$ \rule{2cm}{0.4pt}.

b) $E_1: \left[ \vec{x} - \begin{pmatrix} 1 \\ 2 \\ 3 \end{pmatrix} \right] \cdot \begin{pmatrix} -3 \\ -2 \\ 1 \end{pmatrix} = 0$; $E_2: \left[ \vec{x} - \begin{pmatrix} 4 \\ 5 \\ 6 \end{pmatrix} \right] \cdot \begin{pmatrix} 6 \\ -5 \\ 4 \end{pmatrix} = 0$

Für die Normalenvektoren $\vec{n_1}$ von $E_1$ und $\vec{n_2}$ von $E_2$ gilt: $\vec{n_1} = \begin{pmatrix} \rule{1cm}{0.4pt} \end{pmatrix}$; $|\vec{n_1}| = $ \rule{2cm}{0.4pt}; $\vec{n_2} = \begin{pmatrix} \rule{1cm}{0.4pt} \end{pmatrix}$; $|\vec{n_2}| = $ \rule{2cm}{0.4pt}.

$\cos(\alpha) = $ \rule{8cm}{0.4pt}; $\alpha \approx$ \rule{2cm}{0.4pt}.

c) $E_1: x_2 = 8$; $E_2: -x_1 + 2x_2 = 3$

Für die Normalenvektoren $\vec{n_1}$ von $E_1$ und $\vec{n_2}$ von $E_2$ gilt: $\vec{n_1} = \begin{pmatrix} \rule{1cm}{0.4pt} \end{pmatrix}$; $|\vec{n_1}| = $ \rule{2cm}{0.4pt}; $\vec{n_2} = \begin{pmatrix} \rule{1cm}{0.4pt} \end{pmatrix}$; $|\vec{n_2}| = $ \rule{2cm}{0.4pt}.

$\cos(\alpha) = $ \rule{8cm}{0.4pt}; $\alpha \approx$ \rule{2cm}{0.4pt}.

**4** a) Zwei Ebenen können parallel oder orthogonal zueinander sein oder sich in einem Winkel schneiden, der kleiner als 90° ist. Untersuchen Sie die vorgegebenen Ebenenpaare und kreuzen Sie an, welche gegenseitige Lage die beiden Ebenen haben (P ≙ parallel, O ≙ orthogonal, SW ≙ Schnittwinkel < 90°).

| | P | O | SW |
|---|---|---|---|
| $E_1: 5x_1 + 2x_2 - 3x_3 = 6$ und $E_2: x_1 - x_2 + x_3 = 2$ | ☐ | ☐ | ☐ |
| $E_3: \left[ \vec{x} - \begin{pmatrix} -3 \\ 0 \\ 8 \end{pmatrix} \right] \cdot \begin{pmatrix} 3 \\ -2 \\ 1 \end{pmatrix} = 0$ und $E_4: \left[ \vec{x} - \begin{pmatrix} -8 \\ 1 \\ 4 \end{pmatrix} \right] \cdot \begin{pmatrix} 6 \\ -4 \\ 2 \end{pmatrix} = 0$ | ☐ | ☐ | ☐ |
| $E_5: -7x_1 + 9x_3 = 15$ und $E_6: 3x_1 + x_2 - 5x_3 = 10$ | ☐ | ☐ | ☐ |
| $E_7: 6x_1 - x_2 + 4x_3$ und $E_8: -6x_1 + x_2 - 4x_3 = 3$ | ☐ | ☐ | ☐ |
| $E_9: x_1 - 3x_2 + 5x_3 = 9$ und $E_{10}: \left[ \vec{x} - \begin{pmatrix} 1 \\ 1 \\ 1 \end{pmatrix} \right] \cdot \begin{pmatrix} 1 \\ 3 \\ 5 \end{pmatrix} = 0$ | ☐ | ☐ | ☐ |

b) Berechnen Sie für alle Ebenenpaare aus a), die sich in einem Winkel < 90° schneiden, den Schnittwinkel $\alpha$.

---

**Schnittwinkel Gerade – Ebene**

Um den Schnittwinkel einer Ebene E mit dem Normalenvektor $\vec{n}$ und einer Gerade g mit dem Richtungsvektor $\vec{u}$ zu bestimmen, berechnet man den Winkel $\alpha$ zwischen den Vektoren $\vec{n}$ und $\vec{u}$. Es gilt:

$$\sin(\alpha) = \frac{|\vec{u} \cdot \vec{n}|}{|\vec{u}| \cdot |\vec{n}|}, \quad 0° \leq \alpha \leq 90°$$

Beispiel: Die Ebene $E: 2x_1 - x_2 + 7x_3 = 5$ und die Gerade $g: \vec{x} = \begin{pmatrix} 4 \\ 0 \\ 5 \end{pmatrix} + r \cdot \begin{pmatrix} 2 \\ -3 \\ 1 \end{pmatrix}$ schneiden sich in einem Punkt. Den Schnittwinkel der Gerade g und der Ebene E berechnet man wie folgt:

$$\sin(\alpha) = \frac{\left| \begin{pmatrix} 2 \\ -1 \\ 7 \end{pmatrix} \cdot \begin{pmatrix} 2 \\ -3 \\ 1 \end{pmatrix} \right|}{\sqrt{2^2 + (-1)^2 + 7^2} \cdot \sqrt{2^2 + (-3)^2 + 1^2}} = \frac{|4 + 3 + 7|}{\sqrt{54} \cdot \sqrt{14}} = \frac{14}{\sqrt{54} \cdot \sqrt{14}}; \quad \alpha \approx 30,6°$$

---

**5** Die Gerade $g: \vec{x} = \begin{pmatrix} 3 \\ 4 \\ -6 \end{pmatrix} + r \cdot \begin{pmatrix} 4 \\ -2 \\ 7 \end{pmatrix}$ schneidet die Ebene $E: 3x_1 - 6x_2 - x_3 = 20$.

Bestimmen Sie die Größe des Schnittwinkels. Für den Normalenvektor von E gilt: $\vec{n_1} = \begin{pmatrix} \rule{1cm}{0.4pt} \end{pmatrix}$; $|\vec{n}| = $ \rule{2cm}{0.4pt};

für den Richtungsvektor von g gilt $|\vec{u}| = $ \rule{2cm}{0.4pt}. $\sin(\alpha) = $ \rule{6cm}{0.4pt}; $\alpha \approx$ \rule{2cm}{0.4pt}.

**6** Gegeben ist die Gerade $g: \vec{x} = \begin{pmatrix} 4 \\ 0 \\ 5 \end{pmatrix} + r \cdot \begin{pmatrix} 2 \\ -3 \\ 1 \end{pmatrix}$. Untersuchen Sie, mit welcher der Ebenen

$E_1: -x_1 - x_3 = 4$; $E_2: \left[ \vec{x} - \begin{pmatrix} -1 \\ 1 \\ 5 \end{pmatrix} \right] \cdot \begin{pmatrix} 1 \\ 1 \\ 1 \end{pmatrix} = 0$; $E_3: x_1 - 2x_2 - 2x_3 = 8$ die Gerade den kleinsten Schnittwinkel hat.

$E_1$ und g: _____ ; $\alpha \approx$ _____ .

$E_2$ und g: _____ ; $\alpha \approx$ _____ .

$E_3$ und g: _____ ; $\alpha \approx$ _____ .

Die Gerade g hat den kleinsten Schnittwinkel mit der Ebene _____ .

**7** a) Vervollständigen Sie den folgenden Text zur gegenseitigen Lage von Geraden und Ebenen.

„Ob eine Gerade g zu einer Ebene E parallel oder orthogonal ist, kann man erkennen, wenn man den _____ von g und den _____ von E betrachtet. Wenn das Skalarprodukt der beiden Vektoren Null ist, sind sie _____ . g und E sind dann _____ zueinander. Wenn ein Vektor ein Vielfaches des anderen Vektors ist, sind sie _____ . g und E sind dann _____ zueinander."

b) Gegeben ist die Ebene $E: 3x_1 + x_2 - 2x_3 = 0$. Geben Sie die Gleichungen zweier Geraden g und h an, so dass g parallel und h orthogonal zu E ist.

g: _____ ; h: _____

**8** Alle gegebenen Geraden und Ebenen schneiden sich im Ursprung. Tragen Sie die Schnittwinkel ein.

| | $F: -6x_1 + x_2 + x_3 = 0$ | $h: \vec{x} = \begin{pmatrix} 5 \\ 0 \\ -5 \end{pmatrix} + r \cdot \begin{pmatrix} -1 \\ 0 \\ 1 \end{pmatrix}$ | $G: \left[ \vec{x} - \begin{pmatrix} 4 \\ 6 \\ 4 \end{pmatrix} \right] \cdot \begin{pmatrix} -3 \\ -4 \\ 9 \end{pmatrix} = 0$ | $k: \vec{x} = \begin{pmatrix} 6 \\ -3 \\ 3 \end{pmatrix} + r \cdot \begin{pmatrix} 2 \\ -1 \\ 1 \end{pmatrix}$ |
|---|---|---|---|---|
| $E: 7x_1 + 8x_2 = 0$ | | | | |
| $g: \vec{x} = r \cdot \begin{pmatrix} -1 \\ 2 \\ 4 \end{pmatrix}$ | | | | |

**9** Die Figur zeigt eine Pyramide mit quadratischer Grundfläche und der Höhe 6 cm. Die Grundfläche der Pyramide hat die Seitenlänge 4 cm.
a) Bestimmen Sie die Größe des Winkels, den zwei benachbarte Seitenkanten an der Spitze S einschließen.

Gerade durch eine Seitenkante: $\vec{x} =$ _____

Gerade durch eine andere Seitenkante: $\vec{x} =$ _____

Schnittwinkel der Geraden: _____
b) Bestimmen Sie die Größe des Winkels zwischen der Grundfläche und einer Seitenfläche der Pyramide.

Ebene, in der die Grundfläche liegt: _____

Ebene, in der die Seitenfläche liegt: _____

Schnittwinkel der Ebenen: _____
c) Bestimmen Sie die Größe des Winkels zwischen der Grundfläche und einer Seitenkante.

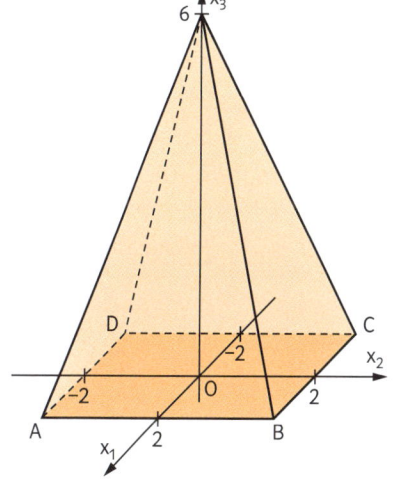

### Punktspiegelung

Wenn ein Punkt P an einem Zentrum Z gespiegelt wird, dann liegt
sein Bildpunkt P′ auf der Geraden durch die Punkte P und Z.
Es gilt: $\overrightarrow{OP'} = \overrightarrow{OZ} + \overrightarrow{PZ}$.

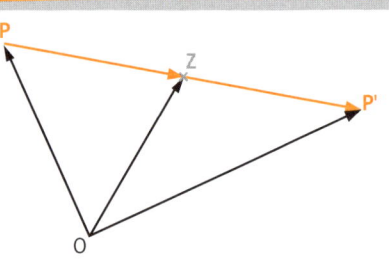

Beispiel: Der Punkt P(1|2|−3) wird am Punkt Z(−4|5|6) gespiegelt.

Für den Bildpunkt P′ von P gilt: $\overrightarrow{OP'} = \overrightarrow{OZ} + \overrightarrow{PZ} = \begin{pmatrix} -4 \\ 5 \\ 6 \end{pmatrix} + \begin{pmatrix} -5 \\ 3 \\ 9 \end{pmatrix} = \begin{pmatrix} -9 \\ 8 \\ 15 \end{pmatrix}$. Also ist P′(−9|8|15).

**1** Der Punkt P(4|2|−5) wird an den Punkten $Z_1$(3|−1|−8); $Z_2$(−7|1|2) und O(0|0|0) gespiegelt.
Berechnen Sie für jede dieser Punktspiegelungen die Koordinaten des Bildpunkts P′.

Spiegelung an $Z_1$: $\overrightarrow{OP'} = \overrightarrow{OZ_1} + \overrightarrow{PZ_1} =$ _____ ; P′(\_\_\_|\_\_\_|\_\_\_)

Spiegelung an $Z_2$: $\overrightarrow{OP'} =$ _____ ; P′(\_\_\_|\_\_\_|\_\_\_)

Spiegelung an O: $\overrightarrow{OP'} =$ _____ ; P′(\_\_\_|\_\_\_|\_\_\_)

**2** Der Punkt P wird am Zentrum Z gespiegelt.
Sein Bildpunkt ist P′. Berechnen Sie jeweils die
Koordinaten des fehlenden Punktes und tragen Sie
das Ergebnis in die Tabelle ein.

| Punkt P | Zentrum Z | Bildpunkt P′ |
|---|---|---|
| (0\|5\|−3) | (1\|1\|1) | |
| (−10\|12\|5) | | (0\|8\|2) |
| | (3\|−3\|5) | (−1\|−2\|8) |
| (7\|9\|5) | (−2\|2\|4) | |
| (−1\|−2\|−3) | | (8\|−8\|6) |
| | (0\|−1\|1) | (0\|−5\|7) |

### Spiegelung an einer Geraden/Ebene

Wenn ein Punkt P an einer Geraden oder einer Ebene gespiegelt wird, entspricht diese Abbildung
der Punktspiegelung an seinem Lotfußpunkt F auf der Geraden bzw. der Ebene. Es gilt: $\overrightarrow{OP'} = \overrightarrow{OF} + \overrightarrow{PF}$.

**Beispiele:**

1. Der Punkt P(2|−1|−4) wird an der Geraden g: $\vec{x} = \begin{pmatrix} 4 \\ -3 \\ 1 \end{pmatrix} + t \cdot \begin{pmatrix} -1 \\ 0 \\ 2 \end{pmatrix}$
gespiegelt.

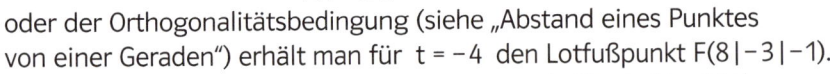

   $P_t$(4 − t|−3|7 + 2t); $\overrightarrow{P_tP} = \begin{pmatrix} 2-t \\ -2 \\ 11+2t \end{pmatrix}$. Mit der Extremwertbedingung

   oder der Orthogonalitätsbedingung (siehe „Abstand eines Punktes
   von einer Geraden") erhält man für t = −4 den Lotfußpunkt F(8|−3|−1).

   Für den Bildpunkt P′ von P gilt: $\overrightarrow{OP'} = \overrightarrow{OF} + \overrightarrow{PF} = \begin{pmatrix} 8 \\ -3 \\ -1 \end{pmatrix} + \begin{pmatrix} 6 \\ -2 \\ 3 \end{pmatrix} = \begin{pmatrix} 14 \\ -5 \\ 2 \end{pmatrix}$. Somit ist P′(14|−5|2).

2. Der Punkt P(2|−1|−4) wird an der Ebene E: $-x_1 - 2x_2 + 3x_3 = 3$ gespiegelt.

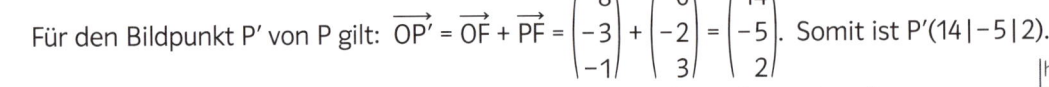

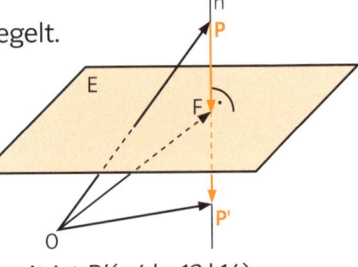

   Lotgerade h von P auf E: $\vec{x} = \begin{pmatrix} 2 \\ -1 \\ -4 \end{pmatrix} + t \cdot \begin{pmatrix} -1 \\ -2 \\ 3 \end{pmatrix}$. Schneiden von h

   und E liefert die Gleichung −(2 − t) − 2(−1 − 2t) + 3(−4 + 3t) = 30.
   Für die Lösung t = 3 erhält man den Lotfußpunkt F(−1|−7|5).

   Für den Bildpunkt P′ von P gilt: $\overrightarrow{OP'} = \overrightarrow{OF} + \overrightarrow{PF} = \begin{pmatrix} -1 \\ -7 \\ 5 \end{pmatrix} + \begin{pmatrix} -3 \\ -6 \\ 9 \end{pmatrix} = \begin{pmatrix} -4 \\ -13 \\ 14 \end{pmatrix}$. Somit ist P′(−4|−13|14).

**3** a) $P(3|3|3)$ wird an der Geraden $g: \vec{x} \begin{pmatrix} 2 \\ 10 \\ -3 \end{pmatrix} + t \cdot \begin{pmatrix} 5 \\ -3 \\ 2 \end{pmatrix}$ gespiegelt. Bestimmen Sie P'.

$P_t(\underline{\quad}|\underline{\quad}|\underline{\quad}); \overrightarrow{P_tP} = \begin{pmatrix} \underline{\quad} \\ \underline{\quad} \\ \underline{\quad} \end{pmatrix}$

Mit der Extremwertbedingung oder der Orthogonalitätsbedingung erhält man für $t = \underline{\quad}$ den Lotfußpunkt

$F(\underline{\quad}|\underline{\quad}|\underline{\quad})$. Für P' gilt: $\overrightarrow{OP'} = \underline{\hspace{6cm}}$ Somit ist $P'(\underline{\quad}|\underline{\quad}|\underline{\quad})$.

b) $P(3|3|3)$ wird an der Ebene $E: x_1 - 2x_2 - 4x_3 = 27$ gespiegelt. Bestimmen Sie den Bildpunkt P'.

Lotgerade h von P auf E: $\vec{x} = \begin{pmatrix} \underline{\quad} \\ \underline{\quad} \\ \underline{\quad} \end{pmatrix} + t \cdot \begin{pmatrix} \underline{\quad} \\ \underline{\quad} \\ \underline{\quad} \end{pmatrix}$

Schneiden von h und E liefert die Gleichung $\underline{\hspace{6cm}}$

Für die Lösung $t = \underline{\quad}$ erhält man den Lotfußpunkt $F(\underline{\quad}|\underline{\quad}|\underline{\quad})$.

Für P' gilt: $\overrightarrow{OP'} = \underline{\hspace{6cm}}$ Somit ist $P'(\underline{\quad}|\underline{\quad}|\underline{\quad})$.

**4** Bestimmen Sie für jede der Spiegelungen die Koordinaten des Bildpunkts P' von P. Auf den Kärtchen stehen richtige und falsche Lösungen. Schreiben Sie die Buchstaben der richtigen Lösungen nacheinander auf. So ergibt sich ein Lösungswort.

1) Der Punkt $P(2|0|-2)$ wird an der Geraden $g: \vec{x} = \begin{pmatrix} 0 \\ 1 \\ 10 \end{pmatrix} + t \cdot \begin{pmatrix} -1 \\ 1 \\ 1 \end{pmatrix}$ gespiegelt.

2) Der Punkt $P(7|5|3)$ wird an der Ebene $E: -3x_1 + 2x_2 + 4x_3 = 30$ gespiegelt.

3) Der Punkt $P(1|-5|-6)$ wird am Punkt $Z(-3|-2|4)$ gespiegelt.

4) Der Punkt $P(0|1|-2)$ wird an der Ebene $E: -2x_1 + 3x_2 = 42$ gespiegelt.

5) Der Punkt $P(4|4|1)$ wird an der Geraden $g: \vec{x} = \begin{pmatrix} 5 \\ 3 \\ -4 \end{pmatrix} + t \cdot \begin{pmatrix} 1 \\ 1 \\ -2 \end{pmatrix}$ gespiegelt.

C: $P'(1|9|11)$    E: $P'(-4|-8|11)$    D: $P'(5|-8|-16)$    O: $P'(-7|-9|6)$    T: $P'(2|-2|1)$

A: $P'(8|-8|12)$    L: $P'(2|-8|10)$    I: $P'(4|8|-11)$    S: $P'(-12|19|-2)$    H: $P'(-7|1|14)$

**5** a) Der Punkt $A(-1|-3|5)$ wird an einer Ebene E gespiegelt. Sein Bildpunkt ist $A'(6|0|5)$. Bestimmen Sie eine Gleichung der Symmetrieebene E.

E hat als Normalenvektor den Vektor $\overrightarrow{AA'} = \begin{pmatrix} \underline{\quad} \\ \underline{\quad} \\ \underline{\quad} \end{pmatrix}$. Ebenengleichung E: $\underline{\quad} x_1 \underline{\quad} x_2 \underline{\quad} x_3 = d$

Der Mittelpunkt $M(\underline{\quad}|\underline{\quad}|\underline{\quad})$ der Strecke $\overline{AA'}$ liegt in der Ebene E. Einsetzen von M in E ergibt

$d = \underline{\hspace{5cm}}$. Somit ist E: $\underline{\hspace{5cm}}$.

b) Bestimmen Sie auf gleiche Weise die Symmetrieebene der Punkte $B(2|-1|-1)$ und $B'(4|3|-8)$.

**6** Die Figur zeigt einen Quader. Bekannt sind die Koordinaten der Eckpunkte $A(3|-1|0)$; $B(4|3|1)$; $D(1|0|-2)$ und $E(1|-1|2)$.
a) Berechnen Sie die Koordinaten der übrigen Eckpunkte des Quaders.
b) Geben Sie eine Gleichung der Ebene J an, in der die Punkte A, B und D liegen.
c) Der Quader wird an der Ebene J gespiegelt. Bestimmen Sie die Koordinaten der Bildpunkte von E, F, G und H.
d) Beschreiben Sie für die Teilaufgaben b) und c) jeweils einen möglichst geschickten Lösungsweg.

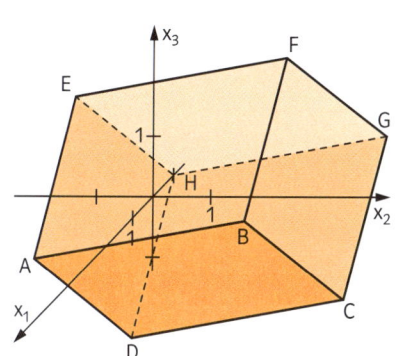

**1** Gegeben ist der Punkt P(3|0|−1). Berechnen Sie den Abstand des Punktes P vom Punkt Q(4|5|6), von

der Geraden g: $\vec{x} = \begin{pmatrix} 10 \\ -7 \\ 16 \end{pmatrix} + t \cdot \begin{pmatrix} 7 \\ -12 \\ 5 \end{pmatrix}$ und von der Ebene E: $2x_1 - x_2 + x_3 = 11$.

**2** Untersuchen Sie die gegenseitige Lage der Geraden g und der Ebene E. Berechnen Sie den Schnittpunkt und den Schnittwinkel, falls g und E sich schneiden. Bestimmen Sie sonst den Abstand von g und E.

a) g: $\vec{x} = \begin{pmatrix} 1 \\ -1 \\ 2 \end{pmatrix} + t \cdot \begin{pmatrix} 3 \\ 2 \\ -1 \end{pmatrix}$; E: $-3x_1 - 2x_2 + x_3 = 29$

b) g: $\vec{x} = \begin{pmatrix} 2 \\ 2 \\ 2 \end{pmatrix} + t \cdot \begin{pmatrix} 4 \\ 1 \\ -1 \end{pmatrix}$; E: $x_1 - 2x_2 + 2x_3 = 14$

**3** Der Punkt P(2|−1|−4) liegt auf der Geraden g: $\vec{x} = \begin{pmatrix} 0 \\ 4 \\ 5 \end{pmatrix} + t \cdot \begin{pmatrix} -2 \\ 5 \\ 9 \end{pmatrix}$.

a) Berechnen Sie den Abstand des Punktes P von Ebene E: $-6x_1 + 2x_2 + 3x_3 = 23$.
b) Es gibt einen weiteren Punkt Q auf der Geraden g, der von E denselben Abstand hat wie der Punkt P. Bestimmen Sie die Koordinaten von Q.

**4** Gegeben sind die Punkte A(−1|−2|−3), B(3|2|−1), C(−2|3|−2) und S(−2|−1|6).
a) Berechnen Sie den Flächeninhalt des Dreiecks ABC.
b) Berechnen Sie den Abstand des Punktes S von der Ebene E, in der die Punkte A, B und C liegen.
c) Das Dreieck ABC ist die Grundfläche einer Pyramide. Die Spitze dieser Pyramide ist der Punkt S. Bestimmen Sie das Volumen der Pyramide.

**5** Untersuchen Sie, ob die beiden Geraden g und h parallel oder windschief zueinander sind und bestimmen Sie ihren Abstand.

a) g: $\vec{x} = \begin{pmatrix} 4 \\ -8 \\ 1 \end{pmatrix} + s \cdot \begin{pmatrix} -4 \\ 2 \\ 3 \end{pmatrix}$; h: $\vec{x} = \begin{pmatrix} -5 \\ 10 \\ 6 \end{pmatrix} + t \cdot \begin{pmatrix} -4 \\ 2 \\ 3 \end{pmatrix}$

b) g: $\vec{x} = \begin{pmatrix} 0 \\ -1 \\ -7 \end{pmatrix} + s \cdot \begin{pmatrix} -1 \\ 1 \\ 4 \end{pmatrix}$; h: $\vec{x} = \begin{pmatrix} 6 \\ 1 \\ 0 \end{pmatrix} + t \cdot \begin{pmatrix} 1 \\ 1 \\ -1 \end{pmatrix}$

**6** Bestimmen Sie auf eine Dezimale gerundet

a) den Winkel zwischen den Vektoren $\vec{a} = \begin{pmatrix} 5 \\ -3 \\ 8 \end{pmatrix}$ und $\vec{b} = \begin{pmatrix} 4 \\ 1 \\ -9 \end{pmatrix}$.

b) den Schnittwinkel der Geraden g: $\vec{x} = \begin{pmatrix} 1 \\ 2 \\ 3 \end{pmatrix} + s \cdot \begin{pmatrix} -2 \\ 0 \\ 5 \end{pmatrix}$ und h: $\vec{x} = \begin{pmatrix} 1 \\ 2 \\ 3 \end{pmatrix} + t \cdot \begin{pmatrix} 4 \\ 1 \\ 2 \end{pmatrix}$.

c) den Schnittwinkel der Ebenen $E_1$: $x_1 - 5x_2 + x_3 = 10$ und $E_2$: $-4x_1 + x_2 = 8$.

**7** Die Punkte A(2|−2|0), B(2|2|0), C(−1|2|0), D(−1|−2|0),
E(2|−2|2), F(2|2|2), G(−1|2|2) und H(−1|−2|2) sind die Ecken eines
Quaders. Bestimmen Sie die Größen der Schnittwinkel der Raumdiago-
nale $\overline{AG}$ mit der Seitendiagonale $\overline{AF}$ und mit der Grundfläche ABCD.

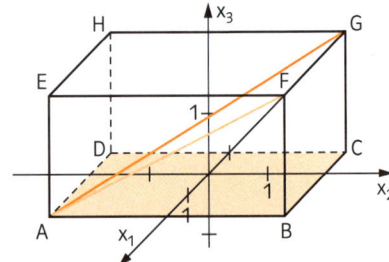

**8** Gegeben ist der Punkt P(6|−4|1). Bestimmen Sie die Koordinaten des Bildpunktes P', wenn der Punkt P gespiegelt wird an

a) dem Punkt Z(0|2|−3)

b) der Geraden g: $\vec{x} = \begin{pmatrix} 1 \\ 2 \\ 3 \end{pmatrix} + s \cdot \begin{pmatrix} -2 \\ 0 \\ 5 \end{pmatrix}$

c) der Ebene E: $x_1 - 5x_2 + x_3 = 0$

**9** Gegeben sind eine Ebene E und ein Punkt P, der nicht auf E liegt. Beschreiben Sie ein Verfahren, mit dem man die Koordinaten des Bildpunktes P' berechnen kann, wenn P an E gespiegelt wird.

# Gleichungen von Kreis und Kugel

Gegeben ist der Punkt M(3|2|5). Alle Punkte X im Raum mit dem Ortsvektor $\vec{x}$, die von M den (festen) Abstand r = 3 haben, liegen auf einer **Kugel um M mit dem Radius r**. Für $\vec{x}$ gilt dann: $|\overrightarrow{MX}|$ = 3 und

damit $|\overrightarrow{MX}|^2$ = 9. Also lautet die Kugelgleichung $\left(\vec{x} - \begin{pmatrix} 3 \\ 2 \\ 5 \end{pmatrix}\right)^2$ = 9.

Im Zweidimensionalen liegen Punkte mit dem Ortsvektor $\vec{x}$, der die Bedingung $(\vec{x} - \vec{m})^2 = r^2$ erfüllt, auf einem **Kreis** um M mit dem Radius r.

**1** Lesen Sie die Koordinaten des Mittelpunktes M der Kugel ab und bestimmen Sie deren Radius.

a) $\left(\vec{x} - \begin{pmatrix} 1 \\ -2 \\ 2 \end{pmatrix}\right)^2$ = 16; M(▢|▢|▢); r = ▢

b) $\left(\vec{x} + \begin{pmatrix} -2 \\ 3 \\ 5 \end{pmatrix}\right)^2$ = 225; M(▢|▢|▢); r = ▢

**2** P(2|1|–1) ist ein Punkt auf der Kugel um den Punkt M(4|2|–3).

a) Geben Sie eine Kugelgleichung in Vektordarstellung und in Koordinatendarstellung an.

Radius r = $|\overrightarrow{MP}|$ = $\left\| \begin{pmatrix} ▢ \\ ▢ \\ ▢ \end{pmatrix} \right\|$ = $\sqrt{▢^2 + ▢^2 + ▢^2}$ = ▢ ; Kugelgleichung in Vektordarstellung: $\left(\vec{x} - \begin{pmatrix} ▢ \\ ▢ \\ ▢ \end{pmatrix}\right)^2$ = ▢

Dies bedeutet umgeschrieben $\begin{pmatrix} x_1 - ▢ \\ x_2 - ▢ \\ x_3 + ▢ \end{pmatrix}^2$ = ▢, also $(x_1 - ▢)^2 + (x_2 - ▢)^2 + (x_3 + ▢)^2$ = ▢.

b) Zeigen Sie, dass der Punkt R(5|0|–1) auf der Kugel liegt, S(4|3|3) und T(2|2|–3) jedoch nicht.

Berechnen des Abstandes von R zu M: $|\overrightarrow{MR}|$ = $\left\| \begin{pmatrix} ▢ \\ ▢ \\ ▢ \end{pmatrix} \right\|$ = ▢ = r

Abstand von S zu M: $|\overrightarrow{MS}|$ = $\left\| \begin{pmatrix} ▢ \\ ▢ \\ ▢ \end{pmatrix} \right\|$ = ▢

Abstand von T zu M: $|\overrightarrow{MT}|$ = $\left\| \begin{pmatrix} ▢ \\ ▢ \\ ▢ \end{pmatrix} \right\|$ = ▢

Damit liegt S _____ der Kugel.    Damit liegt T _____ der Kugel.

**3** Ein Würfel ist durch die vier Eckpunkte O(0|0|0), A(4|0|0), B(4|4|0) und C(4|4|4) festgelegt. Dem Würfel wird eine Kugel einbeschrieben, die sämtliche Würfelflächen berührt.

a) Bestimmen Sie eine Kugelgleichung in Vektor- und Koordinatendarstellung.

Mittelpunkt der Kugel: M(▢|▢|▢), Radius der Kugel: r = ▢. Kugel in Vektordarstellung:

$\left(\vec{x} - \begin{pmatrix} ▢ \\ ▢ \\ ▢ \end{pmatrix}\right)^2$ = ▢ und in Koordinatendarstellung: $(x_1 - ▢)^2 + (x_2 - ▢)^2 + (x_3 - ▢)^2$ = ▢

b) Geben Sie die Berührpunkte der Kugel mit den Würfelflächen an.

$P_1$(▢|▢|▢), $P_2$(▢|▢|▢), $P_3$(▢|▢|▢), $P_4$(▢|▢|▢), $P_5$(▢|▢|▢), $P_6$(▢|▢|▢)

c) Nun fällt paralleles Licht in Richtung $\begin{pmatrix} 0 \\ 0 \\ -1 \end{pmatrix}$ auf die Kugel. Geben Sie eine Vektorgleichung für den in der

$x_1 x_2$-Ebene entstehenden Schattenkreis an.

Mittelpunkt des Kreises: M(▢|▢), Radius des Kreises: r = ▢. Kreis in Vektordarstellung: $\left(\vec{x} - \begin{pmatrix} ▢ \\ ▢ \end{pmatrix}\right)^2$ = ▢.

# Kugeln und Ebenen – Tangentialebenen

Die Gleichung $x_1^2 + x_2^2 + x_3^2 = 16$ beschreibt eine Kugel um den Koordinatenursprung $M(0|0|0)$ und dem Radius $r = 4$. Betrachtet werden die Ebenen $E_k: x_1 + 2x_2 + 2x_3 = k$ $(k > 0)$.
Wie ist k zu wählen, damit $E_k$ mit der Kugel genau einen, keinen oder unendlich viele Punkte gemeinsam hat?

Die Ebenen $E_k$ können in Hesse'scher Normalenform mit $\frac{1}{3}\left[\vec{x} - \begin{pmatrix} k \\ 0 \\ 0 \end{pmatrix}\right] \cdot \begin{pmatrix} 1 \\ 2 \\ 2 \end{pmatrix} = 0$ dargestellt werden und

haben damit den Abstand zum Kugelmittelpunkt $d(M, E_k) = \frac{1}{3}\left|\left[\begin{pmatrix} 0 \\ 0 \\ 0 \end{pmatrix} - \begin{pmatrix} k \\ 0 \\ 0 \end{pmatrix}\right] \cdot \begin{pmatrix} 1 \\ 2 \\ 2 \end{pmatrix}\right| = \frac{k}{3}$.

Für $k = 12$ ist $d(M, E_k) = 4$ und stimmt mit dem Kugelradius überein. Diese Ebene $E_{12}$ berührt die Kugel in einem Punkt und heißt deshalb **Tangentialebene**.
Für $k > 12$ gibt es keine gemeinsamen Punkte zwischen Kugel und Ebene.
Für $0 < k < 12$ schneiden die Ebenen die Kugel und haben mit ihr alle Punkte gemeinsam, die auf einem Kreis liegen.

**1** Durch $K: \left[\vec{x} - \begin{pmatrix} -2 \\ 5 \\ 3 \end{pmatrix}\right]^2 = 25$ ist eine _____ mit dem Mittelpunkt M(⬜|⬜|⬜) und dem

Radius $r =$ ⬜ gegeben.

a) Weisen Sie nach, dass die Ebene $4x_1 + 3x_2 = 32$ Tangentialebene zu K ist.
Umrechnung der Ebenengleichung in die Hesse'sche Normalenform: Ein Normalenvektor ist

$\vec{n} = \begin{pmatrix} ⬜ \\ ⬜ \\ ⬜ \end{pmatrix}$ und ein Punkt dieser Ebene kann mit P(⬜|⬜|⬜) angegeben werden. Dann hat die Ebene die

Gleichung $\frac{1}{⬜}\left[\vec{x} - \begin{pmatrix} ⬜ \\ ⬜ \\ ⬜ \end{pmatrix}\right] \cdot \begin{pmatrix} ⬜ \\ ⬜ \\ ⬜ \end{pmatrix} = 0$. Für den Abstand der Ebene vom Kugelmittelpunkt gilt dann

$d(M, E) = \frac{1}{⬜}\left|\left[\begin{pmatrix} ⬜ \\ ⬜ \\ ⬜ \end{pmatrix} - \begin{pmatrix} ⬜ \\ ⬜ \\ ⬜ \end{pmatrix}\right] \cdot \begin{pmatrix} ⬜ \\ ⬜ \\ ⬜ \end{pmatrix}\right| = \frac{1}{⬜}\left|\begin{pmatrix} ⬜ \\ ⬜ \\ ⬜ \end{pmatrix} \cdot \begin{pmatrix} ⬜ \\ ⬜ \\ ⬜ \end{pmatrix}\right| = 5$, das ist aber gerade der Radius der Kugel.

b) Berechnen Sie die Koordinaten des Berührpunktes von Ebene und Kugel. Die Gerade durch den Mittelpunkt der Kugel, die senkrecht zur Ebene verläuft, schneidet die Ebene im Berührpunkt B.

Geradengleichung: _____

Einsetzen des allgemeinen Geradenpunktes in die Ebenengleichung: $4 \cdot ($ _____ $) + 3 \cdot ($ _____ $) = 32$

Berechnung des Parameters: _____

Einsetzen des Parameters in die Geradengleichung und Angabe des Berührpunktes: B(⬜|⬜|⬜)

**2** Entscheiden Sie durch Berechnung, welche der gegebenen Ebenen die Kugel mit der Gleichung
$(x_1 - 2)^2 + (x_2 + 1)^2 + (x_3 + 2)^2 = 64$ schneiden, berühren bzw. keine gemeinsamen Punkte besitzen.

$E_1 \mid x_1 = 2$    $E_2 \mid x_1 - x_2 + x_3 = 5$    $E_3 \mid 6x_1 + 3x_2 - 6x_3 = -33$    $E_4 \mid 2x_1 + 10x_2 + 11x_3 = 12$    $E_5 \mid x_2 - x_3 = 15$

**3** Eine Kugel mit dem Radius $r = 5$ befindet sich so in einem Koordinatensystem, dass sie alle Koordinaten-ebenen berührt und ihr Mittelpunkt nur positive Koordinaten besitzt. Eine Ebene mit den Spurpunkten $(k|0|0)$; $(0|k|0)$ und $(0|0|k)$ soll Tangentialebene dieser Kugel sein.
a) Geben Sie die Kugel- und die Ebenengleichung an und berechnen Sie den Wert k.
b) Berechnen Sie den Berührpunkt der Kugel mit dieser Tangentialebene.
c) Geben Sie die Gleichungen weiterer Tangentialebenen an.

Kennt man den Berührpunkt einer Ebene mit der Kugel, so lässt sich die Ebenengleichung leicht ermitteln. Ist M der Mittelpunkt, also $\overrightarrow{OM} = \vec{m}$, und B der Berührpunkt mit $\overrightarrow{OB} = \vec{b}$, so hat die **Tangentialebene** die Gleichung $E: (\vec{x} - \vec{b}) \cdot (\vec{b} - \vec{m}) = 0$.

Beispiel: Eine Ebene berührt die Kugel $K: x_1^2 + x_2^2 + x_3^2 = 14$ im Punkt $B(1\,|\,2\,|-3)$. Zu ermitteln ist die Gleichung dieser Tangentialebene.

$E: \left[\vec{x} - \begin{pmatrix} 1 \\ 2 \\ -3 \end{pmatrix}\right] \cdot \left[\begin{pmatrix} 1 \\ 2 \\ -3 \end{pmatrix} - \begin{pmatrix} 0 \\ 0 \\ 0 \end{pmatrix}\right] = 0$ ist in Normalenform $\left[\vec{x} - \begin{pmatrix} 1 \\ 2 \\ -3 \end{pmatrix}\right] \cdot \begin{pmatrix} 1 \\ 2 \\ -3 \end{pmatrix} = 0$ und in Koordinatenform

$x_1 + 2x_2 - 3x_3 = 14$.

**4** Berechnen Sie die Tangentialebene, die die Kugel $K: \left[\vec{x} - \begin{pmatrix} 3 \\ -6 \\ 6 \end{pmatrix}\right]^2 = 81$ im Punkt $B(-3\,|-12\,|\,9)$ berührt, und

geben Sie diese auch in Normalenform und Koordinatenform an.

Die gegebenen Vektoren werden in die Gleichung $(\vec{x} - \vec{b}) \cdot (\vec{b} - \vec{m}) = 0$ eingesetzt und zusammengefasst:

$E: \left[\vec{x} - \begin{pmatrix} \phantom{0} \\ \phantom{0} \\ \phantom{0} \end{pmatrix}\right] \cdot \left[\begin{pmatrix} \phantom{0} \\ \phantom{0} \\ \phantom{0} \end{pmatrix} - \begin{pmatrix} \phantom{0} \\ \phantom{0} \\ \phantom{0} \end{pmatrix}\right] = \left[\vec{x} - \begin{pmatrix} \phantom{0} \\ \phantom{0} \\ \phantom{0} \end{pmatrix}\right] \cdot \begin{pmatrix} \phantom{0} \\ \phantom{0} \\ \phantom{0} \end{pmatrix} = 0$ ist die Normalenform und _____ = _____

die Koordinatenform.

**5** Eine Kugel K mit dem Mittelpunkt $M(0\,|\,0\,|\,4)$ wird von einer Ebene $E_1$ im Punkt $B(3\,|\,6\,|\,1)$ berührt.
a) Stellen Sie die Kugelgleichung von M in Vektor- und in Koordinatenschreibweise auf.
b) Ermitteln Sie die Gleichung der Tangentialebene $E_1$ in Koordinatenform.
c) Eine Ebene $E_2$ ist parallel zur Ebene $E_1$ und berührt die Kugel K im Punkt S. Berechnen Sie die Koordinaten von S und geben Sie eine Gleichung von $E_2$ an.

Schneidet eine Ebene E die Kugel K, so entsteht ein **Schnittkreis** mit dem Radius $r' = \sqrt{r^2 - d^2}$. Dabei ist r der Kugelradius und d der Abstand der Ebene zum Kugelmittelpunkt.

Beispiel: Die Ebene $E: 2x_1 + 2x_2 - x_3 = -16$ schneidet die Kugel $K: \left[\vec{x} - \begin{pmatrix} 2 \\ 1 \\ -2 \end{pmatrix}\right]^2 = 100$.

Berechnen Sie den Radius des Schnittkreises.

Der Kugelradius ist $r = 10$, ihr Mittelpunkt ist $M(2\,|\,1\,|-2)$. Für den Abstand d der Ebene E von M wird die

Hesse'sche Normalenform $\frac{1}{3}\left[\vec{x} - \begin{pmatrix} 0 \\ -8 \\ 0 \end{pmatrix}\right] \cdot \begin{pmatrix} 2 \\ 2 \\ -1 \end{pmatrix} = 0$ verwendet und $d(E, M) = \frac{1}{3}\left[\begin{pmatrix} 2 \\ 1 \\ -2 \end{pmatrix} - \begin{pmatrix} 0 \\ -8 \\ 0 \end{pmatrix}\right] \cdot \begin{pmatrix} 2 \\ 2 \\ -1 \end{pmatrix} = 8$

berechnet. Aus $r' = \sqrt{r^2 - d^2}$ folgt der Schnittkreisradius mit $r' = 6$.

**6** Gegeben ist eine Kugel $K: (x_1 - 2)^2 + (x_2 + 1)^2 + (x_3 - 5)^2 = 49$ und die Ebene $E: 2x_1 + x_2 - 2x_3 = 11$.
a) Zeigen Sie, dass sich Kugel und Ebene schneiden.
b) Berechnen Sie den Radius und den Mittelpunkt des Schnittkreises.
c) Es gibt zwei Tangentialebenen, die parallel zu E verlaufen. Bestimmen Sie ihre Ebenengleichungen und die Berührpunkte.

**7** Der Berührpunkt der Tangentialebene E an die Kugel $K: \left[\vec{x} - \begin{pmatrix} 5 \\ 3 \\ -4 \end{pmatrix}\right]^2 = 225$ ist $B(7\,|\,8\,|\,10)$.

a) Geben Sie den Radius und den Mittelpunkt der Kugel an und ermitteln Sie die Gleichung dieser Tangentialebene.
b) Berechnen Sie die Gleichung einer Ebene, die parallel zu E verläuft und den Schnittkreisradius $r' = 9$ hat. Begründen Sie, warum es dafür zwei Lösungen geben muss.

# Kugel und Geraden – Polarebenen

Eine Gerade kann eine Kugel schneiden, berühren oder mit ihr keine gemeinsamen Punkte haben. Um das zu untersuchen, setzt man die Parametergleichung der Geraden in die Kugelgleichung ein. Für den Parameter gibt es dann zwei, genau eine oder keine Lösung.

Beispiel: Zu untersuchen ist die gegenseitige Lage der Geraden

$\vec{x} = \begin{pmatrix} 1 \\ 6 \\ -2 \end{pmatrix} + t \cdot \begin{pmatrix} 3 \\ 4 \\ 2 \end{pmatrix}$ zur Kugel $K: \left[ \vec{x} - \begin{pmatrix} -2 \\ -1 \\ 2 \end{pmatrix} \right]^2 = 45$.

Einsetzen des Geradenvektors in die Kugelgleichung: $\left[ \begin{pmatrix} 1 \\ 6 \\ -2 \end{pmatrix} + t \cdot \begin{pmatrix} 3 \\ 4 \\ 2 \end{pmatrix} - \begin{pmatrix} -2 \\ -1 \\ 2 \end{pmatrix} \right]^2 = \left[ \begin{pmatrix} 3 \\ 7 \\ -4 \end{pmatrix} + t \cdot \begin{pmatrix} 3 \\ 4 \\ 2 \end{pmatrix} \right]^2 = 45$.

Die Gleichung $(3 + 3t)^2 + (7 + 4t)^2 + (-4 + 2t)^2 = 45$ führt auf $29t^2 + 58t + 29 = 0$, also $t^2 + 2t + 1 = 0$ mit der einzigen Lösung $t = -1$. Die Gerade berührt die Kugel also im Punkt $B(-2|2|-4)$.

**1** Die Gerade $g: \vec{x} = \begin{pmatrix} -3 \\ 5 \\ 10 \end{pmatrix} + t \cdot \begin{pmatrix} 1 \\ 0 \\ -1 \end{pmatrix}$ schneidet die Kugel $K: \left[ \vec{x} - \begin{pmatrix} 3 \\ 1 \\ -5 \end{pmatrix} \right]^2 = 81$ in den beiden Punkten $P_1$ und $P_2$.

Berechnen Sie die Koordinaten dieser Schnittpunkte.

Einsetzen des Geradenvektors in die Kugelgleichung: $\left[ \begin{pmatrix} \ \\ \ \\ \ \end{pmatrix} + t \cdot \begin{pmatrix} \ \\ \ \\ \ \end{pmatrix} - \begin{pmatrix} \ \\ \ \\ \ \end{pmatrix} \right]^2 = \left[ \begin{pmatrix} \ \\ \ \\ \ \end{pmatrix} + t \cdot \begin{pmatrix} \ \\ \ \\ \ \end{pmatrix} \right]^2 = 81$ und

berechnen zu $(\underline{\quad})^2 + (\underline{\quad})^2 + (\underline{\quad})^2 = 81$. Daraus folgt die quadratische Gleichung $\underline{\hspace{4cm}}$

mit den Lösungen $t_1 = \underline{\quad}$ und $t_2 = \underline{\quad}$. Die Schnittpunkte sind $P_1(\ \ |\ \ |\ \ )$ und $P_2(\ \ |\ \ |\ \ )$.

**2** Welchen Radius muss eine Kugel mit dem Mittelpunkt $M(1|3|-2)$ haben, damit die Gerade

$g: \vec{x} = \begin{pmatrix} -4 \\ 1 \\ 14 \end{pmatrix} + t \cdot \begin{pmatrix} 4 \\ 3 \\ -2 \end{pmatrix}$ die Kugel berührt?

Alle Tangenten von einem Punkt P **(Pol)** außerhalb einer Kugel bilden den **Tangentialkegel**, die Berührpunkte dieser Tangenten an die Kugel liegen auf einer Kreislinie und bestimmen die **Polarebene**.
Die Polarebene einer Kugel (mit dem Radius r und dem Mittelpunkt M) vom Punkt P hat die Gleichung
$E: (\vec{x} - \vec{m}) \cdot (\vec{p} - \vec{m}) = r^2$.

Beispiel: Die Kugel mit dem Radius 5, die ihren Mittelpunkt im Koordinatenursprung hat, bildet mit dem Punkt $P(10|10|10)$ einen Tangentialkegel. Bestimmen Sie die Gleichung der Polarebene.

Es ist $E: \left( \vec{x} - \begin{pmatrix} 0 \\ 0 \\ 0 \end{pmatrix} \right) \cdot \left( \begin{pmatrix} 10 \\ 10 \\ 10 \end{pmatrix} - \begin{pmatrix} 0 \\ 0 \\ 0 \end{pmatrix} \right) = 5^2$, also $10x_1 + 10x_2 + 10x_3 = 25$ bzw. $2x_1 + 2x_2 + 2x_3 = 5$.

**3** Gegeben ist eine Kugel mit dem Mittelpunkt $M(1|3|1)$ und dem Radius $r = 6$. In welcher Ebene liegt der Schnittkreis des Tangentialkegels vom Punkt $P(6|0|0)$ aus an die Kugel?

**4** Die Kugel $K: \left[ \vec{x} - \begin{pmatrix} -1 \\ 4 \\ 1 \end{pmatrix} \right]^2 = 16$ wird durch die Ebene $E: 4x_1 - 2x_2 - 2x_3 = 2$ geschnitten.

a) Berechnen Sie die Koordinaten des Schnittkreismittelpunktes $M'$.
b) Weisen Sie nach, dass der Punkt $P(3|2|-1)$ Pol dieser Polarebene $E$ ist.

c) Der Vektor $\begin{pmatrix} 1 \\ 1 \\ 1 \end{pmatrix}$ ist senkrecht zum Normalenvektor der Ebene. Berechnen Sie mithilfe einer Geraden h, die

diesen Richtungsvektor besitzt und durch $M'$ verläuft, zwei Punkte des Schnittkreises.

Die Kugel $(x_1 - 2)^2 + (x_2 - 1)^2 + (x_3 - 1)^2 = 4$ wird von der Polarebene $2x_2 - 4x_3 = 2$ geschnitten. Damit kann der Pol P berechnet werden. P ist der Schnittpunkt der zur Polarebene senkrechten Geraden durch den Mittelpunkt der Kugel mit einer Tangentialebene.

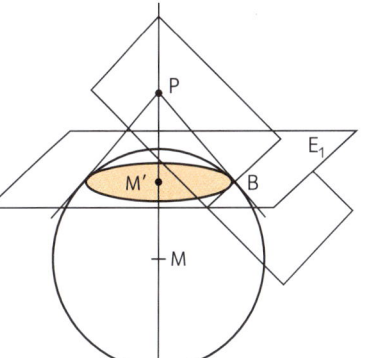

(1) M' berechnen: Gerade g durch M senkrecht zu $E_1$ schneidet $E_1$ in M'.

$g: \vec{x} = \begin{pmatrix} 2 \\ 1 \\ 1 \end{pmatrix} + t \cdot \begin{pmatrix} 0 \\ 1 \\ -2 \end{pmatrix}$ in $2x_2 - 4x_3 = 2$ einsetzen: $t = \frac{2}{5}$; $M'\left(2 \mid \frac{7}{5} \mid \frac{1}{5}\right)$

(2) Einen Berührpunkt von $E_1$ und K berechnen: Gerade h durch M' senkrecht zum Normalenvektor von $E_1$ schneidet K in zwei Punkten.

$h: \vec{x} = \begin{pmatrix} 2 \\ 1{,}4 \\ 0{,}2 \end{pmatrix} + r \cdot \begin{pmatrix} 0 \\ 2 \\ 1 \end{pmatrix}$ in $(x_1 - 2)^2 + (x_2 - 1)^2 + (x_3 - 1)^2 = 4$ einsetzen: $r = \pm\frac{4}{5}$; $B_1\left(2 \mid \frac{1}{5} \mid -\frac{3}{5}\right)$; $B_2(2 \mid 3 \mid 1)$

(3) Tangentialebene $E_2$ von $B_2$: $\left[\vec{x} - \begin{pmatrix} 2 \\ 3 \\ 1 \end{pmatrix}\right] \cdot \left[\begin{pmatrix} 2 \\ 3 \\ 1 \end{pmatrix} - \begin{pmatrix} 2 \\ 1 \\ 1 \end{pmatrix}\right] = \left[\vec{x} - \begin{pmatrix} 2 \\ 3 \\ 1 \end{pmatrix}\right] \cdot \begin{pmatrix} 0 \\ 2 \\ 0 \end{pmatrix} = 0$, also $x_2 = 3$

(4) Schnitt von $E_2$ mit g: $1 + t = 3$, also $t = 2$ gibt den gesuchten Punkt $P(2 \mid 3 \mid -3)$.

**5** Die Ebene $E: x_1 + x_2 + x_3 = 5$ ist Polarebene an die Kugel mit dem Mittelpunkt $M(1 \mid 4 \mid 3)$ und dem Radius r. Die Polarebene E schneidet die Kugel im Punkt $B(2 \mid 2 \mid 1)$.

a) Berechnen Sie den Radius der Kugel.

Der Radius ist der Betrag des Vektors ____: $\left|\overrightarrow{\phantom{xx}}\right| = \left\|\begin{pmatrix} \phantom{x} \\ \phantom{x} \\ \phantom{x} \end{pmatrix} - \begin{pmatrix} \phantom{x} \\ \phantom{x} \\ \phantom{x} \end{pmatrix}\right\| = \left\|\begin{pmatrix} \phantom{x} \\ \phantom{x} \\ \phantom{x} \end{pmatrix}\right\| = \sqrt{(\phantom{xx})^2 + (\phantom{xx})^2 + (\phantom{xx})^2} = \boxed{\phantom{xx}}$

b) Geben Sie die Tangentialebene an die Kugel im Punkt B an.

$\left(\vec{x} - \begin{pmatrix} \phantom{x} \\ \phantom{x} \\ \phantom{x} \end{pmatrix}\right) \cdot \left(\begin{pmatrix} \phantom{x} \\ \phantom{x} \\ \phantom{x} \end{pmatrix} - \begin{pmatrix} \phantom{x} \\ \phantom{x} \\ \phantom{x} \end{pmatrix}\right) = 0$, also _____ $\phantom{x} = \phantom{x}$ .

c) Berechnen Sie den zugehörigen Pol P für diese Polarebene.
Die Gerade durch M senkrecht zur Polarebene schneidet die Tangentialebene in P.

Gerade $\vec{x} = \begin{pmatrix} \phantom{x} \\ \phantom{x} \\ \phantom{x} \end{pmatrix} + t \cdot \begin{pmatrix} \phantom{x} \\ \phantom{x} \\ \phantom{x} \end{pmatrix}$ in die Tangentialebene einsetzen: $(\phantom{xxx}) - 2(\phantom{xxx}) - 2(\phantom{xxx}) = \boxed{\phantom{xx}}$ liefert den

Parameterwert $t = \boxed{\phantom{xx}}$ und damit den gesuchten Punkt $P(\boxed{\phantom{x}} \mid \boxed{\phantom{x}} \mid \boxed{\phantom{x}})$.

**6** Eine Kugel ist mit der Gleichung $x_1^2 + x_2^2 + (x_3 + 3)^2 = 25$ gegeben. Welchen Punkt P muss man als Spitze des Polarkegels wählen, damit die $x_1 x_2$-Ebene Polarebene ist?

**7** Entscheiden Sie, ob die folgenden Aussagen wahr sind, und begründen Sie Ihre Entscheidung.
a) Der Polarkegel ist immer ein gerader Kreiskegel.
b) Für jeden Punkt außerhalb der Kugel entsteht genau ein Polarkegel.
c) Bei zunehmender Entfernung des Punktes vom Kugelmittelpunkt wächst der Schnittkreisradius unbeschränkt.
d) Jedem Schnittkreis der Polarebene einer Kugel K kann eindeutig ein Pol P zugeordnet werden.

**8** Ein Würfel mit der Kantenlänge 5 cm enthält einen Hohlraum in Form einer geraden Pyramide mit quadratischer Grundfläche der Seitenlänge 4 cm.
Der Würfel hat überall einen Mindestabstand zum Hohlraum von einem Zentimeter.
Es soll nun eine möglichst große Kugel so in die Pyramide eingebracht werden, dass sie nicht aus dem Würfelvolumen herausragt.
Berechnen Sie deren maximalen Radius.

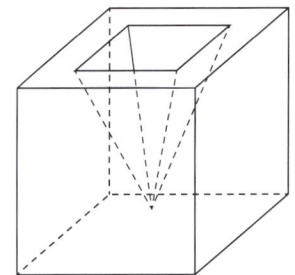

**1** Die Gerade durch die Punkte A(1|3|4) und B(5|1|−2) schneidet die Kugel mit Mittelpunkt M(5|1|−3) und Radius r = 3. Berechnen Sie die Schnittpunkte.

**2** Gegeben sind die Punkte A(4|−5|−1) und B(6|2|0).
a) Bestimmen Sie die Gleichung einer Kugel, die den Mittelpunkt A besitzt und durch B geht.
b) Ermitteln Sie die Gleichung der Tangentialebene $T_1$, die durch B geht.
c) Es gibt eine zweite Tangentialebene $T_2$, die parallel zu $T_1$ ist. Berechnen Sie deren Gleichung.

**3** Von einer Pyramide sind die Punkte A(3|−3|0), B(3|3|0), C(−3|3|0) und die Spitze S(0|0|4) gegeben.
Die Seitenflächen ABS und BCS bestimmen die Ebenen $E_1$ und $E_2$. Beide Ebenen sind Tangentialebenen an eine Kugel, die ihren Mittelpunkt im Koordinatenursprung hat.
Berechnen Sie die Koordinaten der Berührpunkte von Kugel und Ebenen und jeweils den Radius der Kugel und des Kreises, der sich aus den Berührpunkten ergibt.

**4** Die Seitenflächen einer Rinne liegen in den Ebenen $E_1$: $−4x_1 + 3x_2 = 3$ und $E_2$: $2x_1 − 2x_2 + x_3 = 0$.
Die Kugel K mit dem Mittelpunkt M(5|−4|3) berührt $E_1$.
a) Geben Sie eine Gleichung der Kugel K an.
b) Zeigen Sie, dass K auch $E_2$ berührt.
c) In welchen Punkten $B_1$ und $B_2$ berührt die Kugel die beiden Ebenen $E_1$ und $E_2$?
d) Berechnen Sie die Koordinaten des Pols P für den Fall, dass die Polarebene dieser Kugel die Gleichung $x_1 + 13x_2 + 3x_3 = 11$ besitzt.
e) Die Kugel rollt nun in der Rinne. Fertigen Sie eine Skizze an und berechnen Sie die Gleichung der Geraden, auf der sich der Mittelpunkt der Kugel bewegt.

**5** Ein Sandkasten, dessen obere Kanten das Quadrat ABCD bilden, soll einen Holzdeckel von der Form einer senkrechten Pyramide mit der Spitze S erhalten (siehe Skizze; Maße in Dezimeter).
Der Sandkasten ist mit Sand gefüllt, der eingeebnet genau bis zur Fläche ABCD reicht.
a) Ein Ball mit dem Radius 2,5 dm liegt mitten auf der Sandfläche. Zeigen Sie, dass der Ball beim Absetzen des Deckels auf den Sandkasten nicht in den Sand gedrückt wird.

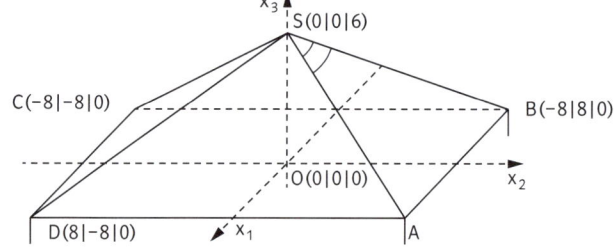

b) Einen anderer Ball mit dem Radius r legt man nun mitten auf der Sandfläche. Bestimmen Sie eine Kugelgleichung für diesen Ball. Wie groß darf der Radius des Balles höchstens sein, wenn der Ball beim Aufsetzen des Deckels weder verformt noch in den Sand gedrückt werden soll?

**6** Die Ebene $E_1$ enthält die Punkte A(1|3|−2), B(1|6|−2) und C(−5|−2|−6). Gegeben ist weiter die Ebene $E_2$: $6x_1 − 10x_2 + x_3 = 14$.
a) Bestimmen Sie eine Koordinatengleichung der Ebene $E_1$ und eine Gleichung der Schnittgeraden von $E_1$ und $E_2$.
b) Die Gerade g durch B und C ist Tangente einer Kugel mit dem Mittelpunkt M(−2|−1|2).
Berechnen Sie den Radius der Kugel und geben Sie eine Gleichung dieser Kugel an.
c) Der Punkt P(4|−1|5) liegt auf der Kugel mit Mittelpunkt M(−2|−1|2). Bestimmen Sie eine Tangentialebene T im Punkt P.
Es gibt zwei Kugeln mit Mittelpunkten auf der $x_1$-Achse, die T berühren und durch O(0|0|0) gehen.
Bestimmen Sie die Radien dieser Kugeln.

## Vereinfachte Darstellung einer Zahlentabelle als Matrix

Beispiel:

Ein Düngemittelgroßhändler überprüft die Lagerbestände an Düngemitteln $D_1$ bis $D_3$ seiner zwei Filialen und erstellt die folgende Tabelle (Bestand in Tonnen):

Oft ist auch ein Diagramm übersichtlich:

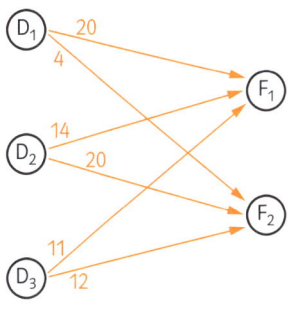

|        | Filiale $F_1$ | Filiale $F_2$ |
|--------|---------------|---------------|
| $D_1$  | 20            | 4             |
| $D_2$  | 14            | 20            |
| $D_3$  | 11            | 12            |

Die Bedeutung der Zeilen und Spalten ist ihm klar.

Deshalb schreibt er nur noch die Werte in folgender Form:

$$\begin{pmatrix} 20 & 4 \\ 14 & 20 \\ 11 & 12 \end{pmatrix}$$ Diese Darstellung heißt Matrix.

Beschreibt die Matrix einen Prozess, so spricht man von einer Prozessmatrix und einem Prozessdiagramm.

**1** Es sollen zwei unterschiedliche Verpflegungsbeutel $B_1$ und $B_2$ zusammengestellt werden. Dazu sind eine Prozesstabelle, das zugehörige Prozessdiagramm und die Prozessmatrix wie folgt gegeben. Füllen Sie die leeren Felder.

Prozesstabelle:

|                 | Beutel | |
|-----------------|--------|--------|
|                 | $B_1$  | $B_2$  |
| belegte Brötchen |        | 1      |
| Knacker         | 2      |        |
| Apfel           |        |        |
| Joghurt         |        | 2      |

Prozessdiagramm:

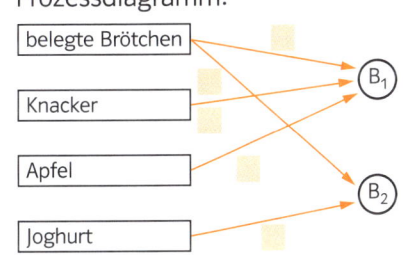

Prozessmatrix:

$$A = \begin{pmatrix} 3 & 1 \\ 2 & 0 \\ 2 & \\ & \end{pmatrix}$$

## Multiplikation einer Matrix mit einem Spaltenvektor

Beispiel:

Eine Fabrik stellt aus drei Grundstoffen $R_1$, $R_2$, $R_3$ zwei Düngersorten $D_1$ und $D_2$ her. Die nebenstehende Tabelle zeigt den Bedarf je Tonne Dünger. Wie viel Tonnen der Grundstoffe werden für 100 t $D_1$ und 200 t $D_2$ insgesamt gebraucht?

|                            |       | Endprodukte (in t) | |
|----------------------------|-------|--------|--------|
|                            |       | $D_1$  | $D_2$  |
| Ausgangsprodukte (in t)    | $R_1$ | 0,5    | 0,1    |
|                            | $R_2$ | 0,3    | 0,5    |
|                            | $R_3$ | 0,2    | 0,4    |

Lösung:

Bedarf an $R_1$: $0,5 \cdot 100 + 0,1 \cdot 200 = 70$

Bedarf an $R_2$: $0,3 \cdot 100 + 0,5 \cdot 200 = 130$

Bedarf an $R_3$: $0,2 \cdot 100 + 0,4 \cdot 200 = 100$ (in t)

Mathematische Vereinfachung:

Multiplikation einer Matrix mit einem Spaltenvektor

Wie beim Skalarprodukt wird jedes Element des Zeilenvektors der Matrix mit dem Spaltenvektor multipliziert. Dabei muss die Matrix genau so viele Spalten haben, wie der Vektor Zeilen hat.

$$\begin{pmatrix} 0,5 & 0,1 \\ 0,3 & 0,5 \\ 0,2 & 0,4 \end{pmatrix} \cdot \begin{pmatrix} 100 \\ 200 \end{pmatrix} = \begin{pmatrix} 0,5 \cdot 100 + 0,1 \cdot 200 \\ 0,3 \cdot 100 + 0,5 \cdot 200 \\ 0,2 \cdot 100 + 0,4 \cdot 200 \end{pmatrix} = \begin{pmatrix} 70 \\ 130 \\ 100 \end{pmatrix}$$

**2** Multiplizieren Sie:

a) $\begin{pmatrix} 1 & 3 & -2 \\ 0 & 9 & 0 \\ 2 & 0 & -1 \end{pmatrix} \cdot \begin{pmatrix} 2 \\ 1 \\ 3 \end{pmatrix} = \begin{pmatrix} -1 \\ \\ \end{pmatrix}$

b) $\begin{pmatrix} 2 & 8 & 2 & 0 \\ 1 & 1 & 0 & 3 \end{pmatrix} \cdot \begin{pmatrix} 2 \\ 1 \\ 3 \\ 6 \end{pmatrix} = \begin{pmatrix} \\ \end{pmatrix}$

c) $\begin{pmatrix} 0 & 2 & 1 \\ 1 & 2 & 5 \end{pmatrix} \cdot \begin{pmatrix} 1 \\ 9 \\ 2 \end{pmatrix} =$

**3** Lösen Sie das Gleichungssystem, indem Sie es zunächst in gewohnter Form schreiben.

$$\begin{pmatrix} 3 & 6 & -2 \\ 3 & 2 & 1 \\ 2 & 5 & -5 \end{pmatrix} \cdot \begin{pmatrix} x_1 \\ x_2 \\ x_3 \end{pmatrix} = \begin{pmatrix} -15 \\ 2 \\ -23 \end{pmatrix}$$

$3x_1 + 6x_2 - 2x_3 = $ _____

_____ $= $ _____

_____ $= -23$

**4** Das Diagramm zeigt den Einzelteilbedarf für zwei Bauteile $B_1$ und $B_2$, die aus Einzelteilen $T_1$, $T_2$, $T_3$ hergestellt werden. Sollen $x_1$ Stück $B_1$ und $x_2$ Stück $B_2$ produziert werden, so gilt für die Gesamtzahlen $y_1$, $y_2$, $y_3$ der benötigten Einzelteile:

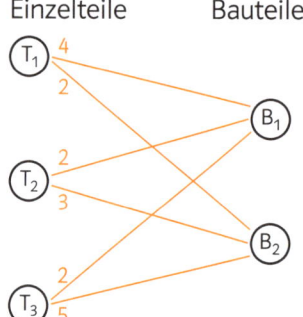

$y_1 = $ _____

$y_2 = $ _____

$y_3 = 2x_1 + 5x_2$

Schreiben Sie das Gleichungssystem als Multiplikation einer Matrix mit dem Vektor $\begin{pmatrix} x_1 \\ x_2 \end{pmatrix}$ und berechnen Sie die Anzahl der benötigten Einzelteile, wenn 25 Stück $B_1$ und 40 Stück $B_2$ produziert werden sollen.

**5** Ein Möbelhersteller stellt Bücherregale in drei verschiedenen Ausführungen her. Dazu kombiniert er Seitenteile, Regalbretter und Rückwände in unterschiedlicher Anzahl und verschiedenen Standardmaßen. Die Tabelle zeigt eine entsprechende Stückzahlliste:

| | Regal „Klassik" | Regal „Business" | Regal „Exquisit" |
|---|---|---|---|
| Seitenteil 1 | 2 | – | 4 |
| Seitenteil 2 | 1 | 4 | – |
| Seitenteil 3 | – | 1 | 2 |
| Regalbrett 1 | 4 | 6 | 8 |
| Regalbrett 2 | 6 | 4 | 12 |
| Rückwand | 2 | 4 | 4 |

a) Zeichnen Sie ein Prozessdiagramm für diese Regalherstellung.

b) Beschreiben Sie diesen Prozess mithilfe einer Matrix A und interpretieren Sie die Multiplikation $A \cdot \begin{pmatrix} x_1 \\ x_2 \\ x_3 \end{pmatrix}$. Wie viele Elemente hat der Ergebnisvektor?

c) Eine Warenhauskette bestellt von den Regalen „Klassik" 50 Stück, von „Business" 30 Stück und von „Exquisit" 20 Stück. Berechnen Sie die Anzahl benötigter Teile.

d) Eine bereits verpackte Lieferung von 6 Regalen „Exquisit" wird storniert. Wie viel Regale „Klassik" und „Business" lassen sich aus diesen Teilen kombinieren, wenn man die fehlenden Seitenteile 2 aus dem Lager ergänzt? Begründen Sie Ihren Vorschlag damit, dass möglichst wenige Teile übrig bleiben.

**6** Entscheiden Sie, ob folgende Aussagen wahr oder falsch sind. Kann man für jede dieser Aussagen eine Entscheidung treffen?

a) Jedes Gleichungssystem kann man als Matrizenoperation der Form $A \cdot \vec{x} = \vec{y}$ schreiben.

b) Eine Prozessmatrix kann auch quadratisch sein.

c) Bei der Matrizenoperation der Form $A \cdot \vec{x} = \vec{y}$ haben die Vektoren $\vec{x}$ und $\vec{y}$ gleich viele Elemente.

d) Bei einer Prozessmatrix schreibt man die Anteile der Ausgangsprodukte in die Zeilen der Endprodukte.

e) Bei jeder Matrizenoperation der Form $A \cdot \vec{x} = \vec{y}$ kann man die Gleichung nach dem Vektor $\vec{x}$ auflösen.

# Rechnen mit Matrizen

## Addition und Subtraktion von Matrizen

Matrizen, die dieselbe Zeilen- und Spaltenanzahl haben, kann man addieren und subtrahieren, indem man die Elemente addiert bzw. subtrahiert, die in der gleichen Zeile und Spalte der Matrizen stehen.
Beispiele:

$$\begin{pmatrix} 1 & 4 \\ 5 & 2 \\ 3 & 7 \end{pmatrix} + \begin{pmatrix} 4 & 6 \\ 7 & 3 \\ 8 & -7 \end{pmatrix} = \begin{pmatrix} 1+4 & 4+6 \\ 5+7 & 2+3 \\ 3+8 & 7+(-7) \end{pmatrix} = \begin{pmatrix} 5 & 10 \\ 12 & 5 \\ 11 & 0 \end{pmatrix} \text{ und } \begin{pmatrix} 1 & 4 \\ 5 & 2 \\ 3 & 7 \end{pmatrix} - \begin{pmatrix} 4 & 6 \\ 7 & 3 \\ 8 & -7 \end{pmatrix} = \begin{pmatrix} 1-4 & 4-6 \\ 5-7 & 2-3 \\ 3-8 & 7-(-7) \end{pmatrix} = \begin{pmatrix} -3 & -2 \\ -2 & -1 \\ -5 & 14 \end{pmatrix}$$

**1** Berechne für die Matrizen A und B die Summe und die Differenz.

$A = \begin{pmatrix} 1 & 0 & 9 \\ 7 & 5 & 0 \\ 1 & 2 & 1 \end{pmatrix}$; $B = \begin{pmatrix} 5 & 8 & 5 \\ 3 & 4 & 2 \\ 0 & 2 & 3 \end{pmatrix}$ $A + B = \begin{pmatrix} 6 & & 14 \\ & & \\ & & \end{pmatrix}$; $A - B = \begin{pmatrix} & & \\ 4 & & \\ & & -2 \end{pmatrix}$

**2** Berechnen Sie.

a) $\begin{pmatrix} 1 & 0 \\ 2 & 1 \end{pmatrix} + \begin{pmatrix} 5 & 9 \\ 3 & 0 \end{pmatrix} =$ _____

b) $\begin{pmatrix} 3 \\ 2 \\ 9 \end{pmatrix} - \begin{pmatrix} 4 \\ 2 \\ 1 \end{pmatrix} =$ _____

c) $\begin{pmatrix} 1 & 0 & 0 & 1 \\ 5 & 6 & 0 & 1 \\ 1 & 2 & 1 & 0 \\ 0 & 0 & 1 & 1 \end{pmatrix} + \begin{pmatrix} 3 & 4 & 2 & 1 \\ 7 & 6 & 5 & 4 \\ 0 & 9 & 0 & 9 \\ 7 & 0 & 1 & 1 \end{pmatrix} =$

**3** Wahr oder falsch?

|  | w | f |
|---|---|---|
| a) Zwei Matrizen lassen sich addieren, wenn sie beide quadratisch sind. | ☐ | ☐ |
| b) Addiert man zwei gleiche Matrizen, so wird jedes Element verdoppelt. | ☐ | ☐ |
| c) Stimmt die Spaltenzahl einer Matrix mit der Zeilenzahl der anderen Matrix überein, so lassen sich beide nicht addieren. | ☐ | ☐ |

## Vervielfachen einer Matrix

Multipliziert man eine Matrix mit einer reellen Zahl, so wird jedes Element der Matrix mit dieser Zahl multipliziert.

Beispiel 1:

Ist $A = \begin{pmatrix} 3 & 4 \\ 0 & -2 \end{pmatrix}$, so ist $2 \cdot A = \begin{pmatrix} 6 & 8 \\ 0 & -4 \end{pmatrix}$, also das Gleiche wie $A + A$.

Beispiel 2:

$0{,}5 \cdot \begin{pmatrix} 4 & 6 & 2 \\ 0 & 8 & 5 \\ 6 & 4 & 10 \end{pmatrix} = \begin{pmatrix} 2 & 3 & 1 \\ 0 & 4 & 2{,}5 \\ 3 & 2 & 5 \end{pmatrix}$

**4** Berechnen Sie $3 \cdot \begin{pmatrix} 1 & 3 & 2 \\ 1 & 5 & 4 \\ 6 & 3 & 1 \end{pmatrix} - \begin{pmatrix} 2 & 4 & 5 \\ 2 & 2 & 2 \\ 9 & 1 & 0 \end{pmatrix} + 10 \cdot \begin{pmatrix} 0{,}3 & 1{,}2 & 3 \\ 1{,}2 & 1{,}9 & 1 \\ -3 & 2{,}1 & 0{,}5 \end{pmatrix} =$ _____

**5** Die Vektoren $\vec{a} = \begin{pmatrix} 1 \\ 2 \end{pmatrix}$ und $\vec{b} = \begin{pmatrix} 4 \\ -6 \end{pmatrix}$ sind linear unabhängig. Jeder zweidimensionale Vektor lässt sich als Linearkombination $r \cdot \vec{a} + s \cdot \vec{b}$ dieser Vektoren darstellen.
a) Berechnen Sie den Vektor $\vec{c}$ mit $\vec{c} = 2\vec{a} - 3\vec{b}$.
b) Berechnen Sie die reellen Zahlen r und s so, dass der Vektor $\vec{d} = \begin{pmatrix} 8 \\ 2 \end{pmatrix}$ als Linearkombination von $\vec{a}$ und $\vec{b}$ dargestellt wird.

**6** Für 3 Produkte sollen fünf Verkaufsstellen (VST) ihren Umsatz um 5 % gegenüber dem Vormonat steigern. Die Verkaufszahlen sind in der folgenden Tabelle dargestellt.
a) Berechnen Sie mithilfe der Matrizenrechnung die geplanten Verkaufszahlen für den nächsten Monat und runden Sie dabei auf ganze Zahlen.
b) Berechnen Sie die Werte der absoluten Steigerung gegenüber dem Vormonat als Subtraktion zweier Matrizen.

|  | VST 1 | VST 2 | VST 3 | VST 4 | VST 5 |
|---|---|---|---|---|---|
| Produkt 1 | 345 | 234 | 453 | 232 | 334 |
| Produkt 2 | 234 | 223 | 223 | 602 | 122 |
| Produkt 3 | 554 | 120 | 126 | 230 | 440 |

## Multiplikation von Matrizen

Zwei Matrizen lassen sich multiplizieren, wenn die Spaltenzahl der 1. Matrix mit der Zeilenzahl der 2. Matrix übereinstimmt. Jedes Element $c_{ik}$ der Ergebnismatrix stellt das Skalarprodukt des i-ten Zeilenvektors der 1. Matrix mit dem k-ten Spaltenvektor der 2. Matrix dar.

Beispiel 1:

$$\begin{pmatrix} 3 & 1 & 4 \\ 1 & 2 & 3 \end{pmatrix} \cdot \begin{pmatrix} 1 \\ -1 \\ 4 \end{pmatrix} = \begin{pmatrix} 18 \\ 11 \end{pmatrix}, \text{ weil } \begin{matrix} c_{11} = 3 \cdot 1 + 1 \cdot (-1) + 4 \cdot 4 = 18 \\ c_{21} = 1 \cdot 1 + 2 \cdot (-1) + 3 \cdot 4 = 11 \end{matrix}$$

Beispiel 2:

$$\begin{pmatrix} 3 & 1 & 4 \\ 1 & 2 & 3 \end{pmatrix} \cdot \begin{pmatrix} 1 & 4 \\ -1 & 5 \\ 4 & 2 \end{pmatrix} = \begin{pmatrix} 18 & 25 \\ 11 & 20 \end{pmatrix}, \text{ weil } \begin{matrix} c_{12} = 3 \cdot 4 + 1 \cdot 5 + 4 \cdot 2 = 25 \\ c_{22} = 1 \cdot 4 + 2 \cdot 5 + 3 \cdot 2 = 20 \end{matrix}$$

**1** Berechnen Sie das Matrizenprodukt.

a) $\begin{pmatrix} 3 & 1 & 0 \\ 2 & 1 & 1 \\ -2 & 1 & 0 \end{pmatrix} \cdot \begin{pmatrix} 3 & 1 \\ 7 & 2 \\ 9 & 1 \end{pmatrix} = \begin{pmatrix} & \\ & \end{pmatrix}$

b) $\begin{pmatrix} 2 & 1 \\ 1 & 3 \\ 0 & 2 \\ 0 & 1 \end{pmatrix} \cdot \begin{pmatrix} 1 & 2 \\ 1 & 1 \end{pmatrix} =$

c) $\begin{pmatrix} 2 \\ 6 \\ 1 \end{pmatrix} \cdot (2 \ 3 \ 4 \ 5) =$

**2** Multipliziert man eine $5 \times 3$-Matrix mit einer $3 \times 4$-Matrix, so entsteht eine $\boxed{\phantom{x}} \times \boxed{\phantom{x}}$-Matrix.

**3** Schreiben Sie das lineare Gleichungssystem als Multiplikation einer Matrix mit einem Vektor.

$$\begin{aligned} 3x_1 + x_2 \quad\quad &= 15 \\ x_2 + x_3 &= 4 \\ x_1 + \quad x_3 &= 5 \end{aligned}$$

## Zweistufige Prozesse – Bestimmung von Ausgangswerten

Stellt man aus Ausgangsprodukten (T) Zwischenprodukte (Z) und aus diesen Zwischenprodukten Endprodukte (E) her, so spricht man von einem zweistufigen Prozess.

Beispiel:

| | | Zwischenprodukte | |
| --- | --- | --- | --- |
| | | $Z_1$ | $Z_2$ |
| Ausgangsprodukte | $T_1$ | 3 | 4 |
| | $T_2$ | 1 | 2 |
| | $T_3$ | 3 | 5 |

| | | Endprodukt | |
| --- | --- | --- | --- |
| | | $E_1$ | $E_2$ |
| Zwischenprodukte | $Z_1$ | 3 | 2 |
| | $Z_2$ | 5 | 4 |

Wenn bei einem Prozess in einer ersten Stufe der Vektor $\vec{z}$ der Zwischenprodukte mit einer Prozessmatrix A in den Vektor $\vec{t} = A \cdot \vec{z}$ der Ausgangsprodukte überführt wird und in einer zweiten Stufe der Vektor $\vec{e}$ der Endprodukte mit der Prozessmatrix B in den Vektor $\vec{z} = B \cdot \vec{e}$ der Zwischenprodukte überführt wird, dann lässt sich der gesamte Prozess mit einer einzigen Matrix $C = A \cdot B$ mit $\vec{t} = A \cdot B \cdot \vec{e} = C \cdot \vec{e}$ beschreiben.

Im Beispiel ist $\vec{t} = \begin{pmatrix} 3 & 4 \\ 1 & 2 \\ 3 & 5 \end{pmatrix} \cdot \vec{z}$ und $\vec{z} = \begin{pmatrix} 3 & 2 \\ 5 & 4 \end{pmatrix} \cdot \vec{e}$, also $\vec{t} = \begin{pmatrix} 3 & 4 \\ 1 & 2 \\ 3 & 5 \end{pmatrix} \cdot \begin{pmatrix} 3 & 2 \\ 5 & 4 \end{pmatrix} \cdot \vec{e} = \begin{pmatrix} 29 & 22 \\ 13 & 10 \\ 34 & 26 \end{pmatrix} \cdot \vec{e}$

Sollen vom Endprodukt $E_1$ 20 Stück und vom Endprodukt $E_2$ 15 Stück produziert werden, berechnet

man $\vec{t} = \begin{pmatrix} 29 & 22 \\ 13 & 10 \\ 34 & 26 \end{pmatrix} \cdot \begin{pmatrix} 20 \\ 15 \end{pmatrix} = \begin{pmatrix} 910 \\ 410 \\ 1070 \end{pmatrix}$ und erhält damit die benötigten Stückzahlen der Ausgangsprodukte

$T_1$, $T_2$ und $T_3$.

**4** Bestimmen Sie aus dem nebenstehenden Diagramm die Bedarfsmatrizen für die beiden Produktionsstufen und daraus die Bedarfsmatrix für den Gesamtprozess.

Füllen Sie für beide Stufen die Tabellen aus.

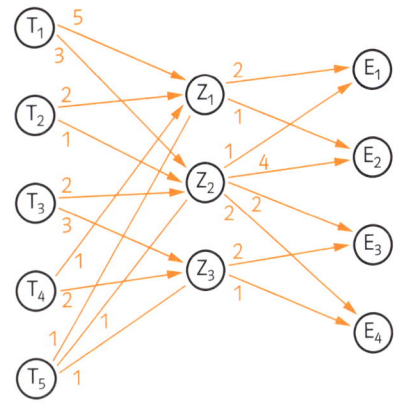

In der ersten Stufe entstehen aus den Ausgangs-produkten (T) die Zwischenprodukte (Z).

|       | $Z_1$ | $Z_2$ | $Z_3$ |
|-------|-------|-------|-------|
| $T_1$ |       |       |       |
| $T_2$ |       |       |       |
| $T_3$ |       |       |       |
| $T_4$ |       |       |       |
| $T_5$ |       |       |       |

Die Matrix wird mit A bezeichnet.

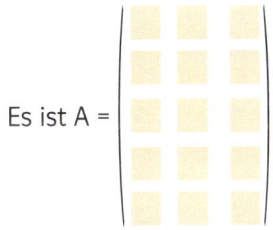

Es ist A =

In der zweiten Stufe entstehen aus den Zwischenprodukten die Endprodukte.

|       | $E_1$ | $E_2$ | $E_3$ | $E_4$ |
|-------|-------|-------|-------|-------|
| $Z_1$ |       |       |       |       |
| $Z_2$ |       |       |       |       |
| $Z_3$ |       |       |       |       |

Die Matrix wird mit B bezeichnet.

Es ist B =

Die Bedarfsmatrix C für den Gesamtprozess ist dann

$C = A \cdot B =$

---

**5** Für die Produktionsverflechtung aus Aufgabe 4 soll nun berechnet werden, wie viele Ausgangsprodukte und Zwischenprodukte benötigt werden, damit von jedem Endprodukt 20 Stück produziert werden können.

**6** Ein Betrieb stellt aus drei Bauteilen $T_1$, $T_2$, $T_3$ zwei Zwischenteile $Z_1$, $Z_2$ und aus diesen drei Endprodukte $E_1$, $E_2$, $E_3$ her.
Es werden z.B. je Endbauteil $E_1$ 2 Zwischenteile $Z_1$ und 3 Zwischenteile $Z_2$ benötigt. Je Stück $Z_1$ werden 4 Teile $T_3$ und je Stück $Z_2$ 3 Teile $T_3$ gebraucht. Also werden insgesamt $2 \cdot 4 + 3 \cdot 3 = 17$ Teile $T_3$ je Endbautel $E_1$ benötigt.

a) Berechnen Sie die übrigen Bedarfswerte an $T_1$, $T_2$, $T_3$ für $E_1$ bzw. $E_2$ bzw. $E_3$.

b) Erfassen Sie die Produktionsstufen jeweils in einer geeigneten Tabelle.

c) Die Produktionsplanung lautet: 100 $E_1$, 50 $E_2$, 40 $E_3$. Bestimmen Sie den Gesamtbedarf an $T_1$, $T_2$ und $T_3$.

Bedarf des Folgeproduktes an Vorprodukten (in Stück je Einheit)

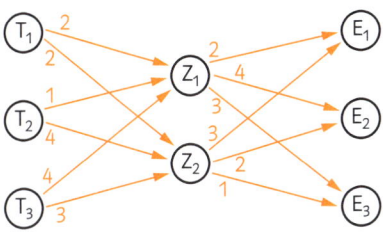

# Inverse Matrizen

Bei der Multiplikation von quadratischen Matrizen übernimmt die **Einheitsmatrix E** die Rolle der 1. Es ist $E \cdot A = A \cdot E = A$. Alle ihre Elemente mit gleicher Zeilen- und Spaltennummer haben den Wert 1, die restlichen den Wert 0.

Beispiele:

$$\begin{pmatrix} 1 & 0 \\ 0 & 1 \end{pmatrix}; \begin{pmatrix} 1 & 0 & 0 \\ 0 & 1 & 0 \\ 0 & 0 & 1 \end{pmatrix}; \begin{pmatrix} 1 & 0 & 0 & 0 \\ 0 & 1 & 0 & 0 \\ 0 & 0 & 1 & 0 \\ 0 & 0 & 0 & 1 \end{pmatrix}; \text{ usw.}$$

**1** Multiplizieren Sie die Matrix A von links und von rechts mit der dazugehörigen Einheitsmatrix.

$A = \begin{pmatrix} 1 & 0 & 9 \\ 7 & 3 & 0 \\ 1 & 2 & -1 \end{pmatrix}$  Lösung: $\begin{pmatrix} 1 & 0 & 0 \\ 0 & 1 & 0 \\ 0 & 0 & 1 \end{pmatrix} \cdot \begin{pmatrix} 1 & 0 & 9 \\ 7 & 3 & 0 \\ 1 & 2 & -1 \end{pmatrix} = \begin{pmatrix} 1 & \square & \square \\ \square & \square & \square \\ \square & \square & \square \end{pmatrix}$ und $\begin{pmatrix} 1 & 0 & 9 \\ 7 & 3 & 0 \\ 1 & 2 & -1 \end{pmatrix} \cdot \begin{pmatrix} \square & \square & \square \\ \square & \square & \square \\ \square & \square & \square \end{pmatrix} = \underline{\hspace{3cm}}$

Für quadratische Matrizen A, deren Spaltenvektoren voneinander linear unabhängig sind, existiert eine **inverse Matrix $A^{-1}$** so, dass $A \cdot A^{-1} = A^{-1} \cdot A = E$ ist.

Beispiel: Zu berechnen ist die inverse Matrix zu $\begin{pmatrix} -4 & 3 \\ 2 & -1 \end{pmatrix}$. Es muss gelten:

$\begin{pmatrix} a_{11} & a_{12} \\ a_{21} & a_{22} \end{pmatrix} \cdot \begin{pmatrix} -4 & 3 \\ 2 & -1 \end{pmatrix} = \begin{pmatrix} 1 & 0 \\ 0 & 1 \end{pmatrix}$. Das führt auf die Gleichungssysteme $\begin{matrix} -4a_{11} + 2a_{12} = 1 \\ 3a_{11} - a_{12} = 0 \end{matrix}$ und $\begin{matrix} -4a_{21} + 2a_{22} = 0 \\ 3a_{21} - a_{22} = 1 \end{matrix}$.

Die Lösungen im ersten System sind $a_{11} = \frac{1}{2}$ und $a_{12} = \frac{3}{2}$ und im zweiten System $a_{21} = 1$ und $a_{22} = 2$.

Also ist $\begin{pmatrix} \frac{1}{2} & \frac{3}{2} \\ 1 & 2 \end{pmatrix}$ zu $\begin{pmatrix} -4 & 3 \\ 2 & -1 \end{pmatrix}$ invers. Das bestätigt die Multiplikation $\begin{pmatrix} \frac{1}{2} & \frac{3}{2} \\ 1 & 2 \end{pmatrix} \cdot \begin{pmatrix} -4 & 3 \\ 2 & -1 \end{pmatrix} = \begin{pmatrix} 1 & 0 \\ 0 & 1 \end{pmatrix}$.

**2** Berechnen Sie die inverse Matrix mithilfe entsprechender Gleichungssysteme.

a) $A = \begin{pmatrix} 1 & 0 \\ 2 & 1 \end{pmatrix}$

b) $B = \begin{pmatrix} 2 & 5 \\ 0 & 2 \end{pmatrix}$

c) $C = \begin{pmatrix} 1 & 1 & 0 \\ 0 & 1 & 1 \\ 1 & 0 & 1 \end{pmatrix}$

**3** Verwenden Sie nun Ihren GTR bzw. CAS-Rechner mithilfe des Befehls $a^{-1}$ nach der Eingabe der Matrix a und überprüfen Sie damit Ihre Ergebnisse aus Aufgabe 2.

**4** Wahr oder falsch?

|  | w | f |
|---|---|---|
| a) Eine Matrix, deren Elemente alle den Wert 1 haben, ist sich selbst invers. | ☐ | ☐ |
| b) Jede Einheitsmatrix hat eine inverse Matrix. | ☐ | ☐ |
| c) Ist B zu A invers, dann ist auch A zu B invers. | ☐ | ☐ |

**Lösen eines Gleichungssystems mithilfe der inversen Matrix**

Ein lineares Gleichungssystem mit n Zeilen und n Spalten kann man als $A \cdot \vec{x} = \vec{b}$ darstellen. also $E \cdot \vec{x} = A^{-1} \cdot \vec{b}$ und damit $\vec{x} = A^{-1} \cdot \vec{b}$.

Beispiel:

Gegeben ist das lineare Gleichungssystem

$\begin{matrix} 2x_1 + x_2 - x_3 = 9 \\ x_1 + 2x_2 + x_3 = 6 \\ -1x_1 + x_2 + x_3 = -1 \end{matrix}$

Die Matrizenschreibweise dazu lautet

$\begin{pmatrix} 2 & 1 & -1 \\ 1 & 2 & 1 \\ -1 & 1 & 1 \end{pmatrix} \cdot \begin{pmatrix} x_1 \\ x_2 \\ x_3 \end{pmatrix} = \begin{pmatrix} 9 \\ 6 \\ -1 \end{pmatrix}$.

Mit dem GTR oder CAS-Rechner wird die inverse Matrix und die Matrizenmultiplikation berechnet:

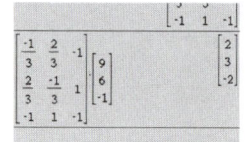

Man erhält also

$\begin{pmatrix} x_1 \\ x_2 \\ x_3 \end{pmatrix} = \begin{pmatrix} -\frac{1}{3} & \frac{2}{3} & -1 \\ \frac{2}{3} & -\frac{1}{3} & 1 \\ -1 & 1 & -1 \end{pmatrix} \cdot \begin{pmatrix} 9 \\ 6 \\ -1 \end{pmatrix} = \begin{pmatrix} 2 \\ 3 \\ -2 \end{pmatrix}$ mit der Lösung

$x_1 = 2; \ x_2 = 3; \ x_3 = -2$

**5** Stellen Sie die zugehörige Matrizengleichung auf. Lösen Sie das Gleichungssystem mithilfe der inversen Matrix.

$\begin{matrix} 3x_1 + 6x_2 - 2x_3 = -15 \\ 3x_1 + 2x_2 + x_3 = 2 \\ 2x_1 + 5x_2 - 5x_3 = -23 \end{matrix}$

### Austauschprozesse

Gruppenzugehörigkeiten einer festen Anzahl verändern sich oft nach einem bestimmten Muster.

Diagramme veranschaulichen diesen Austauschprozess.

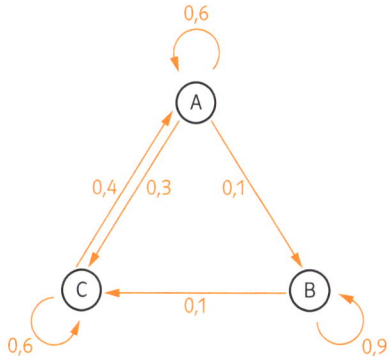

Das nebenstehende Diagramm drückt z. B. für die Gruppe A aus, dass 60 % in der Gruppe verbleiben, 10 % nach Gruppe B und 30 % nach Gruppe C wechseln.
Diesen Prozess kann man in einer Tabelle wie folgt erfassen:

|         | von A | von B | von C |
|---------|-------|-------|-------|
| nach A  | 0,6   | 0     | 0,4   |
| nach B  | 0,1   | 0,9   | 0     |
| nach C  | 0,3   | 0,1   | 0,6   |

Da die Summe in jeder Spalte den Wert 1 hat, die Matrix quadratisch ist und relative Anteile gegeben sind, spricht man von einer **stochastischen** Matrix.

Erfasst man die Anzahl in den jeweiligen Gruppen in einem Vektor $\vec{x_0}$, so kann man die Anzahl nach dem Austauschprozess mit $\vec{x_1} = P \cdot \vec{x_0}$ berechnen.

Befinden sich in den drei Gruppen zunächst 100, 80 bzw. 120 Personen, so ist $\vec{x_0} = \begin{pmatrix} 100 \\ 80 \\ 120 \end{pmatrix}$ und man berechnet:

$\begin{pmatrix} 0,6 & 0 & 0,4 \\ 0,1 & 0,9 & 0 \\ 0,3 & 0,1 & 0,6 \end{pmatrix} \cdot \begin{pmatrix} 100 \\ 80 \\ 120 \end{pmatrix} = \begin{pmatrix} 108 \\ 82 \\ 110 \end{pmatrix}$. Nach dem Austauschprozess befinden sich in Gruppe A 108, in Gruppe B 82 und in Gruppe C 112 Personen.

**1** Geben Sie zu nebenstehendem Diagramm eine Übergangsmatrix an.

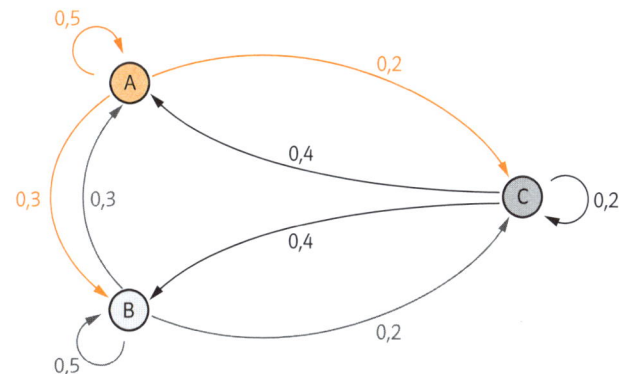

**2** Gegeben ist die stochastische Matrix $P = \begin{pmatrix} 0,2 & 0 & 0,1 & 0,7 \\ 0,3 & 0 & 0,5 & 0,2 \\ 0 & 0,9 & 0,1 & 0 \\ 0,5 & 0,1 & 0,3 & 0,1 \end{pmatrix}$.

a) Zeichnen Sie das zugehörige Diagramm.

b) Der Austausch erfolgt täglich. Berechnen Sie die Entwicklung für die nächsten drei Tage, wenn der

Startvektor $\vec{x_0} = \begin{pmatrix} 110 \\ 100 \\ 80 \\ 100 \end{pmatrix}$ gegeben ist. (Verwenden Sie immer nur den ganzzahligen Anteil.)

$\vec{x_1} = \begin{pmatrix} 0,2 & 0 & 0,1 & 0,7 \\ 0,3 & 0 & 0,5 & 0,2 \\ 0 & 0,9 & 0,1 & 0 \\ 0,5 & 0,1 & 0,3 & 0,1 \end{pmatrix} \cdot \begin{pmatrix} 110 \\ 100 \\ 80 \\ 100 \end{pmatrix} = \begin{pmatrix} \\ \\ \\ 99 \end{pmatrix}$

$\vec{x_2} = \begin{pmatrix} 0,2 & 0 & 0,1 & 0,7 \\ 0,3 & 0 & 0,5 & 0,2 \\ 0 & 0,9 & 0,1 & 0 \\ 0,5 & 0,1 & 0,3 & 0,1 \end{pmatrix} \cdot \begin{pmatrix} \\ \\ \\ 99 \end{pmatrix} = \begin{pmatrix} \\ \\ \\ \end{pmatrix}$

$\vec{x_3} = \underline{\qquad\qquad}$

**3**  Von einem Austauschprozess ist bekannt, dass sich der Austausch von Monat zu Monat mit einer Matrix P beschreiben lässt. Der Vektor $\vec{x}$ beschreibt die jeweilige Anzahl im Vormonat, der Vektor $\vec{y}$ die im Folgemonat. Berechnen Sie jeweils den Vektor $\vec{x}$.

a)  $P = \begin{pmatrix} 2 & 1 \\ 1 & 3 \end{pmatrix}$; $\vec{y} = \begin{pmatrix} 11 \\ 13 \end{pmatrix}$

Es ist $P \cdot \boxed{\phantom{x}} = \boxed{\phantom{x}}$.

$\begin{pmatrix} 2 & 1 \\ 1 & 3 \end{pmatrix} \cdot \begin{pmatrix} \boxed{\phantom{x}} \\ \boxed{\phantom{x}} \end{pmatrix} = \begin{pmatrix} \boxed{\phantom{x}} \\ \boxed{\phantom{x}} \end{pmatrix}$   LGS: _____

Lösung: $\vec{x} = \begin{pmatrix} \boxed{\phantom{x}} \\ \boxed{\phantom{x}} \end{pmatrix}$   _____

b)  $P = \begin{pmatrix} 1 & 0 & 1 \\ 0 & 1 & 2 \\ 3 & 0 & 1 \end{pmatrix}$; $\vec{y} = \begin{pmatrix} 15 \\ 22 \\ 29 \end{pmatrix}$

LGS: _____

_____

$\vec{x} = \begin{pmatrix} \phantom{x} \\ \phantom{x} \\ \phantom{x} \end{pmatrix}$

**4**  In einem großen Wohngebiet werden drei Baumärkte O, P und G gleichzeitig eröffnet.

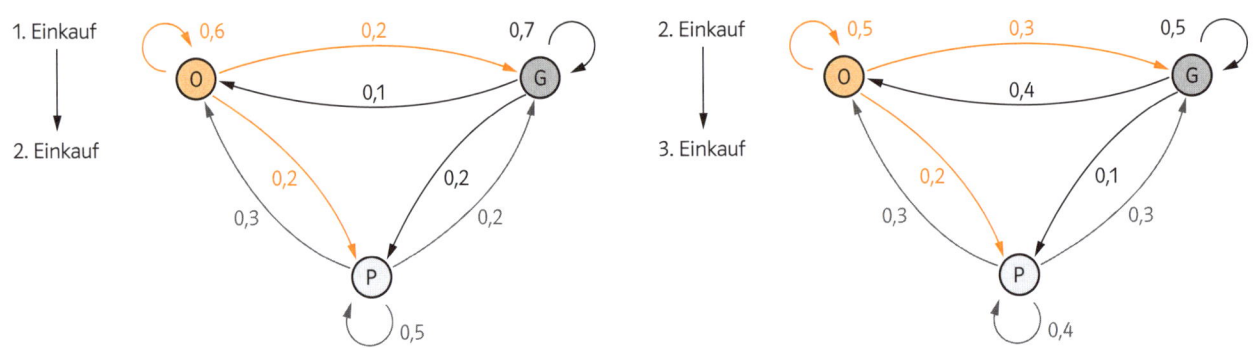

Das linke Diagramm zeigt, wie viele erstmalige Kunden von den drei Baumärkten anteilsmäßig bei ihrem zweiten Einkauf den Baumarkt wechseln oder wiederkommen. Am Pfeilanfang steht der gerade besuchte Baumarkt, an der Pfeilspitze der Baumarkt, der beim zweiten Einkauf gewählt wird. Das rechte Diagramm zeigt, wie sich diese Kunden beim dritten Einkauf verhalten. Bestimmen Sie die Übergangsmatrizen

a)  vom 1. zum 2. Einkauf,          b)  vom 2. zum 3. Einkauf,          c)  vom 1. zum 3. Einkauf.

Hinweis: Beachten Sie, dass bei der Teilaufgabe c) ein zweistufiger Prozess vorliegt, den man mit einer einzigen Übergangsmatrix beschreiben kann.

---

**Stabile Verteilungen**

Beispiel:

Bei der Übergangsmatrix $P = \begin{pmatrix} 0,5 & 1 & 1 \\ 0,25 & 0 & 0 \\ 0,25 & 0 & 0 \end{pmatrix}$ und der Anfangsverteilung $\vec{x_0} = \begin{pmatrix} 200 \\ 200 \\ 200 \end{pmatrix}$ entstehen die

Verteilungen $\vec{x_1} = \begin{pmatrix} 500 \\ 50 \\ 50 \end{pmatrix}$, $\vec{x_2} = \begin{pmatrix} 350 \\ 125 \\ 125 \end{pmatrix}$, $\vec{x_3} = \begin{pmatrix} 425 \\ 87,5 \\ 87,5 \end{pmatrix}$, $\vec{x_4} = \begin{pmatrix} 387,5 \\ 106,3 \\ 106,3 \end{pmatrix}$, ... $\vec{x_{11}} = \begin{pmatrix} 400 \\ 100 \\ 100 \end{pmatrix}$, ... $\vec{x_{12}} = \begin{pmatrix} 400 \\ 100 \\ 100 \end{pmatrix}$.

Die Verteilung verändert sich nicht mehr, sie ist **stabil**.

Falls eine stabile Verteilung existiert, kann man sie mit dem Gleichungssystem $P \cdot \vec{x} = \vec{x}$ berechnen.

---

**5**  Berechnen Sie die stabile Verteilung im obigen Beispiel.

$\begin{pmatrix} 0,5 & 1 & 1 \\ 0,25 & 0 & 0 \\ 0,25 & 0 & 0 \end{pmatrix} \cdot \begin{pmatrix} x_1 \\ x_2 \\ x_3 \end{pmatrix} = \begin{pmatrix} x_1 \\ x_2 \\ x_3 \end{pmatrix}$

$0,5x_1 + x_2 + x_3 = x_1$

_____ $= x_2$

_____

$-0,5x_1 + x_2 + x_3 = 0$

_____ $= 0$

_____

Wir setzen $x_3 = t$ und erhalten unendlich viele Lösungen mit $x_1 = 4t$; $x_2 = t$ und $x_3 = t$. Da die Gesamtzahl 600 beträgt, ist die Lösung _____ .

**6** Die Übergangsmatrix $P = \begin{pmatrix} 0{,}6 & 0{,}1 & 0{,}3 \\ 0{,}2 & 0{,}4 & 0{,}2 \\ 0{,}2 & 0{,}5 & 0{,}5 \end{pmatrix}$ ist mit der Anfangsverteilung $\vec{x_0} = \begin{pmatrix} 90 \\ 90 \\ 100 \end{pmatrix}$ gegeben.

In den drei Gruppen befinden sich also zusammen 280 Teilnehmer. Bei der weiteren Verteilung sind die Zahlen jeweils so zu runden, dass die Gesamtzahl erhalten bleibt.

a) Berechnen Sie die Verteilungen $\vec{x_1}$, $\vec{x_2}$ und $\vec{x_3}$.

b) Berechnen Sie die Matrix $P \cdot P = P^2$ und bestätigen Sie damit die Verteilung $\vec{x_2}$.

c) Weisen Sie nach, dass die stabile Verteilung $\vec{x} = \begin{pmatrix} 100 \\ 70 \\ 110 \end{pmatrix}$ ist.

**7** Ein Meinungsforschungsunternehmen schätzt jeden Monat auf der Grundlage einer Umfrage, wie viel Prozent der Erwachsenen mit der Regierung unzufrieden sind ($Z_1$), ihr gegenüber gleichgültig eingestellt sind ($Z_2$) oder mit ihr zufrieden sind ($Z_3$).

Die Matrix $P = \begin{pmatrix} 0{,}4 & 0{,}2 & 0{,}3 \\ 0{,}4 & 0{,}6 & 0{,}1 \\ 0{,}2 & 0{,}2 & 0{,}6 \end{pmatrix}$ beschreibt Änderungen der Gruppenzugehörigkeit von Monat zu Monat.

a) Beschreiben Sie die Übergänge durch einen kurzen Text.

b) Anfänglich gehören $\frac{3}{10}$ der Erwachsenen zu $Z_1$, $\frac{3}{10}$ zu $Z_2$ und $\frac{2}{5}$ zu $Z_3$.
Wie sieht die geschätzte Verteilung in den folgenden Monaten aus?

**8** Ein größeres Waldstück ist durch Wege in drei Reviere eingeteilt. Jährlich findet eine Wanderbewegung von Wildschweinen zwischen diesen Revieren statt. Die Tabelle zeigt den prozentualen Anteil der Wildschweine für die Revierwahl des Folgejahres. Im Jahr 2011 leben 6 Wildschweine im Revier 1, 24 im Revier 2 und 30 im Revier 3. Man nimmt an, dass das Wechselverhalten der Tiere über die Jahre unverändert bleibt.

| | | Startrevier | | |
|---|---|---|---|---|
| | | 1 | 2 | 3 |
| Zielrevier | 1 | 10% | 20% | 20% |
| | 2 | 40% | 40% | 30% |
| | 3 | 50% | 40% | 50% |

a) Zeichnen Sie mithilfe der Übergangstabelle ein Übergangsdiagramm und geben Sie darin die relativen Anteile an. Die Übergangsmatrix soll die relativen Anteile enthalten.

$A = \begin{pmatrix} \square & \square & \square \\ \square & \square & \square \\ \square & \square & \square \end{pmatrix}$          2011 entspricht $\vec{x_1} = \begin{pmatrix} 6 \\ 24 \\ 30 \end{pmatrix}$

b) Stellen Sie eine Matrizengleichung auf, die den allgemeinen Zusammenhang zwischen der Verteilung $\vec{x_n}$ und der des Folgejahrs $\vec{x_{n+1}}$ beschreibt.

c) Berechnen Sie die voraussichtliche Verteilung der Wildschweine in den Jahren 2012 und 2013 auf die drei Reviere.

d) Berechnen Sie die Verteilung im Jahr 2010.

e) Die Verteilung auf die drei Reviere stabilisiert sich im Laufe der Zeit. Berechnen Sie diese stabile Verteilung.

Hinweis zur Aufgabe: Arbeiten Sie mit ungerundeten Zahlen von Jahr zu Jahr. Der Bestand für das jeweilige Jahr muss natürlich ganzzahlig sein und in der Summe dem Gesamtbestand entsprechen.

**1** Berechnen Sie die Werte a und b in der folgenden Gleichung:

$$\begin{pmatrix} 1 & 0 & 0 \\ 0 & b & 0 \\ 0 & 0 & 1 \end{pmatrix} \cdot \begin{pmatrix} 1 & 2 \\ a & 4 \\ 5 & 6 \end{pmatrix} = \begin{pmatrix} 1 & b \\ 10 & 8 \\ 5 & 6 \end{pmatrix}$$

**2** Für die folgenden Übergangsmatrizen P und ihre Anfangsverteilung $\vec{x}$ gilt $P \cdot \vec{x} = \vec{x}$.

Prozess 1: $P = \begin{pmatrix} 0,6 & 0,1 & 0,3 \\ 0,1 & 0,7 & 0,2 \\ 0,3 & 0,2 & 0,5 \end{pmatrix}$ mit $\vec{x} = \begin{pmatrix} 100 \\ 100 \\ 100 \end{pmatrix}$   Prozess 2: $P = \begin{pmatrix} 0,2 & 0 & 0,1 & 0,7 \\ 0,3 & 0 & 0,5 & 0,2 \\ 0 & 0,9 & 0,1 & 0 \\ 0,5 & 0,1 & 0,3 & 0,1 \end{pmatrix}$ mit $\vec{x} = \begin{pmatrix} 10 \\ 10 \\ 10 \\ 10 \end{pmatrix}$

a) Überprüfen Sie in beiden Fällen die oben stehende Behauptung.

b) Die oben stehende Behauptung ist nicht für jede stochastische Matrix richtig. Versuchen Sie herauszufinden, wie eine stochastische Übergangsmatrix aufgebaut sein muss, damit die Behauptung zutrifft, d.h. eine stabile Verteilung mit gleichen Gruppenstärken entsteht.

**3** Die Tagesproduktion eines Betriebes ergab für die Produkte A, B, C und D die nebenstehende Qualitätsverteilung. Für die Qualität I zahlt der Großhändler für die Produkte A, B, C und D jeweils 18, 16, 12 und 10 Euro. Für eine geringere Qualität verringert sich der Preis um 10 % je Qualitätsstufe.
Berechnen Sie den Bruttoertrag der Tagesproduktion.

|  | A | B | C | D |
|---|---|---|---|---|
| I | 480 | 320 | 316 | 140 |
| II | 65 | 125 | 220 | 230 |
| III | 12 | 60 | 95 | 124 |

**4** Ein Betrieb produziert in zwei Werken Kindernahrung. Werk A stellt aus vier verschiedenen Rohstoffen drei Zwischenprodukte her, die im Werk B zu drei Sorten Kindernahrung verarbeitet werden. Die folgenden Tabellen geben Aufschluss über die jeweils benötigten Mengeneinheiten (ME) der Rohstoffe (R), der Zwischenprodukte (Z) und der Endprodukte (E).

**Werk A**

|  | $Z_1$ | $Z_2$ | $Z_3$ |
|---|---|---|---|
| $R_1$ | 1 | 2 | 0 |
| $R_2$ | 0 | b | a |
| $R_3$ | 4 | 1 | 1 |
| $R_4$ | 1 | b | 1 |

**Werk B**

|  | $E_1$ | $E_2$ | $E_3$ |
|---|---|---|---|
| $Z_1$ | 1 | 6 | 2 |
| $Z_2$ | 4 | 1 | 10 |
| $Z_3$ | 3 | 2 | 2 |

a) Berechnen Sie die Elemente a und b der Rohstoffeinsatzmatrix A so, dass die Rohstoff-Endproduktmatrix C wie folgt lautet:

$$C = \begin{pmatrix} 9 & 8 & 22 \\ 30 & 15 & 42 \\ 11 & 9b & 20 \\ 16 & 11 & 34 \end{pmatrix}$$

b) Berechnen Sie, welche Rohstoffmengen bereitgestellt werden müssen, um einen Auftrag von 2000 ME $E_1$, 1200 ME $E_2$ und 800 ME $E_3$ zu erfüllen.

**5** Die Gruppenverteilung hat sich bei einem Übergangsprozess von $\vec{x_0} = \begin{pmatrix} 400 \\ 300 \\ 200 \end{pmatrix}$ zu $\vec{x_1} = \begin{pmatrix} 270 \\ 320 \\ 310 \end{pmatrix}$ entwickelt.

a) Was kann man über die Übergangsmatrix aussagen?

b) Die Übergangsmatrix ist bis auf die Parameter a, b, c bekannt. Es ist $P = \begin{pmatrix} 0,3 & 0,1 & c \\ 0,5 & b & 0,3 \\ 0,2 & a & 0,1 \end{pmatrix}$.
Bestimmen Sie die Parameterwerte.

c) Im vorliegenden Fall liegt eine stabile Verteilung vor. Geben Sie die stabile Verteilung an.

# Geometrische Abbildungen

## Geometrische Abbildungen im zweidimensionalen und dreidimensionalen Raum

Eine geometrische Abbildung im zweidimensionalen Raum ordnet jedem Punkt $P(x_1|x_2)$ eines Objekts einen Bildpunkt $P'(x_1'|x_2')$ zu. Die Abbildung kann mithilfe von Abbildungsgleichungen für die einzelnen Koordinaten dargestellt werden.

Auch im dreidimensionalen Raum kann man die oben genannten Abbildungen durchführen. Die Abbildungsgleichungen enthalten dann die drei Koordinaten $x_1$, $x_2$ und $x_3$ des Punktes bzw. $x_1'$, $x_2'$ und $x_3'$ des Bildpunktes.

Beispiele:

1. Eine Abbildung im dreidimensionalen Raum ist durch die folgenden Abbildungsgleichungen definiert:

   $x_1' = 2 \cdot x_2 \qquad x_2' = -x_3 \qquad x_3' = x_1 + 1$

   Der Bildpunkt $P'$ zu Punkt $P(-1|3|5)$ wird folgendermaßen bestimmt:

   $x_1' = 2 \cdot 3 = 6 \quad x_2' = -5 \quad x_3' = -1 + 1 = 0 \quad$ Also ist $P'(6|-5|0)$.

2. Eine Abbildung ist durch die beiden folgenden Abbildungsgleichungen definiert:

   $x_1' = x_1 - 2 \qquad x_2' = x_2 + 3$

   Die Abbildung wird auf die Gerade $g: \vec{x} = \begin{pmatrix} 7 \\ 3 \end{pmatrix} + t \cdot \begin{pmatrix} 1 \\ -3 \end{pmatrix}$ angewendet.

   Das Einsetzen von $x_1 = 7 + t$ und $x_2 = 3 - 3t$ in die Abbildungsgleichungen ergibt:

   $x_1' = 7 + t - 2 = 5 + t \qquad x_2' = 3 - 3t + 3 = 6 - 3t$

   Also ist $g': \vec{x'} = \begin{pmatrix} 5 \\ 6 \end{pmatrix} + t \cdot \begin{pmatrix} 1 \\ -3 \end{pmatrix}$. Diese geometrische Abbildung ist eine Verschiebung um $\vec{v} = \begin{pmatrix} -2 \\ 3 \end{pmatrix}$.

**1** Durch die Abbildungsgleichungen ist eine Abbildung definiert. Bestimmen Sie die fehlenden Koordinaten so, dass A' und B' Bildpunkte von $A(-1|3)$ bzw. von $B(2|7)$ sind und g' die Bildgerade von $g: \vec{x} = \begin{pmatrix} -2 \\ 4 \end{pmatrix} + t \cdot \begin{pmatrix} 1 \\ -4 \end{pmatrix}$ ist. Beschreiben Sie, um welche Art der Abbildung es sich handelt, und wie die Gerade g und ihre Bildgerade g' zueinander liegen.

a) $x_1' = -x_1 \qquad\qquad x_2' = -x_2$

$A'\left(\boxed{\phantom{x}}\,\middle|\,\boxed{\phantom{x}}\right) \quad B'\left(\boxed{\phantom{x}}\,\middle|\,\boxed{\phantom{x}}\right) \quad g': \vec{x'} = \begin{pmatrix} \phantom{x} \\ \phantom{x} \end{pmatrix} + t \cdot \begin{pmatrix} \phantom{x} \\ \phantom{x} \end{pmatrix}$

b) $x_1' = 0,5x_1 \qquad\qquad x_2' = 0,5x_2$

$A'\left(\boxed{\phantom{x}}\,\middle|\,\boxed{\phantom{x}}\right) \quad B'\left(\boxed{\phantom{x}}\,\middle|\,\boxed{\phantom{x}}\right) \quad g': \vec{x'} = \begin{pmatrix} \phantom{x} \\ \phantom{x} \end{pmatrix} + t \cdot \begin{pmatrix} \phantom{x} \\ \phantom{x} \end{pmatrix}$

_____

**2** Die Punkte $A(1|1)$, $B(-1|1)$, $C(-1|-1)$ und $D(1|-1)$ sind Eckpunkte eines Quadrats. Durch die Abbildungsgleichungen ist eine Abbildung definiert: $x_1' = 2x_1 + 2x_2 \qquad x_2' = -2x_1 + 2x_2$

a) Bestimmen Sie die Koordinaten der Bildpunkte $A'\left(\boxed{\phantom{x}}\,\middle|\,\boxed{\phantom{x}}\right)$, $B'\left(\boxed{\phantom{x}}\,\middle|\,\boxed{\phantom{x}}\right)$, $C'\left(\boxed{\phantom{x}}\,\middle|\,\boxed{\phantom{x}}\right)$ und $D'\left(\boxed{\phantom{x}}\,\middle|\,\boxed{\phantom{x}}\right)$.

b) Zeichnen Sie das Quadrat mit den Eckpunkten A, B, C und D und das Viereck mit den Eckpunkten A', B', C' und D' in ein Koordinatensystem.

c) Bestimmen Sie den Faktor k, mit dem das Quadrat gestreckt wird, indem Sie die Längen

$|\vec{OA}| =$ _____ und $|\vec{OA'}| =$ _____ und $k = \dfrac{|\vec{OA'}|}{|\vec{OA}|} =$ _____ berechnen.

d) Beschreiben Sie, wie das Viereck mit den Eckpunkten A', B', C' und D' in Bezug zum Quadrat mit den Eckpunkten A, B, C und D liegt. _____

**3** Eine Abbildung ist durch die folgenden Gleichungen definiert: $x_1' = -x_2 \qquad x_2' = -x_1 \qquad x_3' = x_3$
Ordnen Sie den Punkten und Geraden auf den grauen Kärtchen die passenden Bildpunkte und Bildgeraden auf den orangen Kärtchen zu. Bestimmen Sie die fehlenden Koordinaten.

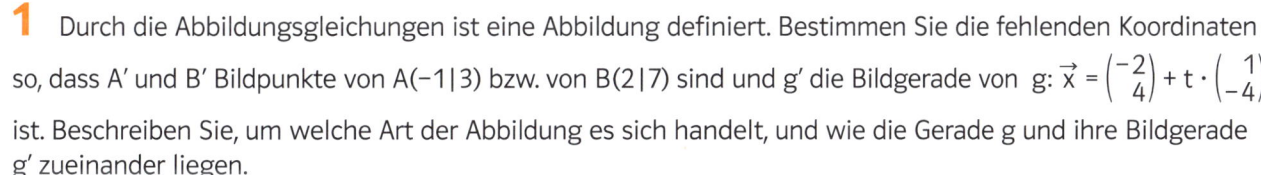

$h: \vec{x} = \begin{pmatrix} 2 \\ 2 \\ -5 \end{pmatrix} + t \cdot \begin{pmatrix} 1,5 \\ -2,5 \\ -1 \end{pmatrix}$

$g: \vec{x} = \begin{pmatrix} 1 \\ -1 \\ 2 \end{pmatrix} + t \cdot \begin{pmatrix} 2 \\ -1 \\ 3 \end{pmatrix}$

$A(1|2|3)$

$B(0|-4|3)$

$\underline{\phantom{x}}: \vec{x'} = \begin{pmatrix} \underline{\phantom{x}} \\ 1 \\ \underline{\phantom{x}} \end{pmatrix} + t \cdot \begin{pmatrix} 1 \\ -2 \\ \phantom{x} \end{pmatrix}$

$\underline{\phantom{x}}: \vec{x'} = \begin{pmatrix} \underline{\phantom{x}} \\ -2 \\ \phantom{x} \end{pmatrix} + t \cdot \begin{pmatrix} \phantom{x} \\ \phantom{x} \\ 1 \end{pmatrix}$

$\underline{\phantom{x}}(\underline{\phantom{x}}|-1|\underline{\phantom{x}})$

$\underline{\phantom{x}}(4|\underline{\phantom{x}}|3)$

### Fixpunkte, Fixgeraden und Fixpunktgeraden

Wird ein Punkt $P(x_1|x_2)$ bei einer geometrischen Abbildung auf sich selbst abgebildet, so nennt man ihn **Fixpunkt** dieser Abbildung. Es gilt dann: $P'(x_1|x_2)$, also ist $x_1' = x_1$ und $x_2' = x_2$.
Eine Gerade, die nur aus Fixpunkten besteht, heißt **Fixpunktgerade**.
Eine Gerade, die insgesamt auf sich selbst abgebildet wird, heißt **Fixgerade**.

Beispiel: Eine geometrische Abbildung ist durch die folgenden Abbildungsgleichungen definiert:
$x_1' = x_2 \qquad x_2' = x_1$

1. Für die **Fixpunkte** dieser Abbildung muss laut Fixpunkteigenschaft $x_1' = x_1$ und $x_2' = x_2$ gelten.
   Das Einsetzen dieser Beziehungen in die Abbildungsgleichungen liefert: $x_1 = x_2$ und $x_2 = x_1$.
   Alle Punkte, deren $x_1$- und $x_2$-Koordinaten übereinstimmen, sind Fixpunkte dieser Abbildung,
   also z. B. $(1|1)$, $(-5|-5)$ usw.

2. Die **Fixpunktgerade** dieser Abbildung ist im Diagramm die
   schwarze Gerade, da für jeden Punkt dieser Gerade die
   Beziehung $x_2 = x_1$ erfüllt ist.

3. Für den Nachweis, dass die Gerade $g: \vec{x} = \begin{pmatrix} 3 \\ 2 \end{pmatrix} + t \cdot \begin{pmatrix} -2 \\ 2 \end{pmatrix}$

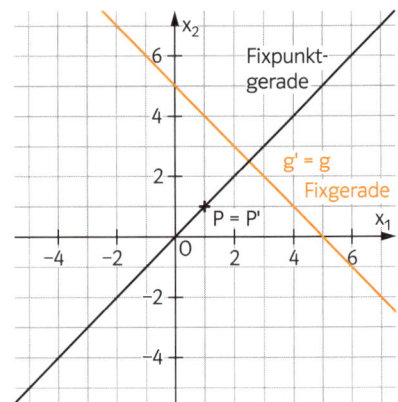

   eine **Fixgerade** dieser geometrischen Abbildung ist, wird $g'$
   bestimmt. Für jeden Punkt, der auf der Geraden $g$ liegt, gilt:
   $x_1 = 3 - 2t$ und $x_2 = 2 + 2t$.
   Das Einsetzen dieser Beziehungen in die Abbildungsgleichungen
   liefert: $x_1' = 2 + 2t$ und $x_2' = 3 - 2t$.

   Die Bildgerade ist also $g': \vec{x} = \begin{pmatrix} 2 \\ 3 \end{pmatrix} + t \cdot \begin{pmatrix} 2 \\ -2 \end{pmatrix}$.

   Da die Richtungsvektoren der Geraden $g$ und $g'$ Vielfache
   voneinander sind, sind die Geraden parallel zueinander. Um die
   Identität von $g$ und $g'$ nachzuweisen, wird überprüft, ob der Ortsvektor $\begin{pmatrix} 3 \\ 2 \end{pmatrix}$ der Gerade $g$ in der Gerade
   $g'$ liegt. Es muss gelten: $3 = 2 + 2t$ und $2 = 3 - 2t$. Das Gleichungssystem ist für $t = 0{,}5$ erfüllt. Somit
   sind die Geraden $g$ und $g'$ identisch und damit ist $g$ eine Fixgerade dieser geometrischen Abbildung.

---

**4** Durch die beiden Abbildungsgleichungen ist eine Abbildung definiert:
$x_1' = 2x_1 + x_2 \qquad x_2' = -x_2 + 4x_1 + 12$
Bestimmen Sie die Fixpunkte dieser Abbildung, indem Sie die Lücken ausfüllen:

1. Einsetzen der Fixpunkteigenschaft _____ und _____ in die beiden Abbildungsgleichungen:

   I _____ II _____

2. Lösen des Gleichungssystems mit zwei Gleichungen und zwei Unbekannten:

   Auflösen der ersten Gleichung nach $x_2$: _____ (I*)

   Einsetzen des Terms für $x_2$ in II: _____ (II*)

   Bestimmung von $x_1$ durch Auflösen von II*: _____

   Einsetzen des Werts für $x_1$ in die Gleichung I*: _____

Der einzige Fixpunkt lautet also F(____|____).

---

**5** Gegeben ist eine Abbildung, die durch zwei Abbildungsgleichungen definiert ist. Kreuzen Sie an, welche
der genannten Geraden Fixgeraden dieser Abbildung sind.

a) $x_1' = 2x_1 + x_2 + 4$
   $x_2' = 4x_1 - x_2 - 2$

   □ $g: \vec{x} = \begin{pmatrix} -1 \\ -3 \end{pmatrix} + t \cdot \begin{pmatrix} 1 \\ -4 \end{pmatrix}$ □ $h: \vec{x} = \begin{pmatrix} -1 \\ -3 \end{pmatrix} + t \cdot \begin{pmatrix} 1 \\ 4 \end{pmatrix}$ □ $k: \vec{x} = \begin{pmatrix} -1 \\ -3 \end{pmatrix} + t \cdot \begin{pmatrix} 1 \\ 1 \end{pmatrix}$

b) $x_1' = 2x_1 - 2x_2 + 3$
   $x_2' = -x_1 + 3x_2 + 6$

   □ $g: \vec{x} = \begin{pmatrix} 0 \\ -1 \end{pmatrix} + t \cdot \begin{pmatrix} -2 \\ 1 \end{pmatrix}$ □ $h: \vec{x} = \begin{pmatrix} 3 \\ 0 \end{pmatrix} + t \cdot \begin{pmatrix} 2 \\ 1 \end{pmatrix}$ □ $k: \vec{x} = \begin{pmatrix} 1 \\ -1 \end{pmatrix} + t \cdot \begin{pmatrix} 1 \\ 2 \end{pmatrix}$

**Matrix-Vektor-Multiplikation**

Das Produkt der Matrix $A = \begin{pmatrix} a_1 & b_1 \\ a_2 & b_2 \end{pmatrix}$ mit dem Ortsvektor $\overrightarrow{OP}$ des Punktes $P(x_1 | x_2)$ wird folgendermaßen

gebildet: $A \cdot \overrightarrow{OP} = \begin{pmatrix} a_1 & b_1 \\ a_2 & b_2 \end{pmatrix} \cdot \begin{pmatrix} x_1 \\ x_2 \end{pmatrix} = \begin{pmatrix} a_1 \cdot x_1 + b_1 \cdot x_2 \\ a_2 \cdot x_1 + b_2 \cdot x_2 \end{pmatrix}$.

**Matrix-Vektor-Schreibweise von Abbildungen**

Eine Abbildung mit den beiden Abbildungsgleichungen, die jedem Punkt $P(x_1 | x_2)$ einen Bildpunkt $P'(x_1' | x_2')$ zuordnet, stellt ein lineares Gleichungssystem dar und kann mithilfe einer Matrix A und einem Verschiebungsvektor $\vec{c}$ beschrieben werden:

$\begin{aligned} x_1' &= a_1 \cdot x_1 + b_1 \cdot x_2 + c_1 \\ x_2' &= a_2 \cdot x_1 + b_2 \cdot x_2 + c_2 \end{aligned}$ bzw. $\begin{pmatrix} x_1' \\ x_2' \end{pmatrix} = \begin{pmatrix} a_1 & b_1 \\ a_2 & b_2 \end{pmatrix} \cdot \begin{pmatrix} x_1 \\ x_2 \end{pmatrix} + \begin{pmatrix} c_1 \\ c_2 \end{pmatrix}$ bzw. $\vec{x}' = A \cdot \vec{x} + \vec{c}$.

Entsprechend werden Abbildungen im dreidimensionalen Raum in der Matrix-Vektor-Schreibweise dargestellt.

Beispiele:
1. Eine Abbildung $\alpha: \vec{x}' = A \cdot \vec{x} + \vec{c}$ ist durch $A = \begin{pmatrix} -1 & 2 \\ 3 & 1 \end{pmatrix}$ und $\vec{c} = \begin{pmatrix} -7 \\ 3 \end{pmatrix}$ definiert.

   Die Abbildung wird auf die **Gerade** $g: \vec{x} = \begin{pmatrix} 2 \\ 4 \end{pmatrix} + t \cdot \begin{pmatrix} 1 \\ -3 \end{pmatrix}$ angewendet. Die Geradengleichung wird

   in Vektorschreibweise umgeformt: $g: \vec{x} = \begin{pmatrix} 2 + 1 \cdot t \\ 4 - 3 \cdot t \end{pmatrix}$ und in die Abbildungsgleichung eingesetzt:

   $g': \vec{x}' = \begin{pmatrix} -1 & 2 \\ 3 & 1 \end{pmatrix} \cdot \begin{pmatrix} 2 + t \\ 4 - 3t \end{pmatrix} + \begin{pmatrix} -7 \\ 3 \end{pmatrix} = \begin{pmatrix} -1 \cdot (2 + t) + 2 \cdot (4 - 3t) \\ 3 \cdot (2 + t) + 1 \cdot (4 - 3t) \end{pmatrix} + \begin{pmatrix} -7 \\ 3 \end{pmatrix} = \begin{pmatrix} -2 - t + 8 - 6t \\ 6 + 3t + 4 - 3t \end{pmatrix} + \begin{pmatrix} -7 \\ 3 \end{pmatrix}$

   $= \begin{pmatrix} 6 - 7t \\ 10 + 0t \end{pmatrix} + \begin{pmatrix} -7 \\ 3 \end{pmatrix} = \begin{pmatrix} -1 - 7t \\ 13 \end{pmatrix} = \begin{pmatrix} -1 \\ 13 \end{pmatrix} + t \cdot \begin{pmatrix} -7 \\ 0 \end{pmatrix}$. Also ist $g': \vec{x}' = \begin{pmatrix} -1 \\ 13 \end{pmatrix} + t \cdot \begin{pmatrix} -7 \\ 0 \end{pmatrix}$.

2. Eine Abbildung $\alpha: \vec{x}' = A \cdot \vec{x} + \vec{c}$ im **dreidimensionalen Raum** ist durch $A = \begin{pmatrix} 1 & -4 & -1 \\ 0 & 2 & 9 \\ -7 & 6 & 3 \end{pmatrix}$ und $\vec{c} = \begin{pmatrix} 2 \\ -4 \\ 8 \end{pmatrix}$

   definiert. Die Abbildung wird auf den Punkt $P(-5 | 2 | -3)$ angewendet. Für den Ortsvektor $\overrightarrow{OP'}$ des

   Bildes $P'$ von $P$ gilt: $\overrightarrow{OP'} = \begin{pmatrix} 1 & -4 & -1 \\ 0 & 2 & 9 \\ -7 & 6 & 3 \end{pmatrix} \cdot \begin{pmatrix} -5 \\ 2 \\ -3 \end{pmatrix} + \begin{pmatrix} 2 \\ -4 \\ 8 \end{pmatrix} = \begin{pmatrix} 1 \cdot (-5) + (-4) \cdot 2 + (-1) \cdot (-3) \\ 0 \cdot (-5) + 2 \cdot 2 + 9 \cdot (-3) \\ (-7) \cdot (-5) + 6 \cdot 2 + 3 \cdot (-3) \end{pmatrix} + \begin{pmatrix} 2 \\ -4 \\ 8 \end{pmatrix} = \begin{pmatrix} -8 \\ -27 \\ 46 \end{pmatrix}$

   Also ist $P'(-8 | -27 | 46)$.

**1** Die Abbildungen $\alpha_1$, $\alpha_2$ und $\alpha_3$ haben die Form $\alpha: \vec{x}' = A \cdot \vec{x} + \vec{c}$ und bilden die Eckpunkte $A(3 | -1)$, $B(3 | 7)$, $C(-1 | 9)$ und $D(-1 | 1)$ des Parallelogramms auf die Eckpunkte A', B', C' und D' eines Vierecks ab.

a) Bestimmen Sie die Koordinaten dieser Bildpunkte und tragen Sie diese in die Tabelle ein.

b) Zeichnen Sie das Parallelogramm und die Bildvierecke in ein Koordinatensystem und benennen Sie, um welche Art von Viereck es sich handelt.

c) Vergleichen Sie den Flächeninhalt des Parallelogramms mit dem Flächeninhalt der drei Vierecke.

d) Beschreiben Sie die geometrische Wirkung der Abbildungen $\alpha_1$, $\alpha_2$ und $\alpha_3$ möglichst genau.

| Abbildung | A' | B' | C' | D' | Art des Vierecks | Flächeninhalt |
|---|---|---|---|---|---|---|
| $\alpha_1: A_1 = \begin{pmatrix} 2 & 0 \\ 0,5 & 1 \end{pmatrix};\ \vec{c_1} = \begin{pmatrix} -12 \\ -9,5 \end{pmatrix}$ | | | | | | |
| $\alpha_2: A_2 = \begin{pmatrix} 0 & 2 \\ -2 & 0 \end{pmatrix}$ | | | | | | |
| $\alpha_3: A_3 = \begin{pmatrix} -1 & 0 \\ 0 & 1 \end{pmatrix};\ \vec{c_3} = \begin{pmatrix} -3 \\ 4 \end{pmatrix}$ | | | | | | |

Der Flächeninhalt des Parallelogramms mit den Eckpunkten A, B, C und D beträgt: _____

**2** Gegeben ist die Abbildung $\alpha: \vec{x}' = \begin{pmatrix} 2 & -1 \\ 4 & 7 \end{pmatrix} \cdot \vec{x} + \begin{pmatrix} 2 \\ 0 \end{pmatrix}$.

a) Bestimmen Sie die Koordinaten der Originalpunkte A, B und C zu den Bildpunkten A'(5|−3), B'(8|12) und C'(−5|13). $A\left(\ \boxed{\phantom{x}}\ |\ \boxed{\phantom{x}}\ \right)$; $B\left(\ \boxed{\phantom{x}}\ |\ \boxed{\phantom{x}}\ \right)$; $C\left(\ \boxed{\phantom{x}}\ |\ \boxed{\phantom{x}}\ \right)$

b) Bestimmen Sie die Bildgeraden g', h', k' und l' zu den Geraden g, h, k und l und kreuzen Sie an, ob die Geraden und ihre Bildgeraden parallel bzw. identisch sind oder sich schneiden.

$g: \vec{x} = \begin{pmatrix} -1,2 \\ 0,8 \end{pmatrix} + t \cdot \begin{pmatrix} 1 \\ -4 \end{pmatrix}$
☐ parallel
☐ identisch
☐ schneiden sich

$k: \vec{x} = \begin{pmatrix} 5 \\ 4 \end{pmatrix} + s \cdot \begin{pmatrix} 1 \\ -1 \end{pmatrix}$
☐ parallel
☐ identisch
☐ schneiden sich

$h: \vec{x} = \begin{pmatrix} 7 \\ 3 \end{pmatrix} + r \cdot \begin{pmatrix} -2 \\ 3 \end{pmatrix}$
☐ parallel
☐ identisch
☐ schneiden sich

$l: \vec{x} = \begin{pmatrix} 1 \\ -1 \end{pmatrix} + u \cdot \begin{pmatrix} 3 \\ -2 \end{pmatrix}$
☐ parallel
☐ identisch
☐ schneiden sich

**3** Gegeben ist die Abbildung $\alpha: \vec{x}' = \begin{pmatrix} 7 & 1 & -2 \\ 2 & -4 & 6 \\ 9 & 3 & 0 \end{pmatrix} \cdot \vec{x} + \begin{pmatrix} 1 \\ 3 \\ 8 \end{pmatrix}$ im dreidimensionalen Raum.

a) Bestimmen Sie die Koordinaten des Bildpunktes A' zum Originalpunkt A(1|−2|3) zuerst ohne, dann mit dem GTR. $A'\left(\ \boxed{\phantom{x}}\ |\ \boxed{\phantom{x}}\ |\ \boxed{\phantom{x}}\ \right)$

b) Bestimmen Sie das Bild der Geraden $g: \vec{x} = \begin{pmatrix} 1 \\ -5 \\ 4 \end{pmatrix} + t \cdot \begin{pmatrix} -1 \\ 3 \\ 6 \end{pmatrix}$, indem Sie die Lücken ausfüllen:

1. Die Geradengleichung lautet in Vektorschreibweise: $\begin{pmatrix} x_1 \\ x_2 \\ x_3 \end{pmatrix} = \begin{pmatrix} 1 + (-t) \\ \boxed{\phantom{x}} + \boxed{\phantom{x}} \\ \boxed{\phantom{x}} + \boxed{\phantom{x}} \end{pmatrix}$

2. Einsetzen in die Abbildungsgleichung: $g': \vec{x}' = \begin{pmatrix} 7 & 1 & -2 \\ 2 & -4 & 6 \\ 9 & 3 & 0 \end{pmatrix} \cdot \begin{pmatrix} \boxed{\phantom{x}} + \boxed{\phantom{x}} \\ \boxed{\phantom{x}} + \boxed{\phantom{x}} \\ \boxed{\phantom{x}} + \boxed{\phantom{x}} \end{pmatrix} + \begin{pmatrix} 1 \\ 3 \\ 8 \end{pmatrix}$

3. Anwendung der Matrix-Vektor-Multiplikation:

$g': \vec{x}' = \begin{pmatrix} 7 \cdot (\boxed{\phantom{x}} + \boxed{\phantom{x}}) + (\boxed{\phantom{x}} + \boxed{\phantom{x}}) - 2 \cdot (\boxed{\phantom{x}} + \boxed{\phantom{x}}) \\ \underline{\hspace{3cm}} \\ \underline{\hspace{3cm}} \end{pmatrix} + \begin{pmatrix} 1 \\ 3 \\ 8 \end{pmatrix} = \begin{pmatrix} -6 - 16t \\ \underline{\hspace{1.5cm}} \\ \boxed{\phantom{x}} \end{pmatrix} = \begin{pmatrix} -5 - 16t \\ \underline{\hspace{1.5cm}} \\ \underline{\hspace{1.5cm}} \end{pmatrix} = \begin{pmatrix} -5 \\ \boxed{\phantom{x}} \\ \boxed{\phantom{x}} \end{pmatrix} + t \begin{pmatrix} -16 \\ \boxed{\phantom{x}} \\ \boxed{\phantom{x}} \end{pmatrix}$

---

**Aufstellen der Abbildungsmatrix und des Verschiebungsvektors**

**allgemeines Vorgehen**

Sind der Bildpunkt $O'(o_1'|o_2')$ des Ursprungs $O(0|0)$ und zwei weitere Bildpunkte $P'(p_1'|p_2')$ und $Q'(q_1'|q_2')$ zu zwei Punkten $P(p_1|p_2)$ und $Q(q_1|q_2)$ gegeben, so kann die Matrix-Vektor-Darstellung $\vec{x}' = A \cdot \vec{x} + \vec{c}$ im zweidimensionalen Raum bestimmt werden:

1. Für den Verschiebungsvektor $\vec{c} = \begin{pmatrix} c_1 \\ c_2 \end{pmatrix}$ gilt:
$\vec{c} = \begin{pmatrix} o_1' \\ o_2' \end{pmatrix}$

2. Für die Bestimmung der Matrix $A = \begin{pmatrix} a_1 & b_1 \\ a_2 & b_2 \end{pmatrix}$ werden zunächst P, P' und $\vec{c}$ in die Matrixdarstellung eingesetzt und danach Q, Q' und $\vec{c}$.

Mithilfe der vier Gleichungen können die vier Parameter $a_1$, $a_2$, $b_1$ und $b_2$ bestimmt werden.

**Beispiel**

Eine Abbildung $\alpha: \vec{x}' = A \cdot \vec{x} + \vec{c}$ im $\mathbb{R}^2$ bildet O(0|0) auf O'(9|−1), P(3|4) auf P'(−1|−11) und Q(2|−1) auf Q'(17|18) ab.

Bestimmung der Matrix-Vektor-Darstellung $\vec{x}' = A \cdot \vec{x} + \vec{c}$:

1. Für den Verschiebungsvektor gilt $c_1 = o_1' = 9$ und $c_2 = o_2' = -1$. Also lautet $\vec{c} = \begin{pmatrix} 9 \\ -1 \end{pmatrix}$.

2. $\begin{pmatrix} -1 \\ -11 \end{pmatrix} = \begin{pmatrix} a_1 & b_1 \\ a_2 & b_2 \end{pmatrix} \cdot \begin{pmatrix} 3 \\ 4 \end{pmatrix} + \begin{pmatrix} 9 \\ -1 \end{pmatrix}$     I.  $-1 = 3a_1 + 4b_1 + 9$
   $\begin{pmatrix} 17 \\ 18 \end{pmatrix} = \begin{pmatrix} a_1 & b_1 \\ a_2 & b_2 \end{pmatrix} \cdot \begin{pmatrix} 2 \\ -1 \end{pmatrix} + \begin{pmatrix} 9 \\ -1 \end{pmatrix}$     II. $-11 = 3a_2 + 4b_2 - 1$
   III. $17 = 2a_1 - b_1 + 9$
   IV. $18 = 2a_2 - b_2 - 1$

Das Lösen der Gleichungen I und III ergibt $a_1 = 2$ und $b_1 = -4$. Durch Lösen der Gleichungen II und IV erhält man $a_2 = 6$ und $b_2 = -7$ und damit

$\vec{x}' = \begin{pmatrix} 2 & -4 \\ 6 & -7 \end{pmatrix} \cdot \vec{x} + \begin{pmatrix} 9 \\ -1 \end{pmatrix}$.

Für eine Abbildung im $\mathbb{R}^3$ benötigt man neben dem Bildpunkt des Ursprungs drei weitere Punkte und ihre Bildpunkte und kann die Matrixdarstellung dann analog bestimmen.

**4** Eine Abbildung $\alpha$ im $\mathbb{R}^2$ mit $\alpha: \vec{x}' = A \cdot \vec{x} + \vec{c}$ bildet O(0|0) auf O'(−3|2), P(2|−1) auf P'(−4|−2) und Q(3|1) auf Q'(3|6) ab.
a) Bestimmen Sie den Verschiebungsvektor und die Abbildungsmatrix von $\alpha$.
b) Weisen Sie nach, dass diese Abbildung keine Fixpunkte besitzt.

**5** Eine Abbildung $\alpha$ im $\mathbb{R}^2$ mit $\alpha: \vec{x}' = A \cdot \vec{x} + \vec{c}$ bildet das schwarze „L" auf das orange „L" (s. Abb.) ab.
a) Bestimmen Sie die Matrix-Vektor-Darstellung von $\alpha$.
b) Berechnen Sie die Bildpunkte von G(−4|0), H(−3|0), I(−3|−3) und J(−4|−3) und zeichnen Sie die vier Originalpunkte und ihre Bildpunkte in ein geeignetes Koordinatensystem ein.

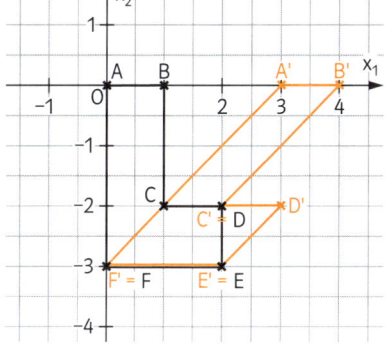

**6** Eine Abbildung $\alpha$ im $\mathbb{R}^3$ mit $\alpha: \vec{x}' = A \cdot \vec{x} + \vec{v}$ bildet O(0|0|0) auf O'(−2|1|4), P(1|1|1) auf P'(0|10|5), Q(−1|0|1) auf Q'(1|0|5) und R(1|0|0) auf R'(−2|3|4) ab. Bestimmen Sie die Matrixdarstellung dieser Abbildung, indem Sie die Lücken füllen.

1. Für den Verschiebungsvektor gilt: $\vec{v} = \begin{pmatrix} \square \\ \square \\ \square \end{pmatrix}$.

2. Einsetzen von P, P' und $\vec{v}$: $\begin{pmatrix} \square \\ \square \\ \square \end{pmatrix} = \begin{pmatrix} a_1 & b_1 & c_1 \\ a_2 & b_2 & c_2 \\ a_3 & b_3 & c_3 \end{pmatrix} \cdot \begin{pmatrix} \square \\ \square \\ \square \end{pmatrix} + \begin{pmatrix} \square \\ \square \\ \square \end{pmatrix}$

I. _____
II. _____
III. _____

3. Einsetzen von Q, Q' und $\vec{v}$: $\begin{pmatrix} \square \\ \square \\ \square \end{pmatrix} = \begin{pmatrix} a_1 & b_1 & c_1 \\ a_2 & b_2 & c_2 \\ a_3 & b_3 & c_3 \end{pmatrix} \cdot \begin{pmatrix} \square \\ \square \\ \square \end{pmatrix} + \begin{pmatrix} \square \\ \square \\ \square \end{pmatrix}$

IV. _____
V. _____
VI. _____

4. Einsetzen von R, R' und $\vec{v}$: $\begin{pmatrix} \square \\ \square \\ \square \end{pmatrix} = \begin{pmatrix} a_1 & b_1 & c_1 \\ a_2 & b_2 & c_2 \\ a_3 & b_3 & c_3 \end{pmatrix} \cdot \begin{pmatrix} \square \\ \square \\ \square \end{pmatrix} + \begin{pmatrix} \square \\ \square \\ \square \end{pmatrix}$

VII. _____
VIII. _____
IX. _____

Als Lösung der linearen Gleichungssysteme erhält man $a_1 =$ ____, $a_2 =$ ____ und $a_3 =$ ____; $c_1 =$ ____, $c_2 =$ ____ und $c_3 =$ ____; $b_1 =$ ____, $b_2 =$ ____ und $b_3 =$ ____. Damit ist $\alpha$: _____.

**7** Eine Abbildung $\alpha$ im $\mathbb{R}^2$ mit $\alpha: \vec{x}' = A \cdot \vec{x} + \vec{c}$ bildet das schwarze Dreieck auf das orange Dreieck (s. Abb.) ab. Da der Bildpunkt des Ursprungs nicht gegeben ist, kann man den Verschiebungsvektor bei der Bestimmung der Matrixdarstellung von $\alpha$ nicht direkt angeben.

1. Einsetzen von A und A':
$\begin{pmatrix} \square \\ \square \end{pmatrix} = \begin{pmatrix} a_1 & b_1 \\ a_2 & b_2 \end{pmatrix} \cdot \begin{pmatrix} \square \\ \square \end{pmatrix} + \begin{pmatrix} \square \\ \square \end{pmatrix}$

I. _____
II. _____

2. Einsetzen von B und B':
$\begin{pmatrix} \square \\ \square \end{pmatrix} = \begin{pmatrix} a_1 & b_1 \\ a_2 & b_2 \end{pmatrix} \cdot \begin{pmatrix} \square \\ \square \end{pmatrix} + \begin{pmatrix} \square \\ \square \end{pmatrix}$

III. _____
IV. _____

3. Einsetzen von C und C':
$\begin{pmatrix} \square \\ \square \end{pmatrix} = \begin{pmatrix} a_1 & b_1 \\ a_2 & b_2 \end{pmatrix} \cdot \begin{pmatrix} \square \\ \square \end{pmatrix} + \begin{pmatrix} \square \\ \square \end{pmatrix}$

V. _____
VI. _____

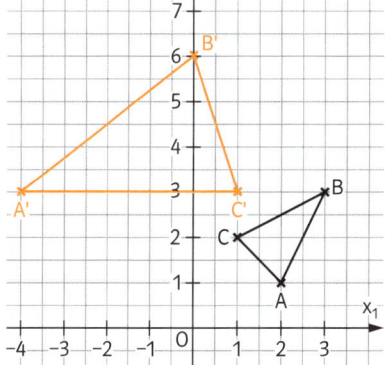

Das Lösen des linearen Gleichungssystems mit den Gleichungen I., III., und V. ergibt: $a_1 =$ ____, $b_1 =$ ____ und $c_1 =$ ____. Durch Lösen des linearen Gleichungssystems mit den Gleichungen II., IV. und VI. erhält man: $a_2 =$ ____, $b_2 =$ ____ und $c_2 =$ ____. Die Matrixdarstellung der Abbildung $\alpha$ lautet also: _____.

**Drehung im $\mathbb{R}^2$ um den Ursprung**

Die Abbildung $\alpha$ mit $\alpha: \vec{x}' = A \cdot \vec{x}$ mit $A = \begin{pmatrix} \cos\varphi & -\sin\varphi \\ \sin\varphi & \cos\varphi \end{pmatrix}$ beschreibt eine Drehung im $\mathbb{R}^2$ um den

Ursprung um den Winkel $\varphi$. Für $\varphi > 0$ handelt es sich um eine Linksdrehung, für $\varphi < 0$ um eine Rechts-drehung um den Ursprung. Zur Bestimmung der Abbildungsmatrix setzt man $\cos\varphi = a$ und $\sin\varphi = b$.
Beispiel: Der Punkt P(2|1) wird durch eine Drehung auf den Punkt P'(1|2) abgebildet. Zur Bestimmung der Matrixdarstellung werden die Punkte P und P' in die Abbildungsgleichung eingesetzt:

$\begin{pmatrix} 1 \\ 2 \end{pmatrix} = \begin{pmatrix} a & -b \\ b & a \end{pmatrix} \cdot \begin{pmatrix} 2 \\ 1 \end{pmatrix} \Leftrightarrow \begin{matrix} 1 = 2a - b \\ 2 = 2b + a \end{matrix}$ Die Lösung dieses Gleichungssystems ist $a = 0,8$ und $b = 0,6$.

Die Abbildung ist also: $\vec{x}' = \begin{pmatrix} 0,8 & -0,6 \\ 0,6 & 0,8 \end{pmatrix} \cdot \vec{x}$. Zur Bestimmung des Winkels $\varphi$ löst man $a = \cos\varphi = 0,8$

und $b = \sin\varphi = 0,6$ nach $\varphi$ auf: $\varphi = \cos^{-1}(0,8) = \sin^{-1}(0,6) \approx 36,87°$. Da sin und cos im Intervall $-180 < \varphi \leq 180$ jeden Wert zweimal annehmen, müssen beide Gleichungen verwendet werden, um sicher entscheiden zu können, welchen Wert $\varphi$ haben muss.
So gilt $\cos\varphi = 0,8$ im Intervall $-180 < \varphi \leq 180$ sowohl für $\varphi_1 \approx 36,87$ als auch für $\varphi_2 \approx -36,87$. Da $-\sin\varphi_2 \neq -0,6$ ist, handelt es sich also um eine Linksdrehung um den Ursprung um den Winkel $\varphi \approx 36,87°$.

**1** Der Punkt A(−1|3) wird durch eine Drehung um den Ursprung auf den Punkt A'(3|−1) abgebildet.
a) Bei der Bestimmung der Abbildungsmatrix dieser Abbildung, erhält man durch Einsetzen von A und A'

in die Abbildungsgleichung folgende Gleichungen: I. _____ ; II. _____ .

Als Lösung des linearen Gleichungssystems erhält man: $a =$ _____ und $b =$ _____ . Also ist $A = \begin{pmatrix} \square & \square \\ \square & \square \end{pmatrix}$.

b) Bestimmen Sie den Winkel $\varphi$ der Drehung im Intervall $-180 < \varphi \leq 180$. $\varphi =$ ____ .
c) Bestimmen Sie die Koordinaten der Bildpunkte B' und C' zu den Originalpunkten B(−2|1) und C(−4|2).

$B'\left(\square \mid \square\right)$, $C'\left(\square \mid \square\right)$

**2** Bestimmen Sie das Bild des Vierecks mit den Eckpunkten A (0|−2), B(6|4), C(2|3) und D(−1|−1) bei einer Rechtsdrehung um den Ursprung um 120°.

$A = \begin{pmatrix} \square & \square \\ \square & \square \end{pmatrix}$ $\qquad$ $A'\left(\square \mid \square\right)$, $B'\left(\square \mid \square\right)$, $C'\left(\square \mid \square\right)$, $D'\left(\square \mid \square\right)$

**3** a) Gegeben sind vier Abbildungsmatrizen für Abbildungen im $\mathbb{R}^2$ mit $\alpha: \vec{x}' = A \cdot \vec{x}$ in der Tabelle und sechs Winkel $\varphi$ auf den weißen Kärtchen. Ordnen Sie die Winkel den passenden Abbildungen zu, entscheiden Sie, ob es sich um eine Rechts- oder Linksdrehung handelt und tragen Sie dann das entsprechende Vorzeichen bei den Winkeln ein.

| | $\varphi$ | A' | B' | C' |
|---|---|---|---|---|
| $\alpha_1: \vec{x}' = \begin{pmatrix} -1 & 0 \\ 0 & -1 \end{pmatrix} \cdot \vec{x}$ | | | | |
| $\alpha_2: \vec{x}' = \begin{pmatrix} \frac{1}{\sqrt{2}} & -\frac{1}{\sqrt{2}} \\ \frac{1}{\sqrt{2}} & \frac{1}{\sqrt{2}} \end{pmatrix} \cdot \vec{x}$ | | | | |
| $\alpha_3: \vec{x}' = \begin{pmatrix} 0 & 1 \\ -1 & 0 \end{pmatrix} \cdot \vec{x}$ | | | | |
| $\alpha_4: \vec{x}' = \begin{pmatrix} \frac{\sqrt{3}}{2} & 0,5 \\ -0,5 & \frac{\sqrt{3}}{2} \end{pmatrix} \cdot \vec{x}$ | | | | |

$\varphi_1 =$ ___ 90°

$\varphi_2 =$ ___ 135°

$\varphi_3 =$ ___ 30°

$\varphi_4 =$ ___ 45°

$\varphi_5 =$ ___ 60°

$\varphi_6 =$ ___ 180°

b) Konstruieren Sie die vier Bilder des Dreiecks mit den Eckpunkten A(2|−1), B(4|−2) und C (3|1) bei den vier in Aufgabenteil a) angegebenen Drehungen, berechnen Sie anschließend die Bildpunkte A', B' und C' bei den vier Abbildungen und überprüfen Sie Ihre Rechnung durch einen Vergleich mit der Zeichnung.

**Spiegelung im $\mathbb{R}^2$ an einer Ursprungsgeraden**

Die Abbildung $\alpha: \vec{x'} = A \cdot \vec{x}$ mit $A = \begin{pmatrix} \cos 2\varphi & \sin 2\varphi \\ \sin 2\varphi & -\cos 2\varphi \end{pmatrix}$ beschreibt eine Spiegelung im $\mathbb{R}^2$ an

einer Ursprungsgeraden, die mit der $x_1$-Achse einen Winkel von $\varphi$ einschließt. Zur Bestimmung der Abbildungsmatrix setzt man $\cos 2\varphi = a$ und $\sin 2\varphi = b$.

Beispiel: Soll der Punkt P($-1|2$) an der Ursprungsgeraden $g: \vec{x} = t \cdot \begin{pmatrix} 1 \\ 4 \end{pmatrix}$
gespiegelt werden, kann man folgendermaßen vorgehen:

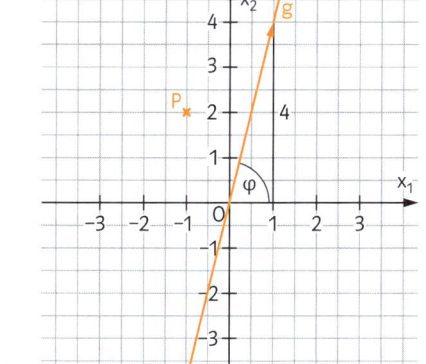

1. Bestimmung der Steigung m der Geraden und des Winkels
   $\varphi = \tan^{-1}(m)$, den die Gerade mit der $x_1$-Achse einschließt:
   Das Einzeichnen der Gerade in das Koordinatensystem
   (s. Abb.) zeigt, dass die Steigung $m = 4$ ist. Es gilt also
   $\tan\varphi = 4 \Rightarrow \varphi = \tan^{-1}(4)$.

2. Bestimmung der Abbildungsmatrix:
   $A = \begin{pmatrix} a & b \\ b & -a \end{pmatrix}$ mit $a = \cos(2\varphi) = \cos(2 \cdot \tan^{-1}(4)) = -\frac{15}{17}$ und

   $b = \sin(2\varphi) = \sin(2 \cdot \tan^{-1}(4)) = \frac{8}{17} \Rightarrow A = \begin{pmatrix} -\frac{15}{17} & \frac{8}{17} \\ \frac{8}{17} & \frac{15}{17} \end{pmatrix}$

3. Bestimmung der Koordinaten des Bildpunktes P':

   $\alpha: \vec{x'} = \begin{pmatrix} -\frac{15}{17} & \frac{8}{17} \\ \frac{8}{17} & \frac{15}{17} \end{pmatrix} \cdot \vec{x}$   Das Einsetzen von P ergibt: $\vec{x'} = \begin{pmatrix} -\frac{15}{17} & \frac{8}{17} \\ \frac{8}{17} & \frac{15}{17} \end{pmatrix} \cdot \begin{pmatrix} -1 \\ 2 \end{pmatrix} = \begin{pmatrix} \frac{31}{17} \\ \frac{22}{17} \end{pmatrix} \approx \begin{pmatrix} 1,82 \\ 1,29 \end{pmatrix} \Rightarrow P'\left(\frac{31}{17}\Big|\frac{22}{17}\right)$

**4** Gegeben ist das Parallelogramm mit den Eckpunkten A($2|2$), B($5|-1$), C($6|2$) und D($3|5$). Bestimmen Sie die Eckpunkte A', B', C' und D' des Bildparallelogramms bei der Spiegelung an der angegebenen Geraden rechnerisch und konstruieren Sie die Bilder des Parallelogramms, um damit die Rechnungen zu überprüfen.

a) $g: \vec{x} = t \cdot \begin{pmatrix} 5 \\ -1 \end{pmatrix}$          b) $h: y = 2 \cdot x$          c) $x_2$-Achse

**5** Gegeben sind die Punkte A($3|1$) und B($4|3$). Der Punkt C'($1|-2$) geht aus einer Drehung des Punktes C($2|-1$) um den Ursprung hervor.

a) Stellen Sie die Matrixdarstellung der Drehung auf und bestimmen Sie die Eckpunkte A', B' und C' des Bilddreiecks.

b) Das Dreieck mit den Eckpunkten A', B' und C' wird an der Geraden $g: \vec{x} = t \cdot \begin{pmatrix} 1 \\ 1 \end{pmatrix}$ gespiegelt. Stellen Sie die Matrixdarstellung der Spiegelung auf und berechnen Sie die Eckpunkte A'', B'' und C'' des Bilddreiecks.

**6** Wahr oder falsch? Kreuzen Sie an und korrigieren Sie gegebenenfalls.

|  | w | f |
|---|---|---|
| A. Eine Drehung um 90° um den Ursprung entspricht einer Punktspiegelung an O($0|0$). | ☐ | ☐ |
| B. Eine Spiegelung an einer Ursprungsgeraden besitzt genau eine Fixpunktgerade. | ☐ | ☐ |
| C. Das Anwenden einer Spiegelung an der $x_1$-Achse mit anschließender Spiegelung an der $x_2$-Achse entspricht einer Drehung um den Ursprung. | ☐ | ☐ |
| D. Bei einer Spiegelung an der $x_1$-Achse erhält man den Bildpunkt, indem man das Vorzeichen der $x_1$-Koordinate des Originalpunktes verändert und die $x_2$-Koordinate beibehält. | ☐ | ☐ |

**7** Entscheiden Sie zunächst, ob es sich bei der Abbildungsmatrix (auf den orangen Kärtchen) um eine Drehung um den Ursprung oder eine Spiegelung an einer Ursprungsgeraden handelt. Ordnen Sie anschließend den passenden Winkel $\varphi$ (auf den grauen Kärtchen) zu. Bestimmen Sie zuletzt bei den Spiegelungen die Gleichung der Spiegelachse.

$\begin{pmatrix} -1 & 0 \\ 0 & 1 \end{pmatrix}$    $\begin{pmatrix} 1 & 0 \\ 0 & -1 \end{pmatrix}$    $\begin{pmatrix} 0 & 1 \\ 1 & 0 \end{pmatrix}$    $\begin{pmatrix} 0 & -1 \\ -1 & 0 \end{pmatrix}$    $\begin{pmatrix} 0 & -1 \\ 1 & 0 \end{pmatrix}$

$\varphi = -180°$    $\varphi = -90°$    $\varphi = -45°$    $\varphi = 0°$    $\varphi = 45°$    $\varphi = 90°$    $\varphi = 180°$

**Parallelprojektion vom Raum in eine Ebene**

Eine Parallelprojektion des Raumes in eine Ebene E kann durch eine $3 \times 3$-Matrix A beschrieben werden.
Alle Punkte des Raumes werden in die Ebene E abgebildet. Die Punkte der Ebene sind Fixpunkte.
Beispiel zur Bestimmung der Abbildungsmatrix A, wenn die Ebene E den Ursprung O(0|0) enthält:
Ein Fahnenmast, der an einem ebenen Hang steht, wird von der Sonne angestrahlt und wirft seinen
Schatten auf die Hangebene. Die Hangebene kann durch die Gleichung
$E: x_1 + 2x_2 + 3x_3 = 0$ dargestellt werden, die Richtung der Sonnenstrahlen

wird durch den Vektor $\vec{v} = \begin{pmatrix} 3 \\ 1 \\ -2 \end{pmatrix}$ festgelegt.

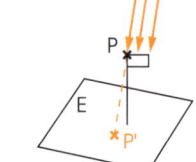

Zur Bestimmung der Projektionsmatrix geht man folgendermaßen vor:
1. Aufstellen einer Geradengleichung
   Zunächst wird die Gleichung einer Geraden g bestimmt, die einen beliebigen Punkt P(a|b|c) des

   Fahnenmastes enthält und in Richung $\vec{v}$ der Sonnenstrahlen verläuft. $g: \vec{x} = \begin{pmatrix} a \\ b \\ c \end{pmatrix} + t \cdot \begin{pmatrix} 3 \\ 1 \\ -2 \end{pmatrix}$

2. Bestimmung des Schattenpunktes (Schnittpunkt von Gerade und Ebene):
   – Die Geradengleichung wird in die Darstellung $x_1 = a + 3t$, $x_2 = b + 1t$ und $x_3 = c - 2t$ umgeformt.
     Da der Schnittpunkt der Geraden g mit der Ebene E (Schattenpunkt) gesucht wird, werden nun
     die Terme für $x_1$, $x_2$ und $x_3$ in die Ebenengleichung E eingesetzt: $a + 3t + 2 \cdot (b + t) + 3 \cdot (c - 2t) = 0$.
   – Das Auflösen der Gleichung nach dem Parameter t der Geraden ergibt: $t = a + 2b + 3c$
   – Das Einsetzen von t in die Geradengleichung g zur Bestimmung des Punktes P' ergibt:

     $\vec{x} = \begin{pmatrix} a \\ b \\ c \end{pmatrix} + (a + 2b + 3c) \cdot \begin{pmatrix} 3 \\ 1 \\ -2 \end{pmatrix} = \begin{pmatrix} 4a + 6b + 9c \\ a + 3b + 3c \\ -2a - 4b - 5c \end{pmatrix}$. Also $P'(4a + 6b + 9c|a + 3b + 3c|-2a - 4b - 5c)$.

3. Aufstellen der Matrix in der Matrix-Vektor-Schreibweise

   $\vec{p'} = \begin{pmatrix} a' \\ b' \\ c' \end{pmatrix} = \begin{pmatrix} 4a + 6b + 9c \\ a + 3b + 3c \\ -2a - 4b - 5c \end{pmatrix} = \begin{pmatrix} 4 & 6 & 9 \\ 1 & 3 & 3 \\ -2 & -4 & -5 \end{pmatrix} \cdot \begin{pmatrix} a \\ b \\ c \end{pmatrix} \Rightarrow \vec{x'} = \begin{pmatrix} 4 & 6 & 9 \\ 1 & 3 & 3 \\ -2 & -4 & -5 \end{pmatrix} \cdot \vec{x}$

---

**1** Gegeben ist die Projektionsebene E und eine durch den Richtungsvektor $\vec{v}$ gegebene Projektionsrichtung.

1) $E_1$ ist die $x_2 x_3$-Ebene; $\vec{v_1} = \begin{pmatrix} -1 \\ 2 \\ -2 \end{pmatrix}$

2) $E_2: -2x_1 + 5x_2 + 4x_3 = 0$; $\vec{v_2} = \begin{pmatrix} 3 \\ 0 \\ -1 \end{pmatrix}$

a) Bestimmen Sie jeweils die Projektionsmatrix.  $A_1 = \begin{pmatrix} \square & \square & \square \\ \square & \square & \square \\ \square & \square & \square \end{pmatrix}$  $A_2 = \begin{pmatrix} \square & \square & \square \\ \square & \square & \square \\ \square & \square & \square \end{pmatrix}$

b) Berechnen Sie die Koordinaten der projizierten Punkte A' und B' zu A(2|3|4) und B(1|4|6).
   $A_1'(\square|\square|\square)$  $B_1'(\square|\square|\square)$    $A_2'(\square|\square|\square)$  $B_2'(\square|\square|\square)$

c) Vergleichen Sie die Länge der Strecke $\overline{AB}$ mit der Länge der Bildstrecken $\overline{A_1 B_1}$ und $\overline{A_2 B_2}$.

d) $C(x_1|x_2|5)$ wird bei der Projektion auf $C'(0|4|-5)$ abgebildet.  $C_1(\square|\square|5)$  $C_2(\square|\square|5)$

**2** Der Triumphbogen in Paris ist 50 m hoch, 45 m lang und 22 m breit.
Die Eckpunkte des Triumphbogens haben die Koordinaten A(0|0|0), B(0|45|0),
C(-22|45|0), D(-22|0|0), E(0|0|50), F(0|45|50), G(-22|45|50) und H(-22|0|50).

Sonnenstrahlen treffen in der Richtung $\vec{v} = \begin{pmatrix} 2 \\ -1 \\ -5 \end{pmatrix}$ auf den Triumphbogen.

Berechnen Sie die Bilder der Eckpunkte bei der Projektion in die $x_1 x_2$-Ebene und
zeichnen Sie das Gebäude und seinen Schatten.

**3** a) Kreuzen Sie Zutreffendes an: Bei einer Projektion in die $x_2x_3$-Ebene gilt für alle Bildpunkte

☐ $x_1 = 0$ ☐ $x_2 = 0$ ☐ $x_3 = 0$ ☐ $x_1 = x_2 = 0$ ☐ $x_2 = x_3 = 0$ ☐ $x_1 = x_3 = 0$

b) Ein Punkt $P(p_1|p_2|p_3)$ soll in Richtung $\vec{v} = \begin{pmatrix} v_1 \\ v_2 \\ v_3 \end{pmatrix}$ in die $x_1x_2$-Ebene projiziert werden. Welche Ansätze führen zur Lösung?

☐ $\vec{v} + t \cdot \overrightarrow{OP} = \begin{pmatrix} x_1 \\ 0 \\ x_3 \end{pmatrix}$ ☐ $p_3 + t \cdot v_3 = 0$ ☐ $\overrightarrow{OP} + t \cdot \vec{v} = \begin{pmatrix} 0 \\ 0 \\ x_3 \end{pmatrix}$ ☐ $\overrightarrow{OP} + t \cdot \vec{v} = \begin{pmatrix} x_1 \\ x_2 \\ 0 \end{pmatrix}$ ☐ $p_2 + t \cdot v_2 = 0$

c) Der Schatten eines Laternenmasts mit der Gleichung $\vec{x} = \begin{pmatrix} 1 \\ -1 \\ 2 \end{pmatrix} + t \cdot \begin{pmatrix} 0 \\ 0 \\ 1 \end{pmatrix}$ mit $-2 \leq t \leq 1$ wird durch

Sonnenstrahlen mit der Richtung $\vec{v} = \begin{pmatrix} 2 \\ 2 \\ -1 \end{pmatrix}$ auf eine in der $x_1x_3$-Ebene liegende Hauswand geworfen.

1) Bestimmen Sie den Bildpunkt S' der Laternenspitze S: S'(▢|▢|▢)

2) Bestimmen Sie die Geradengleichung, auf der der Schatten an der Hauswand verläuft. Zwischen welchen Werten muss der Parameter liegen, damit durch die Gleichung der Schatten der Laterne vom Erdboden bis zum Punkt S' festgelegt wird?

3) Zeichnen Sie die Laterne und ihren Schatten in ein geeignetes Koordinatensystem.

**4** Die Matrix $A = \begin{pmatrix} 2 & -2 & 5 \\ 1 & -1 & 5 \\ -2 & 4 & -9 \end{pmatrix}$ beschreibt den Schattenwurf durch die Sonne auf eine Hangebene E.

a) Um die Richtung der Sonnenstrahlen zu bestimmen, wird der Richtungsvektor zwischen einem beliebig gewählten Punkt P und seinem Bildpunkt P' gebildet.

$\overrightarrow{OP} = \begin{pmatrix} 1 \\ 0 \\ 0 \end{pmatrix}$ $\overrightarrow{OP'} = \begin{pmatrix} 2 & -2 & 5 \\ 1 & -1 & 5 \\ -2 & 4 & -9 \end{pmatrix} \cdot \begin{pmatrix} ▢ \\ ▢ \\ ▢ \end{pmatrix} = \begin{pmatrix} ▢ \\ ▢ \\ ▢ \end{pmatrix}$ $\overrightarrow{PP'} = \begin{pmatrix} ▢ \\ ▢ \\ ▢ \end{pmatrix}$

b) Um die Ebenengleichung zu bestimmen, werden die Fixpunkte der Abbildung bestimmt:

$\begin{pmatrix} 2 & -2 & 5 \\ 1 & -1 & 5 \\ -2 & 4 & -9 \end{pmatrix} \cdot \begin{pmatrix} x_1 \\ x_2 \\ x_3 \end{pmatrix} = \begin{pmatrix} x_1 \\ x_2 \\ x_3 \end{pmatrix}$

I. $2x_1 - 2x_2 + 5x_3 = x_1 \Leftrightarrow x_1 - 2x_2 + 5x_3 = 0$

II. _____ $\Leftrightarrow$ _____

III. _____ $\Leftrightarrow$ _____

Da alle Punkte der Ebene E: _____ dieses lineare Gleichungssystem lösen, ist die Ebene E die gesuchte Hangebene.

**5** Die Matrix $A = \begin{pmatrix} 0,9 & 0 & -0,5 \\ 0,2 & 1 & 1 \\ -0,1 & 0 & 0,5 \end{pmatrix}$ beschreibt den Schattenwurf eines Kirchturms durch die Sonne auf eine

an den Kirchturm grenzende Hangebene. Der Kirchturm hat die Eckpunkte $A(4|0|0)$, $B(4|4|0)$, $C(0|4|0)$, $D(0|0|0)$, $E(4|0|8)$, $F(4|4|8)$, $G(0|4|8)$, $H(0|0|8)$ und $S(2|2|14)$.

a) Bestimmen Sie die Richtung, in der die Sonnenstrahlen verlaufen. $\vec{v} = \begin{pmatrix} ▢ \\ ▢ \\ ▢ \end{pmatrix}$

b) Bestimmen Sie die Gleichung der Hangebene in Koordinatenform: _____

c) Bestimmen Sie die Eckpunkte des Schattens: _____

_____

d) Der Schatten eines Wohnhauses wird von den Sonnenstrahlen zur selben Zeit auf eine andere Hangebene $H: -2x_1 + x_2 + 6x_3 = 0$ geworfen. Bestimmen Sie die Abbildungsmatrix.

**6** Ordnen Sie der Abbildungsmatrix (auf den grauen Kärtchen) einen passenden Vektor der Projektion (auf den weißen Kärtchen) und eine Gleichung zutreffende der Projektionsebene (auf den orangen Kärtchen) zu.

$\begin{pmatrix} -0,5 & -1 & -0,5 \\ 3 & 3 & 1 \\ -4,5 & -3 & -0,5 \end{pmatrix}$ $\begin{pmatrix} 2 & 5 & 2 \\ -2 & -9 & -4 \\ 4 & 20 & 9 \end{pmatrix}$ $\begin{pmatrix} 3,5 & -7,5 & 5 \\ 0,5 & -0,5 & 1 \\ -1 & 3 & -1 \end{pmatrix}$ $\vec{v_1} = \begin{pmatrix} -1 \\ 2 \\ -4 \end{pmatrix}$ $\vec{v_2} = \begin{pmatrix} 5 \\ 1 \\ -2 \end{pmatrix}$ $\vec{v_3} = \begin{pmatrix} 1 \\ -2 \\ 3 \end{pmatrix}$

$E_1: 3x_1 + 2x_2 + x_3 = 0$ $E_2: -x_1 + 3x_2 - 2x_3 = 0$ $E_3: x_1 + 5x_2 + 2x_3 = 0$

# Verkettung von Abbildungen – Matrizenmultiplikation

## Matrizenmultiplikation

Zwei Matrizen lassen sich multiplizieren, wenn die Spaltenzahl der 1. Matrix mit der Zeilenzahl der 2. Matrix übereinstimmt. Jedes Element $c_{ik}$ der Ergebnismatrix stellt das Skalarprodukt des i-ten Zeilenvektors der 1. Matrix mit dem k-ten Spaltenvektor der 2. Matrix dar.

Beispiel: Berechnung des Elements in der 2. Zeile und 3. Spalte der Produktmatrix:

$$\begin{pmatrix} 1 & 2 & 4 \\ 2 & 6 & 0 \\ 3 & 1 & 2 \end{pmatrix} \cdot \begin{pmatrix} 4 & 1 & 4 \\ 0 & -1 & 3 \\ 2 & 7 & 5 \end{pmatrix} = \begin{pmatrix} 12 & 27 & 30 \\ 8 & -4 & 26 \\ 16 & 16 & 25 \end{pmatrix}$$ denn $2 \cdot 4 + 6 \cdot 3 + 0 \cdot 5 = 26$

Die restlichen Elemente ergeben sich durch die Rechnungen

$$1 \cdot 4 + 2 \cdot 0 + 4 \cdot 2 = 12 \qquad 1 \cdot 1 + 2 \cdot (-1) + 4 \cdot 7 = 27 \qquad 1 \cdot 4 + 2 \cdot 3 + 4 \cdot 5 = 30$$
$$2 \cdot 4 + 6 \cdot 0 + 0 \cdot 2 = 8 \qquad 2 \cdot 1 + 6 \cdot (-1) + 0 \cdot 7 = -4$$
$$3 \cdot 4 + 1 \cdot 0 + 2 \cdot 2 = 16 \qquad 3 \cdot 1 + 1 \cdot (-1) + 2 \cdot 7 = 16 \qquad 3 \cdot 4 + 1 \cdot 3 + 2 \cdot 5 = 25$$

## Rechengesetze für Matrizen

1. Das Multiplizieren von Matrizen ist **nicht** kommutativ, d.h. für Matrizen A und B gilt nicht immer $A \cdot B = B \cdot A$.
2. Das Multiplizieren von Matrizen ist assoziativ, d.h. für drei Matrizen A, B und C gilt: $A \cdot (B \cdot C) = (A \cdot B) \cdot C$.

**1** Berechnen Sie jeweils die Produkte $A \cdot B$ und $B \cdot A$ ohne Verwendung des Taschenrechners.

a) $A = \begin{pmatrix} 6 & -1 \\ 3 & 7 \end{pmatrix}$ $B = \begin{pmatrix} -2 & 5 \\ 4 & 1 \end{pmatrix}$

b) $A = \begin{pmatrix} 0 & 1 & 2 \\ -1 & 0 & 3 \\ -2 & -3 & 0 \end{pmatrix}$ $B = \begin{pmatrix} 1 & -2 & 1 \\ -2 & 1 & 0 \\ 1 & 0 & 0 \end{pmatrix}$

c) Kontrollieren Sie Ihre Ergebnisse von Teilaufgabe a) und b), indem Sie die Produkte mithilfe des Matrix-Menüs des GTR's bestimmen.

## Verkettung von Abbildungen

Das Hintereinanderausführen von Abbildungen nennt man **Verkettung**.

Beispiel: Der Punkt P $(1|-2)$ soll zunächst an der $x_1$-Achse gespiegelt werden und anschließend um 90° um den Ursprung gedreht werden. Für den Bildpunkt P' nach der Spiegelung an der $x_1$-Achse gilt also:

$\vec{x'} = \begin{pmatrix} 1 & 0 \\ 0 & -1 \end{pmatrix} \cdot \begin{pmatrix} 1 \\ -2 \end{pmatrix} = \begin{pmatrix} 1 \\ 2 \end{pmatrix} \Rightarrow P'(1|2)$ Für den Bildpunkt P'' nach der Drehung gilt: $\vec{x''} = \begin{pmatrix} 0 & -1 \\ 1 & 0 \end{pmatrix} \cdot \begin{pmatrix} 1 \\ 2 \end{pmatrix} = \begin{pmatrix} -2 \\ 1 \end{pmatrix}$

$\Rightarrow$ P''$(-2|1)$ Das Bild von P kann bei der Verkettung daher durch folgende Gleichung bestimmt werden:

$$\vec{x''} = \underset{\substack{B \\ \text{Drehung}}}{\begin{pmatrix} 0 & -1 \\ 1 & 0 \end{pmatrix}} \cdot \underset{\substack{A \\ \text{Spiegelung}}}{\begin{pmatrix} 1 & 0 \\ 0 & -1 \end{pmatrix}} \cdot \underset{\vec{x}}{\begin{pmatrix} 1 \\ -2 \end{pmatrix}}$$

Allgemein verwendet man beim Verketten zweier Abbildungen also die Multiplikation der zugehörigen Abbildungsmatrizen. Sind durch $\alpha: \vec{x'} = A \cdot \vec{x}$ und $\beta: \vec{x'} = B \cdot \vec{x}$ zwei Abbildungen gegeben, so gilt für ihre Verkettung $\beta \circ \alpha$ („erst $\alpha$, dann $\beta$"): $\vec{x'} = B \cdot A \cdot \vec{x}$.

**2** Gegeben sind die Abbildungen $\alpha: \vec{x'} = \begin{pmatrix} 2 & -3 \\ 1 & 5 \end{pmatrix} \cdot \vec{x} + \begin{pmatrix} 1 \\ -7 \end{pmatrix}$ und $\beta: \vec{x'} = \begin{pmatrix} -1 & 1 \\ 0 & 1 \end{pmatrix} \cdot \vec{x}$. Für die Bestimmung der Verkettung $\gamma = \beta \circ \alpha$ (erst $\alpha$, dann $\beta$) setzt man das Bild $\alpha(\vec{x})$ bzw. $A \cdot \vec{x}$ in die Abbildungsgleichung von $\beta$ an der Stelle $\vec{x}$ ein:

$\gamma: \vec{x'} = \begin{pmatrix} -1 & 1 \\ 0 & 1 \end{pmatrix} \cdot \left[ \underline{\hspace{3cm}} \right] = \underline{\hspace{3cm}} \cdot \vec{x} + \underline{\hspace{3cm}} = \begin{pmatrix} \square & \square \\ \square & \square \end{pmatrix} \cdot \vec{x} + \begin{pmatrix} \square \\ \square \end{pmatrix}$

Allgemein gilt also: Sind die Abbildungen $\alpha: \vec{x'} = A \cdot \vec{x} + \vec{c}$ und $\beta: \vec{x'} = B \cdot \vec{x}$ gegeben, dann kann die

Verkettung $\gamma = \beta \circ \alpha$ folgendermaßen berechnet werden: $\gamma: \vec{x'} = B \cdot ( \underline{\hspace{2cm}} ) = \underline{\hspace{2cm}}$.

**3** a) Welcher der Lösungsansätze führt zur richtigen Verkettung?

1) Wenn $\alpha: \vec{x}' = \begin{pmatrix} -2 & 1 \\ 1 & 2 \end{pmatrix} \cdot \vec{x} + \begin{pmatrix} 3 \\ -4 \end{pmatrix}$ und $\beta: \vec{x}' = \begin{pmatrix} 3 & 0 \\ 0 & 3 \end{pmatrix} \cdot \vec{x}$ gegeben sind, gilt für die Verkettung $\gamma_1 = \alpha \circ \beta$:

☐ $\vec{x}' = \begin{pmatrix} 3 & 0 \\ 0 & 3 \end{pmatrix} \cdot \begin{pmatrix} -2 & 1 \\ 1 & 2 \end{pmatrix} \cdot \vec{x} + \begin{pmatrix} 3 \\ -4 \end{pmatrix}$ 

☐ $\vec{x}' = \begin{pmatrix} -2 & 1 \\ 1 & 2 \end{pmatrix} \cdot \begin{pmatrix} 3 & 0 \\ 0 & 3 \end{pmatrix} \cdot \vec{x} + \begin{pmatrix} 3 \\ -4 \end{pmatrix}$

☐ $\vec{x}' = \begin{pmatrix} -2 & 1 \\ 1 & 2 \end{pmatrix} \cdot \begin{pmatrix} 3 & 0 \\ 0 & 3 \end{pmatrix} \cdot \vec{x} + \begin{pmatrix} -2 & 1 \\ 1 & 2 \end{pmatrix} \cdot \begin{pmatrix} 3 \\ -4 \end{pmatrix}$ 

☐ $\vec{x}' = \begin{pmatrix} 3 & 0 \\ 0 & 3 \end{pmatrix} \cdot \begin{pmatrix} -2 & 1 \\ 1 & 2 \end{pmatrix} \cdot \vec{x} + \begin{pmatrix} 3 & 0 \\ 0 & 3 \end{pmatrix} \cdot \begin{pmatrix} 3 \\ -4 \end{pmatrix}$

2) Eine Figur soll zuerst an der $x_2$-Achse gespiegelt werden und anschließend um 180° rechts um den Ursprung gedreht werden. Für die Verkettung $\gamma_2 = \alpha \circ \beta$ gilt:

☐ $\vec{x}' = \begin{pmatrix} 0 & -1 \\ 1 & 0 \end{pmatrix} \cdot \begin{pmatrix} 0 & 1 \\ -1 & 0 \end{pmatrix} \cdot \vec{x}$ 

☐ $\vec{x}' = \begin{pmatrix} -1 & 0 \\ 0 & 1 \end{pmatrix} \cdot \begin{pmatrix} -1 & 0 \\ 0 & -1 \end{pmatrix} \cdot \vec{x}$

☐ $\vec{x}' = \begin{pmatrix} -1 & 0 \\ 0 & 1 \end{pmatrix} \cdot \begin{pmatrix} 1 & 0 \\ 0 & -1 \end{pmatrix} \cdot \vec{x}$ 

☐ $\vec{x}' = \begin{pmatrix} -1 & 0 \\ 0 & -1 \end{pmatrix} \cdot \begin{pmatrix} -1 & 0 \\ 0 & 1 \end{pmatrix} \cdot \vec{x}$

b) Berechnen Sie die Matrix-Vektor-Darstellung der Verkettungen $\gamma_1$ und $\gamma_2$ aus Aufgabenteil a).

$\gamma_1: \vec{x}' = \begin{pmatrix} -6 & \blacksquare \\ \blacksquare & \blacksquare \end{pmatrix} \cdot \vec{x} + \begin{pmatrix} \blacksquare \\ -4 \end{pmatrix}$

$\gamma_2: \vec{x}' = \begin{pmatrix} \blacksquare & \blacksquare \\ 0 & \blacksquare \end{pmatrix} \cdot \vec{x}$

**4** Gegeben sind die Abbildungen $\alpha: \vec{x}' = \begin{pmatrix} -1 & 0 \\ 0 & -1 \end{pmatrix} \cdot \vec{x} + \begin{pmatrix} 4 \\ -1 \end{pmatrix}$ und $\beta: \vec{x}' = \begin{pmatrix} 0 & 1 \\ 1 & 0 \end{pmatrix} \cdot \vec{x}$.

a) Bestimmen Sie die Matrix-Vektor-Darstellung der Verkettungen:

$\gamma_1 = \alpha \circ \beta: \vec{x}' = $ _____

$\gamma_2 = \beta \circ \alpha: \vec{x}' = $ _____

b) Auf ein Dreieck mit den Eckpunkten A(−1|−1), B(2|0) und C(2|5) soll zunächst die Abbildung $\alpha$ und anschließend die Abbildung $\beta$ angewendet werden. Bestimmen Sie die Bildpunkte:

$A'\left( \blacksquare \mid \blacksquare \right)$  $B'\left( \blacksquare \mid \blacksquare \right)$  $C'\left( \blacksquare \mid \blacksquare \right)$

c) Zeichnen Sie das Dreieck mit den Eckpunkten A, B und C und das Bilddreieck mit den Eckpunkten A', B' und C' in ein Koordinatensystem und beschreiben Sie, welche geometrischen Veränderungen die Abbildung bewirkt.

d) Bestimmen Sie die Bildgerade der Geraden $g: \vec{x} = \begin{pmatrix} 0 \\ 3 \end{pmatrix} + t \cdot \begin{pmatrix} 1 \\ -2 \end{pmatrix}$ bei Anwendung der Abbildung $\gamma_1$.

e) Überprüfen Sie, ob die Geraden $g: \vec{x}' = \begin{pmatrix} 0 \\ 1,5 \end{pmatrix} + t \cdot \begin{pmatrix} 1 \\ -1 \end{pmatrix}$ und $h: \vec{x} = \begin{pmatrix} -1 \\ 2 \end{pmatrix} + t \cdot \begin{pmatrix} 1 \\ 1 \end{pmatrix}$ Fixgeraden der Abbildung $\gamma_1$ sind.

**5** a) Entscheiden Sie, ob folgende Aussagen wahr oder falsch sind:

|  | w | f |
|---|---|---|
| A. $\begin{pmatrix} -1 & 0 \\ 0 & 1 \end{pmatrix} \cdot \begin{pmatrix} 1 & 0 \\ 0 & -1 \end{pmatrix} = \begin{pmatrix} 1 & 0 \\ 0 & -1 \end{pmatrix} \cdot \begin{pmatrix} -1 & 0 \\ 0 & 1 \end{pmatrix}$ | ☐ | ☐ |
| B. $\begin{pmatrix} 0 & 2 \\ 2 & 0 \end{pmatrix} \cdot \begin{pmatrix} -1 & 0 \\ 0 & 1 \end{pmatrix} = \begin{pmatrix} -1 & 0 \\ 0 & 1 \end{pmatrix} \cdot \begin{pmatrix} 0 & 2 \\ 2 & 0 \end{pmatrix}$ | ☐ | ☐ |
| C. Für eine Streckung mit dem Faktor k = 3 mit der zugehörigen Matrix S ist $S^2$ die Matrix einer Streckung mit dem Faktor 6. | ☐ | ☐ |
| D. Eine Drehung um 180° entspricht einer Verkettung einer Spiegelung an der Ursprungsgeraden, die mit der $x_1$-Achse einen Winkel von 45° einschließt, und anschließender Spiegelung an der Ursprungsgeraden, die mit der $x_1$-Achse einen Winkel von −45° einschließt. | ☐ | ☐ |

b) Weisen Sie die Gültigkeit der wahren Aussagen aus Aufgabenteil a) nach.

**1** Durch die folgenden Abbildungsgleichungen ist eine Abbildung $\alpha$ definiert:

$$x_1' = -2x_1 + 3x_2 - 3 \qquad x_2' = 4x_1 + 2x_2 + 4$$

a) Bestimmen Sie die Koordinaten der Eckpunkte A', B' und C' des Bilddreiecks von ABC mit A(1|1), B(7|3), C(4|5).

b) Bestimmen Sie das Bild der Geraden $g: \vec{x} = \begin{pmatrix} -3 \\ 1 \end{pmatrix} + t \cdot \begin{pmatrix} -1 \\ 2 \end{pmatrix}$.

c) Bestimmen Sie alle Fixpunkte der Abbildung $\alpha$.

d) Untersuchen Sie, ob die Geraden $g: \vec{x} = \begin{pmatrix} -2 \\ 1 \end{pmatrix} + t \cdot \begin{pmatrix} 1 \\ 2 \end{pmatrix}$ und $h: \vec{x} = \begin{pmatrix} -4 \\ 2 \end{pmatrix} + t \cdot \begin{pmatrix} -3 \\ 2 \end{pmatrix}$ Fixgeraden von $\alpha$ sind.

**2** Gegeben ist die Abbildung $\alpha: \vec{x}' = \begin{pmatrix} -8 & -6 \\ 9 & 7 \end{pmatrix} \cdot \vec{x} + \begin{pmatrix} -6 \\ 6 \end{pmatrix}$.

a) Untersuchen Sie die Lage der Geraden $g: \vec{x}' = \begin{pmatrix} -2 \\ 3 \end{pmatrix} + t \cdot \begin{pmatrix} 1 \\ -1 \end{pmatrix}$ und ihrer Bildgeraden g' zueinander.

b) Bestimmen Sie alle Fixpunkte von $\alpha$.

c) Eine Abbildung bildet das Dreieck mit den Eckpunkten A(0|0), B(2|4) und C(0|5) auf das Dreieck mit den Eckpunkten A'(1|2), B'(3|6) und C'(5|5) ab. Bestimmen Sie die Matrixdarstellung der Abbildungen und die Koordinaten der Bildpunkte zu den Originalpunkten D(4|−3) und E(−2|1). Beschreiben Sie genau, um welche Art der Abbildung es sich handelt.

**3** Gegeben ist die Abbildung $\alpha: \vec{x}' = \begin{pmatrix} -1 & 0 \\ 0 & -1 \end{pmatrix} \cdot \vec{x} + \begin{pmatrix} 2 \\ -4 \end{pmatrix}$.

a) Begründen Sie, dass die Abbildung eine Punktspiegelung am Punkt Z(1|−2) beschreibt.

b) Bestimmen Sie die Bildgerade g' zur Gerade $g: \vec{x}' = \begin{pmatrix} 0 \\ 2 \end{pmatrix} + t \cdot \begin{pmatrix} 1 \\ 2 \end{pmatrix}$.

c) Zeigen Sie, dass die Abbildung $\alpha$ durch eine Verkettung aus einer Verschiebung, einer Drehung um 180° und einer erneuten Verschiebung dargestellt werden kann.

d) Der Punkt A(3|4) wird durch eine Spiegelung an einer Ursprungsgeraden auf den Punkt A'(−1,4|−4,8) abgebildet. Bestimmen Sie die Gleichung der Ursprungsgeraden und die Koordinaten der Bildpunkte zu den Punkten B(0|6) und C(1|3).

**4** In einem Vergnügungspark steht ein Gebäude in Form einer Pyramide an einem Hang, der an die $x_1x_2$-Ebene angrenzt. Die Punkte A(6|0|0), B(0|0|0) und C(0|−6|2) sind drei Eckpunkte der quadratischen Grundfläche (1 LE entspricht einem Meter). Die Spitze S der Pyramide liegt genau 4 Meter über der Kante $\overline{CD}$.

a) Bestimmen Sie die Koordinaten des vierten Eckpunkts D der Grundfläche und der Spitze S.

b) Sonnenstrahlen treffen in der Richtung $\vec{v} = \begin{pmatrix} 1 \\ 3 \\ -2 \end{pmatrix}$ auf die Pyramide. Berechnen Sie das Bild der Spitze S bei einer Projektion in die $x_1x_2$-Ebene und die Bildstrecke zu der Kante $\overline{SD}$. Zeichnen Sie das Gebäude und seinen Schatten.

c) In der Nachmittagssonne kann der Schattenwurf der Pyramide auf die Hangebene durch die Matrix

$A = \begin{pmatrix} 1 & 0,2 & 0,6 \\ 0 & 0,6 & -1,2 \\ 0 & -0,2 & 0,4 \end{pmatrix}$ beschrieben werden. Bestimmen Sie die Richtung, in der die Sonnenstrahlen verlaufen,

und die Gleichung der Hangebene in Koordinatenform. Berechnen Sie die Koordinaten des neuen Bildpunkts $S_2'$ und zeichnen Sie den Nachmittagsschatten in Ihre Zeichnung aus Aufgabenteil b) ein.

**5** Das Dreieck mit den Eckpunkten A(−3|2), B(0|3) und C(−2|4) wird zunächst an der $x_2$-Achse gespiegelt und anschließend mit dem Faktor 3 gestreckt.

a) Bestimmen Sie die Eckpunkte des Bilddreiecks, indem Sie die Matrixdarstellung der verketteten Abbildung aufstellen.

b) Vergleichen Sie den Flächeninhalt des ursprünglichen Dreiecks mit dem Flächeninhalt des Bilddreiecks.

c) Weisen Sie nach, dass die Verkettung in diesem konkreten Fall unabhängig von der Reihenfolge der verketteten Abbildungen ist.

# Lineare Abhängigkeit und Unabhängigkeit von Vektoren

Zwei Vektoren $\vec{a}$ und $\vec{b}$ sind **linear abhängig**, wenn sie Vielfache voneinander sind; sonst sind sie **linear unabhängig**. Zwei linear abhängige Vektoren sind parallel (und umgekehrt).

Beispiel: $\vec{a} = \begin{pmatrix} 1 \\ -2 \\ 0,5 \end{pmatrix}$ und $\vec{b} = \begin{pmatrix} -4 \\ 8 \\ -2 \end{pmatrix}$ sind linear abhängig, da $\vec{b} = -4 \cdot \vec{a}$. $\vec{a} = \begin{pmatrix} 1 \\ -2 \\ 0,5 \end{pmatrix}$ und $\vec{c} = \begin{pmatrix} -2 \\ 4 \\ 0 \end{pmatrix}$ hingegen sind linear unabhängig.

Die **drei Vektoren** $\vec{a}$, $\vec{b}$ und $\vec{c}$ sind **linear abhängig**, weil das LGS
$r_1 \cdot \vec{a} + r_2 \cdot \vec{b} + r_3 \cdot \vec{c} = \vec{0}$ unendlich viele Lösungen hat: mit $r_3 = t$ ergibt sich
$r_2 = -t$ und $r_1 = -2t$. Für $t = 1$ ergibt sich z.B.: $-2\vec{a} - \vec{b} + \vec{c} = \vec{0}$.
Jeder der drei Vektoren lässt sich dann als **Linearkombination** aus den anderen beiden Vektoren darstellen. Es ist $\vec{c} = 2 \cdot \vec{a} + \vec{b}$ bzw. $\vec{a} = -\frac{1}{2}\vec{b} + \frac{1}{2}\vec{c}$ bzw.
$\vec{b} = -2\vec{a} + \vec{c}$

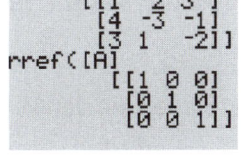

Betrachtet man die Vektoren $\vec{b}$, $\vec{c}$ und $\vec{d} = \begin{pmatrix} 1 \\ 2 \\ 3 \end{pmatrix}$, so hat das LGS

$r_1 \cdot \vec{b} + r_2 \cdot \vec{c} + r_3 \cdot \vec{d} = \vec{0}$ als einzige Lösung $r_1 = r_2 = r_3 = 0$.
Die drei Vektoren $\vec{b}$, $\vec{c}$ und $\vec{d}$ sind **linear unabhängig**.
Es gibt keine Linearkombination, so dass einer der Vektoren durch die anderen dargestellt werden könnte.

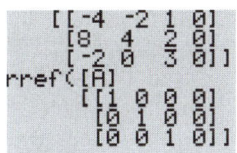

**1** Füllen Sie, falls möglich, die Lücken so aus, dass die beiden Vektoren $\vec{a}$ und $\vec{b}$ linear abhängig sind.

a) $\vec{a} = \begin{pmatrix} \phantom{0} \\ -2 \\ 3 \end{pmatrix}$; $\vec{b} = \begin{pmatrix} 2 \\ 4 \\ \phantom{0} \end{pmatrix}$
b) $\vec{a} = \begin{pmatrix} \phantom{0} \\ -2 \\ 3 \end{pmatrix}$; $\vec{b} = \begin{pmatrix} 1 \\ 4 \\ 6 \end{pmatrix}$
c) $\vec{a} = \begin{pmatrix} 3 \\ \phantom{0} \\ \phantom{0} \end{pmatrix}$; $\vec{b} = \begin{pmatrix} 0,5 \\ 4 \\ 0 \end{pmatrix}$
d) $\vec{a} = \begin{pmatrix} 0 \\ \phantom{0} \\ \phantom{0} \end{pmatrix}$; $\vec{b} = \begin{pmatrix} 1 \\ 3 \\ 4 \end{pmatrix}$

**2** Ordnen Sie die GTR-Anzeigen den passenden Vektoren zu und lesen sie daran ab, ob die drei Vektoren linear abhängig sind oder linear unabhängig.

a)
```
[[1  2 -1 0]
 [2  1 -2 0]
 [5  3  5 0]]
rref([A])
 [[1 0 0 0]
  [0 1 0 0]
  [0 0 1 0]]
```

b)
```
[[-1 2 3 0]
 [5  0 5 0]
 [3  1 5 0]]
rref([A])
 [[1 0 1 0]
  [0 1 2 0]
  [0 0 0 0]]
```

c)
```
[[2 0 0 0]
 [0 2 2 0]
 [0 1 1 0]]
rref([A])
 [[1 0 0 0]
  [0 1 1 0]
  [0 0 0 0]]
```

☐ $\vec{a} = \begin{pmatrix} 1 \\ 2 \\ -1 \end{pmatrix}$; $\vec{b} = \begin{pmatrix} 2 \\ 1 \\ -2 \end{pmatrix}$; $\vec{c} = \begin{pmatrix} 5 \\ 3 \\ 5 \end{pmatrix}$
☐ $\vec{a} = \begin{pmatrix} -1 \\ 5 \\ 3 \end{pmatrix}$; $\vec{b} = \begin{pmatrix} 2 \\ 0 \\ 1 \end{pmatrix}$; $\vec{c} = \begin{pmatrix} 3 \\ 5 \\ 5 \end{pmatrix}$
☐ $\vec{a} = \begin{pmatrix} 2 \\ 0 \\ 0 \end{pmatrix}$; $\vec{b} = \begin{pmatrix} 0 \\ 2 \\ 1 \end{pmatrix}$; $\vec{c} = \begin{pmatrix} 0 \\ 2 \\ 1 \end{pmatrix}$

☐ $\vec{a} = \begin{pmatrix} 1 \\ 2 \\ 5 \end{pmatrix}$; $\vec{b} = \begin{pmatrix} 2 \\ 1 \\ 3 \end{pmatrix}$; $\vec{c} = \begin{pmatrix} -1 \\ -2 \\ 5 \end{pmatrix}$
☐ $\vec{a} = \begin{pmatrix} 3 \\ 5 \\ 5 \end{pmatrix}$; $\vec{b} = \begin{pmatrix} -1 \\ 5 \\ 3 \end{pmatrix}$; $\vec{c} = \begin{pmatrix} 2 \\ 0 \\ 1 \end{pmatrix}$
☐ $\vec{a} = \begin{pmatrix} 2 \\ 0 \\ 0 \end{pmatrix}$; $\vec{b} = \begin{pmatrix} 0 \\ 2 \\ 2 \end{pmatrix}$; $\vec{c} = \begin{pmatrix} 0 \\ 1 \\ 1 \end{pmatrix}$

☐ $\vec{a}, \vec{b}, \vec{c}$ sind linear unabhängig.
☐ $\vec{a}, \vec{b}, \vec{c}$ sind linear abhängig.

☐ $\vec{a}, \vec{b}, \vec{c}$ sind linear unabhängig.
☐ $\vec{a}, \vec{b}, \vec{c}$ sind linear abhängig.

☐ $\vec{a}, \vec{b}, \vec{c}$ sind linear unabhängig.
☐ $\vec{a}, \vec{b}, \vec{c}$ sind linear abhängig.

**3** Überprüfen Sie, ob die drei Vektoren $\vec{a}$, $\vec{b}$ und $\vec{c}$ linear unabhängig sind.

a) $\vec{a} = \begin{pmatrix} 1 \\ 0 \\ 2 \end{pmatrix}$; $\vec{b} = \begin{pmatrix} 3 \\ 4 \\ 2 \end{pmatrix}$; $\vec{c} = \begin{pmatrix} 0 \\ -4 \\ 4 \end{pmatrix}$ zu lösendes LGS: $r_1 \cdot \vec{a} + r_2 \cdot \vec{b} + r_3 \cdot \vec{c} = \vec{0}$:

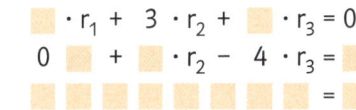

$\square \cdot r_1 + 3 \cdot r_2 + \square \cdot r_3 = 0$
$0 \cdot \square + \square \cdot r_2 - 4 \cdot r_3 = \square$
$\blacksquare\blacksquare\blacksquare\blacksquare\blacksquare\blacksquare\blacksquare\blacksquare = \blacksquare$

☐ Das LGS hat unendlich viele Lösungen.
☐ Die drei Vektoren sind linear abhängig.

☐ $r_1 = r_2 = r_3 = 0$ ist die einzige Lösung des LGS.
☐ Die drei Vektoren sind linear unabhängig.

b) $\vec{a} = \begin{pmatrix} 4 \\ -2 \\ 0,5 \end{pmatrix}$; $\vec{b} = \begin{pmatrix} 1 \\ 4 \\ 1 \end{pmatrix}$; $\vec{c} = \begin{pmatrix} 5 \\ -7 \\ 0 \end{pmatrix}$ zu lösendes LGS: $r_1 \cdot \vec{a} + r_2 \cdot \vec{b} + r_3 \cdot \vec{c} = \vec{0}$: _____

☐ Das LGS hat unendlich viele Lösungen.      ☐ $r_1 = r_2 = r_3 = 0$ ist die einzige Lösung des LGS.
☐ Die drei Vektoren sind linear abhängig.      ☐ Die drei Vektoren sind linear unabhängig.

c) $\vec{a} = \begin{pmatrix} 0,5 \\ -0,5 \\ 2 \end{pmatrix}$; $\vec{b} = \begin{pmatrix} -3,5 \\ 2 \\ -1,5 \end{pmatrix}$; $\vec{c} = \begin{pmatrix} -1 \\ -2 \\ 21 \end{pmatrix}$ zu lösendes LGS: _____ : _____

☐ Das LGS hat unendlich viele Lösungen.      ☐ $r_1 = r_2 = r_3 = 0$ ist die einzige Lösung des LGS.
☐ Die drei Vektoren sind linear abhängig.      ☐ Die drei Vektoren sind linear unabhängig.

**4**   Stellen Sie den Vektor $\vec{a}$ als Linearkombination der Vektoren $\vec{b}$ und $\vec{c}$ dar.

a) $\vec{a} = \begin{pmatrix} 2 \\ 5 \\ -9 \end{pmatrix}$; $\vec{b} = \begin{pmatrix} 1 \\ 2 \\ -3 \end{pmatrix}$; $\vec{c} = \begin{pmatrix} 2 \\ 0 \\ 6 \end{pmatrix}$

$1 \cdot r_1 + 2 \cdot r_2 = 2$

Zu lösendes LGS: $\vec{a} = r_1 \cdot \vec{b} + r_2 \cdot \vec{c}$.   D.h. ▨ $\cdot r_1$ ▨ $\cdot r_2 = $ ▨ .   Es ergibt sich: $r_1 = $ ▨ , $r_2 = $ ▨
▨ ▨ ▨ ▨ ▨ $ = $ ▨

b) $\vec{a} = \begin{pmatrix} -1 \\ 3 \\ 7 \end{pmatrix}$; $\vec{b} = \begin{pmatrix} 0,5 \\ -0,5 \\ -0,5 \end{pmatrix}$; $\vec{c} = \begin{pmatrix} 1,5 \\ -0,5 \\ 1,5 \end{pmatrix}$

Zu lösendes LGS: $\vec{a} = r_1 \cdot \vec{b} + r_2 \cdot \vec{c}$.   D.h. _____

Es ergibt sich: $r_1 = $ ▨ , $r_2 = $ ▨

**5**   Kreuzen Sie jeweils an:

|  | richtig | falsch |
|---|---|---|
| a) Wenn zwei Vektoren linear abhängig sind, dann sind sie parallel. | ☐ | ☐ |
| b) Drei Vektoren sind linear abhängig, wenn sie alle in einer Ebene liegen. | ☐ | ☐ |
| c) Sind bei drei Vektoren jeweils zwei linear unabhängig, dann sind auch alle drei Vektoren linear unabhängig. | ☐ | ☐ |
| d) Ist unter drei Vektoren der Nullvektor, so sind alle drei Vektoren linear abhängig. | ☐ | ☐ |

**6**   Gegeben ist der „Doppelquader". Entscheiden Sie für jede Vektorkombination, ob diese linear abhängig oder linear unabhängig ist.

|  | Linear abhängig | Linear unabhängig |
|---|---|---|
| a) $\overrightarrow{AB}$; $\overrightarrow{JK}$ | ☐ | ☐ |
| b) $\overrightarrow{LH}$; $\overrightarrow{EC}$ | ☐ | ☐ |
| c) $\overrightarrow{AE}$; $\overrightarrow{GK}$ | ☐ | ☐ |
| d) $\overrightarrow{BE}$; $\overrightarrow{BF}$; $\overrightarrow{JH}$ | ☐ | ☐ |
| e) $\overrightarrow{AL}$; $\overrightarrow{LH}$; $\overrightarrow{HA}$ | ☐ | ☐ |
| f) $\overrightarrow{IE}$; $\overrightarrow{KG}$; $\overrightarrow{CD}$ | ☐ | ☐ |

**7**   Untersuchen Sie, ob die vier Vektoren $\vec{a} = \begin{pmatrix} 1 \\ 3 \\ 3 \end{pmatrix}$; $\vec{b} = \begin{pmatrix} -3 \\ 4 \\ 2 \end{pmatrix}$; $\vec{c} = \begin{pmatrix} 2 \\ 1 \\ 9 \end{pmatrix}$; $\vec{d} = \begin{pmatrix} -2 \\ -4 \\ -7 \end{pmatrix}$ linear abhängig sind.

**Beweisen mit Vektoren**

Viele geometrische Aussagen kann man mit Vektoren beweisen. Dazu wählt man **zwei linear unabhängige Vektoren $\vec{a}$ und $\vec{b}$**. Mithilfe dieser Vektoren formuliert man die Voraussetzungen. Die Behauptung wird dann durch das **Rechnen mit Vektoren** hergeleitet. Weitere Vektoren werden dabei als Linearkombination von $\vec{a}$ und $\vec{b}$ ausgedrückt.

Beispiel:

Wenn in einem Dreieck ABC der Punkt $M_1$ die Mitte der Seite $\overline{AB}$ und der Punkt $M_2$ die Mitte der Seite $\overline{AC}$ ist, dann ist die Strecke $\overline{M_1M_2}$ parallel zur dritten Dreiecksseite $\overline{BC}$ und halb so lang.

Beweis mit den Vektoren $\vec{a} = \overrightarrow{AB}$ und $\vec{b} = \overrightarrow{AC}$:

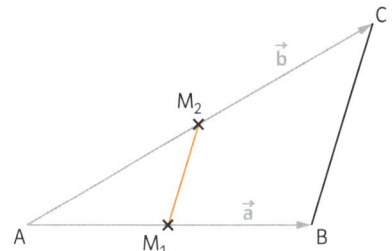

Voraussetzungen: $\overrightarrow{AM_1} = \frac{1}{2}\overrightarrow{AB} = \frac{1}{2}\vec{a}$ und $\overrightarrow{AM_2} = \frac{1}{2}\overrightarrow{AC} = \frac{1}{2}\vec{b}$

Behauptung: $\overrightarrow{M_1M_2} = \frac{1}{2}\overrightarrow{BC}$

Beweis: $\overrightarrow{M_1M_2} = \overrightarrow{M_1A} + \overrightarrow{AM_2} = -\frac{1}{2}\vec{a} + \frac{1}{2}\vec{b} = \frac{1}{2}\left(-\vec{a} + \vec{b}\right)$

$\overrightarrow{BC} = \overrightarrow{BA} + \overrightarrow{AC} = -\vec{a} + \vec{b}$

Also ist $\overrightarrow{M_1M_2} = \frac{1}{2}\overrightarrow{BC}$, das heißt die Strecken $\overline{M_1M_2}$ und $\overline{BC}$ sind

parallel und $\overline{M_1M_2}$ ist halb so lang wie $\overline{BC}$.

**1** Zeigen Sie, dass gilt:

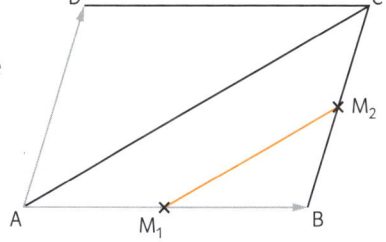

Wenn in einem Parallelogramm ABCD der Punkt $M_1$ die Mitte der Seite $\overline{AB}$ und der Punkt $M_2$ die Mitte der Seite $\overline{BC}$ ist, dann ist die Verbindungsstrecke $\overline{M_1M_2}$ parallel zur Diagonale $\overline{AC}$ und halb so lang.

Beweis mit den Vektoren _____ und _____

Voraussetzungen: _____

Behauptung: _____

Beweis: _____

_____

_____

Also ist _____ ,

das heißt die Strecke $\overline{M_1M_2}$ und die Diagonale $\overline{AC}$ sind parallel und $\overline{M_1M_2}$ ist halb so lang wie $\overline{AC}$.

**2** Gegeben sei ein Trapez ABCD mit den parallelen Seiten $\overline{AB}$ und $\overline{CD}$. $M_1$ und $M_2$ seien die Mittelpunkte der beiden anderen Seiten. Zeigen Sie mithilfe zweier geeigneter Vektoren, dass die Mittellinie $\overline{M_1M_2}$ halb so lang ist wie die beiden parallelen Seiten zusammen. Fertigen Sie dazu auch eine Skizze an.

Beweis mit den Vektoren _____ und _____

Voraussetzungen: _____

_____

_____

Behauptung: _____

Beweis: _____

_____

_____

# Vektorielle Beweise zur Orthogonalität

Um zu beweisen, dass **zwei Vektoren** (z.B. die Richtungsvektoren zweier Strecken oder Geraden) **zueinander orthogonal** sind, verwendet man das Skalarprodukt. Zwei Vektoren $\vec{a}$ und $\vec{b}$ sind genau dann zueinander orthogonal, wenn ihr Skalarprodukt 0 ist.
Beim Beweisen verwendet man oft folgende **Eigenschaften des Skalarprodukts von Vektoren**:

1. Kommutativgesetz: $\vec{a} \cdot \vec{b} = \vec{b} \cdot \vec{a}$

2. Für jede reelle Zahl gilt: $r \cdot \vec{a} \cdot \vec{b} = r \cdot (\vec{a} \cdot \vec{b})$

3. Distributivgesetz: $(\vec{a} + \vec{b}) \cdot \vec{c} = \vec{a} \cdot \vec{c} + \vec{b} \cdot \vec{c}$

4. $\vec{a} \cdot \vec{a} = |\vec{a}|^2$

Beispiel: Zeigen Sie, dass die Diagonalen eines Quadrats senkrecht zueinander und gleich lang sind.
Beweis mit den Vektoren $\vec{a} = \overrightarrow{AB}$ und $\vec{b} = \overrightarrow{AD}$:
Voraussetzungen: $|\vec{a}| = |\vec{b}|$ und $\vec{a} \cdot \vec{b} = 0$
Behauptungen:
1. $\overrightarrow{AC} \cdot \overrightarrow{DB} = 0$
2. $|\overrightarrow{AC}| = |\overrightarrow{DB}|$
Beweis: $\overrightarrow{AC} = \vec{a} + \vec{b}$; $\overrightarrow{DB} = \vec{a} - \vec{b}$

1. $\overrightarrow{AC} \cdot \overrightarrow{DB} = (\vec{a} + \vec{b}) \cdot (\vec{a} - \vec{b}) = \vec{a} \cdot \vec{a} - \vec{a} \cdot \vec{b} + \vec{b} \cdot \vec{a} - \vec{b} \cdot \vec{b}$
   $= |\vec{a}|^2 - \vec{a} \cdot \vec{b} + \vec{a} \cdot \vec{b} - |\vec{b}|^2 = |\vec{a}|^2 - |\vec{a}|^2 = 0$
   Also sind die Diagonalen zueinander senkrecht.

2. $|\overrightarrow{AC}|^2 = (\vec{a} + \vec{b}) \cdot (\vec{a} + \vec{b}) = \vec{a} \cdot \vec{a} + 2 \cdot \vec{a} \cdot \vec{b} + \vec{b} \cdot \vec{b} = |\vec{a}|^2 + 0 + |\vec{b}|^2 = |\vec{a}|^2 + |\vec{b}|^2$

   $|\overrightarrow{DB}|^2 = (\vec{a} - \vec{b}) \cdot (\vec{a} - \vec{b}) = \vec{a} \cdot \vec{a} - 2 \cdot \vec{a} \cdot \vec{b} + \vec{b} \cdot \vec{b} = |\vec{a}|^2 - 0 + |\vec{b}|^2 = |\vec{a}|^2 + |\vec{b}|^2$
   Also sind die Diagonalen gleich lang.

**1** Gegeben sind zwei aneinander liegende gleich große Rauten. Zeigen Sie mithilfe von Vektoren, dass die kürzere Diagonale der linken Raute orthogonal zur längeren Diagonale der rechten Raute ist.

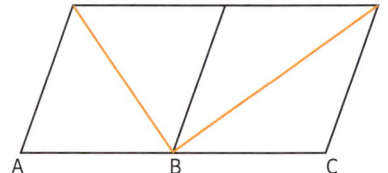

Beweis mit den Vektoren _____ und _____

Voraussetzungen: _____

_____

Behauptung: _____

Beweis: _____

_____

**2** Die Diagonalen eines Rechtecks sind gleich lang. Vervollständigen Sie den Beweis dieser Aussage mit den Vektoren $\vec{a}$ und $\vec{b}$.

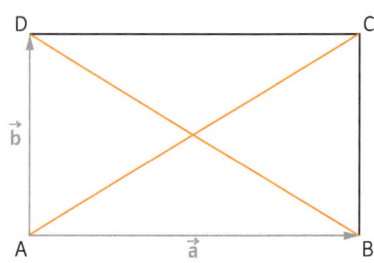

Voraussetzung: $\vec{a} \cdot \vec{b} = $ _____ ; Behauptung: _____

Beweis: $\overrightarrow{AC} = $ _____ ; $\overrightarrow{BD} = $ _____

$|\overrightarrow{AC}|^2 = $ _____

$|\overrightarrow{BD}|^2 = $ _____

Also sind die Diagonalen gleich lang.

**3** Ein Parallelogramm mit gleich langen Diagonalen ist ein Rechteck. Beweisen Sie diese Aussage. Fertigen Sie dazu eine Skizze an. Die Beweisschritte finden Sie – in vermischter Reihenfolge – auf den Kärtchen.

Skizze:

$\overrightarrow{AB} = 0{,}5\,\vec{a} + 0{,}5\,\vec{b}$

$\overrightarrow{AB} = \overrightarrow{DC}$

$= 0{,}25\left(\vec{a} \cdot \vec{a} - \vec{a} \cdot \vec{b} + \vec{b} \cdot \vec{a} - \vec{b} \cdot \vec{b}\right)$

$\overrightarrow{AB} \cdot \overrightarrow{BC}$

$= 0{,}25\left(|\vec{a}|^2 - |\vec{a}|^2\right)$

$|\overrightarrow{AC}| = |\overrightarrow{DB}| = |\vec{a}| = |\vec{b}|$

$\overrightarrow{AB} \cdot \overrightarrow{BC} = 0$

$\overrightarrow{AD} = \overrightarrow{BC}$

Beweis mit den Vektoren $\vec{a} = \overrightarrow{AC}$ und $\vec{b} = \overrightarrow{DB}$:

$= 0{,}25\left(|\vec{a}|^2 - \vec{a} \cdot \vec{b} + \vec{a} \cdot \vec{b} - |\vec{b}|^2\right)$

Voraussetzungen: _____

_____

$= 0$

$\overrightarrow{BC} = 0{,}5\,\vec{a} - 0{,}5\,\vec{b}$

_____

Behauptung: _____

Beweis: _____

_____

_____

_____

_____

**4** Gegeben sei ein Quadrat ABCD. Die Punkte $M_1$, $M_2$, $M_3$, $M_4$ seien die Mittelpunkte der Quadratseiten. Zeigen Sie: Das Viereck $M_1M_2M_3M_4$ ist wieder ein Quadrat.
(Hinweis: Es genügt zu zeigen, dass die Strecken $\overline{M_1M_2}$ und $\overline{M_2M_3}$ gleich lang und orthogonal zueinander sind.)

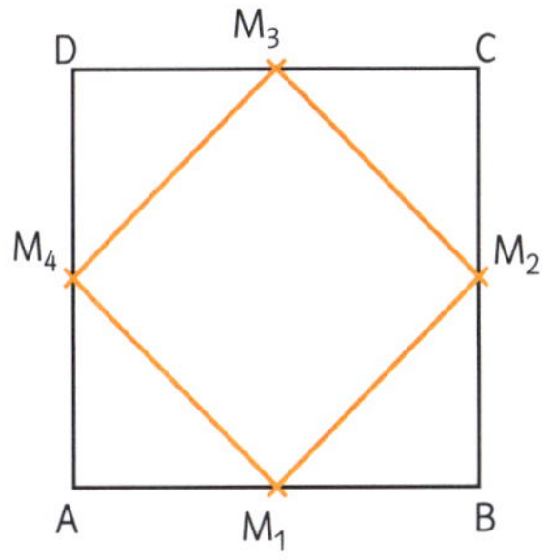

Beweis mit den Vektoren _____ und _____

Voraussetzungen: _____

_____

_____

_____

Behauptungen: 1) _____ 2) _____

Beweis: $\overrightarrow{M_1M_2}$ = _____ ; $\overrightarrow{M_2M_3}$ = _____

1) _____

_____

_____

2) _____

_____

# Teilverhältnisse

Der Punkt T(2|3|−1) liegt auf der Strecke $\overline{AB}$, die die beiden Punkte A(−2|5|3) und B(8|0|−7) verbindet. Wenn man die Strecke $\overline{AB}$ in 5 gleich große Abschnitte einteilt, liegt der Punkt T genau zwischen dem zweiten und dritten Abschnitt.

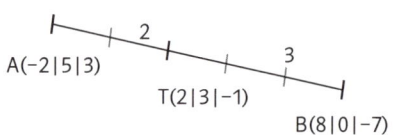

Das heißt, zwei Teilabschnitte bilden die Strecke $\overline{AT}$, die restlichen drei Teilabschnitte die Strecke $\overline{TB}$.

Man sagt, der Punkt T **teilt die Strecke im Verhältnis 2 : 3**.

Anders ausgedrückt gilt $\frac{\overline{AT}}{\overline{TB}} = \frac{2}{3}$ bzw. $\overline{AT} = \frac{2}{3} \cdot \overline{TB}$.

Die Zahl $\frac{2}{3}$ nennt man **Teilverhältnis** des Punktes T bezüglich der Strecke $\overline{AB}$.

Für die Teilstrecken $\overline{AT}$ und $\overline{TB}$ und die Gesamtstrecke $\overline{AB}$ gilt $\overline{AT} = \frac{2}{2+3} \cdot \overline{AB} = \frac{2}{5} \cdot \overline{AB}$ sowie $\overline{TB} = \frac{3}{2+3} \cdot \overline{AB} = \frac{3}{5} \cdot \overline{AB}$. Für die Vektoren, die die Punkte A, T und B verbinden, erhält man entsprechend:

$\overrightarrow{AT} = \frac{2}{3} \cdot \overrightarrow{TB}$, $\overrightarrow{AT} = \frac{2}{2+3} \cdot \overrightarrow{AB} = \frac{2}{5} \cdot \overrightarrow{AB}$ sowie $\overrightarrow{TB} = \frac{3}{2+3} \cdot \overrightarrow{AB} = \frac{3}{5} \cdot \overrightarrow{AB}$.

Das Verhältnis 2 : 3 gilt auch für die einzelnen Koordinaten der Punkte A, B und T. So gilt zum Beispiel für die $x_1$-Koordinaten $2 - (-2) = 4 = \frac{2}{3} \cdot 6 = \frac{2}{3} \cdot (8 - 2)$.

**1** Gegeben ist eine Strecke $\overline{AB}$ und ein Punkt T, der auf dieser Strecke liegt. Vervollständigen Sie die Zusammenhänge, die für die Teilstrecken $\overline{AT}$ und $\overline{TB}$ und die Gesamtstrecke $\overline{AB}$ gelten.

a) Der Punkt T hat bezüglich der Strecke $\overline{AB}$ das Teilverhältnis $\frac{3}{4}$. Dann gilt: $\frac{\overline{AT}}{\overline{TB}} = $ _____ und $\overline{AT} = $ _____ $\cdot \overline{AB}$.

b) Der Punkt T teilt die Strecke $\overline{AB}$ im Verhältnis 3 : 7. Dann gilt: $\overline{AT} = $ ____ $\cdot \overline{TB}$ und $\overline{TB} = $ ____ $\cdot \overline{AB}$.

c) Es ist $\overline{AT} = \frac{6}{5} \cdot \overline{TB}$. Dann gilt $\overline{AT} = $ ____ $\cdot \overline{AB}$ und der Punkt T teilt die Strecke $\overline{AB}$ im Verhältnis _____.

d) Es ist $\overrightarrow{TB} = \frac{1}{3} \cdot \overrightarrow{AB}$. Dann gilt $\overline{AT} = $ ____ $\cdot \overline{AB}$ und T hat bezüglich der Strecke $\overline{AB}$ das Teilverhältnis ____.

**2** a) Die Strecke $\overline{AB}$ mit A(1|0|−1) und B(−3|8|3) wird durch den Punkt T(0|2|0) geteilt. Welches Teilverhältnis hat T bezüglich der Strecke $\overline{AB}$?

$\overrightarrow{AT} = \begin{pmatrix} \phantom{0} \\ \phantom{0} \\ \phantom{0} \end{pmatrix} - \begin{pmatrix} \phantom{0} \\ \phantom{0} \\ \phantom{0} \end{pmatrix} = \begin{pmatrix} \phantom{0} \\ \phantom{0} \\ \phantom{0} \end{pmatrix}$ und $\overrightarrow{TB} = \begin{pmatrix} \phantom{0} \\ \phantom{0} \\ \phantom{0} \end{pmatrix} - \begin{pmatrix} \phantom{0} \\ \phantom{0} \\ \phantom{0} \end{pmatrix} = \begin{pmatrix} \phantom{0} \\ \phantom{0} \\ \phantom{0} \end{pmatrix}$. Damit gilt: $\overline{AT} = $ ____ $\cdot \overline{TB}$ und $\overline{AT} = $ ____ $\cdot \overline{AB}$.

T hat bezüglich der Strecke $\overline{AB}$ das Teilverhältnis _____.

b) Die Strecke $\overline{AB}$ mit A(−7|10|14) und B(9|2|−10) wird durch den Punkt T(3|5|−1) geteilt. In welchem Verhältnis teilt T die Strecke $\overline{AB}$?

$\overrightarrow{AT} = \begin{pmatrix} \phantom{0} \\ \phantom{0} \\ \phantom{0} \end{pmatrix} - \begin{pmatrix} \phantom{0} \\ \phantom{0} \\ \phantom{0} \end{pmatrix} = \begin{pmatrix} \phantom{0} \\ \phantom{0} \\ \phantom{0} \end{pmatrix}$ und $\overrightarrow{TB} = \begin{pmatrix} \phantom{0} \\ \phantom{0} \\ \phantom{0} \end{pmatrix} - \begin{pmatrix} \phantom{0} \\ \phantom{0} \\ \phantom{0} \end{pmatrix} = \begin{pmatrix} \phantom{0} \\ \phantom{0} \\ \phantom{0} \end{pmatrix}$. Damit gilt: $\overline{AT} = $ ____ $\cdot \overline{TB}$ und $\overline{AT} = $ ____ $\cdot \overline{AB}$.

T teilt die Strecke im Verhältnis _____.

**3** Kreuzen Sie denjenigen Punkt T an, der die Strecke $\overline{AB}$ im vorgegebenen Verhältnis $\frac{a}{b}$ teilt.

a) A(3|5|−5), B(−12|−5|0), $\frac{a}{b} = \frac{2}{3}$: ☐ T(−6|−1|−2) ☐ T(−3|1|−3) ☐ T$\left(-7\left|-\frac{5}{3}\right|-\frac{10}{3}\right)$

b) A(8|14|−2), B(10|5|4), $\frac{a}{b} = \frac{1}{1}$: ☐ T(9|9,5|1) ☐ T(18|19|2) ☐ T(2|−9|6)

c) A(0|−7|−4), B(7|7|2), $\frac{a}{b} = \frac{4}{3}$: ☐ T$\left(\frac{3,5}{7}\left|0\right|-\frac{1}{7}\right)$ ☐ T$\left(3\left|-1\right|-\frac{10}{7}\right)$ ☐ T$\left(4\left|1\right|-\frac{4}{7}\right)$

d) A(−1|1|−1), B(−2|−4|6), $\frac{a}{b} = \frac{3}{1}$: ☐ T$\left(-\frac{5}{3}\left|-\frac{15}{3}\right|\frac{11}{3}\right)$ ☐ T$\left(-\frac{7}{4}\left|-\frac{11}{4}\right|\frac{17}{4}\right)$ ☐ T$\left(\frac{7}{4}\left|\frac{11}{4}\right|-\frac{17}{4}\right)$

# Vektorielle Beweise zu Teilverhältnissen

Eine **geschlossene Vektorkette** ist eine Linearkombination von linear unabhängigen Vektoren, die den Nullvektor ergibt. Mit geschlossenen Vektorketten kann man Teilverhältnisse in geometrischen Figuren nachweisen oder bestimmen. Wie man dabei vorgeht, zeigt folgendes Beispiel:

**Satz:** In jedem Dreieck schneiden sich die Seitenhalbierenden in einem Punkt S, dem Schwerpunkt des Dreiecks. Der Punkt S teilt jede Seitenhalbierende im Verhältnis 2 : 1.

**Beweis:**

1. Voraussetzung: $\overrightarrow{AM_1} = \overrightarrow{M_1B} = \frac{1}{2}\vec{a}$ und $\overrightarrow{BM_2} = \overrightarrow{M_2C} = \frac{1}{2}(-\vec{a} + \vec{b})$

2. Behauptung: $\overrightarrow{AS} = r \cdot \overrightarrow{AM_2}$ und $\overrightarrow{SM_2} = t \cdot \overrightarrow{CM_1}$

3. Nachweis mit einer geschlossenen Vektorkette, bei der am Teilungspunkt S ein „Knick" vorliegt: $\overrightarrow{AS} + \overrightarrow{SM_1} + \overrightarrow{M_1A} = \vec{0}$

   Behauptung einsetzen: $r \cdot \overrightarrow{AM_2} + t \cdot \overrightarrow{CM_1} + \overrightarrow{M_1A} = \vec{0}$

   Mit $\vec{a}$ und $\vec{b}$ schreiben:

   $r \cdot \left(\vec{a} + \frac{1}{2}(-\vec{a} + \vec{b})\right) + t \cdot \left(-\vec{b} + \frac{1}{2}\vec{a}\right) - \frac{1}{2}\vec{a} = \vec{0}$

   $r \cdot \left(\frac{1}{2}\vec{a} + \frac{1}{2}\vec{b}\right) + t \cdot \left(\frac{1}{2}\vec{a} - \vec{b}\right) - \frac{1}{2}\vec{a} = \vec{0}$

   Als Linearkombination von $\vec{a}$ und $\vec{b}$ schreiben: $\left(\frac{1}{2}r + \frac{1}{2}t - \frac{1}{2}\right) \cdot \vec{a} + \left(\frac{1}{2}r - t\right) \cdot \vec{b} = \vec{0}$.

   Da $\vec{a}$ und $\vec{b}$ linear unabhängig sind, erhält man das lineare Gleichungssystem $\begin{array}{l} \text{I} \quad \frac{1}{2}r + \frac{1}{2}t - \frac{1}{2} = 0 \\ \text{II} \quad \frac{1}{2}r - t = 0 \end{array}$ mit

   der Lösung $r = \frac{2}{3}$ und $t = \frac{1}{3}$. Das heißt, S teilt die Seitenhalbierenden $\overline{AM_2}$ und $\overline{CM_1}$ im Verhältnis 2 : 1.

**1** Folgende Skizzen gehören zu Aufgaben, bei denen ein Teilverhältnis $\frac{a}{b}$ nachgewiesen werden soll. Geben Sie eine geschlossene Vektorkette an, mit der man diesen Nachweis führen kann.

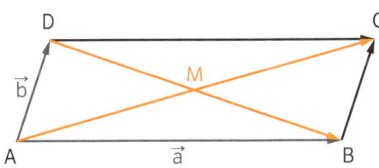

a) Zu zeigen: M teilt die Diagonalen in einem festen Verhältnis.

Vektorkette: _____

b) Zu zeigen: S teilt die Strecken $\overline{AP}$ und $\overline{BC}$ in einem festen Verhältnis.

Vektorkette: _____

**2** Das Viereck ABCD ist ein gleichschenkliges Trapez, bei dem die kürzere der beiden parallelen Seiten halb so lang ist wie die längere. M ist der Schnittpunkt der Diagonalen $\overline{AC}$ und $\overline{BD}$. Bestimmen Sie das Teilverhältnis, mit dem M die Strecken $\overline{AC}$ und $\overline{BD}$ teilt.

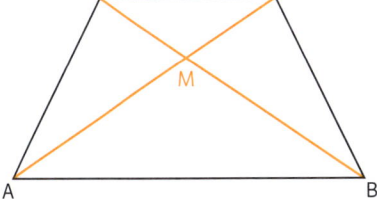

Beweis mit den linear unabhängigen Vektoren $\vec{a} = $ _____ und $\vec{b} = $ _____

Voraussetzung: $\overrightarrow{DC} = $ ____; Behauptung: $\overrightarrow{AM} = r \cdot$ ____ und $\overrightarrow{MB} = t \cdot$ ____

Geschlossene Vektorkette: _____

Behauptung einsetzen: _____ Mit $\vec{a}$ und $\vec{b}$ schreiben: _____

Als Linearkombination von $\vec{a}$ und $\vec{b}$ schreiben: _____

Man erhält das LGS $\begin{array}{l}\text{I}\\ \text{II}\end{array}$ _____ mit $r = $ ____ und $t = $ ____. M teilt die Diagonalen im Verhältnis ____.

**1** Untersuchen Sie, ob die angegebenen Vektoren linear abhängig oder linear unabhängig sind.

a) $\vec{a} = \begin{pmatrix} -2 \\ 4 \\ -6 \end{pmatrix}$; $\vec{b} = \begin{pmatrix} 3 \\ -6 \\ 9 \end{pmatrix}$

b) $\vec{a} = \begin{pmatrix} 2 \\ -5 \\ 7 \end{pmatrix}$; $\vec{b} = \begin{pmatrix} -4 \\ 1 \\ 2 \end{pmatrix}$; $\vec{c} = \begin{pmatrix} 4 \\ 3 \\ -10 \end{pmatrix}$

c) $\vec{a} = \begin{pmatrix} 2 \\ -3 \\ 0 \end{pmatrix}$; $\vec{b} = \begin{pmatrix} 1 \\ 12,5 \\ 20 \end{pmatrix}$; $\vec{c} = \begin{pmatrix} 1 \\ 2 \\ 5 \end{pmatrix}$

d) $\vec{a} = \begin{pmatrix} 7 \\ 8 \\ 6 \end{pmatrix}$; $\vec{b} = \begin{pmatrix} -3 \\ 4 \\ 0 \end{pmatrix}$; $\vec{c} = \begin{pmatrix} 1 \\ 1 \\ -1 \end{pmatrix}$; $\vec{d} = \begin{pmatrix} 0 \\ -8 \\ -6 \end{pmatrix}$

**2** Gegeben sind die linear unabhängigen Vektoren

$\vec{a} = \begin{pmatrix} 3 \\ 0 \\ -2 \end{pmatrix}$; $\vec{b} = \begin{pmatrix} 4 \\ 1 \\ -5 \end{pmatrix}$; $\vec{c} = \begin{pmatrix} -2 \\ 2 \\ 3 \end{pmatrix}$ und $\vec{d} = \begin{pmatrix} -4 \\ 3,5 \\ 4 \end{pmatrix}$.

Stellen Sie jeden der vier Vektoren als Linearkombination der drei anderen Vektoren dar.

**3** Wenn man in einem Rechteck ABCD die Seitenmitten E, F, G und H verbinden, entsteht ein weiteres Viereck. Weisen Sie nach, dass das Viereck EFGH eine Raute ist.

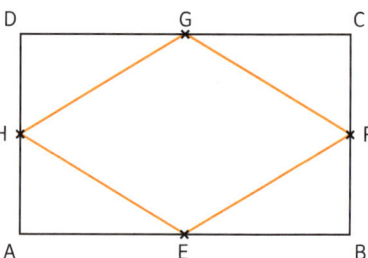

**4** Satz des Pythagoras und seine Umkehrung: Zeigen Sie mithilfe von Vektoren, dass in einem Dreieck ABC, bei dem $\overline{AB}$ die längste Seite ist, gilt: $\left|\overrightarrow{AB}\right|^2 = \left|\overrightarrow{AC}\right|^2 + \left|\overrightarrow{CB}\right|^2$ genau dann, wenn das Dreieck bei C einen rechten Winkel hat.

**5** Bestimmen Sie den Punkt T, wenn dieser die Strecke $\overline{AB}$ im Verhältnis $\frac{a}{b}$ teilt.

a) $A(4\,|-5\,|\,2)$, $B(-8\,|-9\,|\,10)$, Teilverhältnis $\frac{a}{b} = \frac{1}{3}$.

b) $A(3\,|\,7\,|-1)$, $B(0\,|-8\,|\,5)$, Teilverhältnis $\frac{a}{b} = \frac{2}{1}$.

**6** M sei der Schnittpunkt der Diagonalen einer Raute ABCD. Zeigen Sie, dass M beide Diagonalen halbiert.

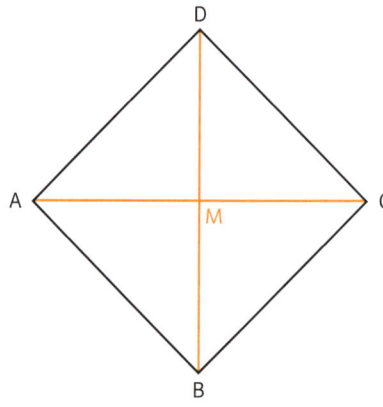

# Lambacher Schweizer

Mathematik für Gymnasien

Basistraining Analytische Geometrie und Stochastik

# Lösungen zum Arbeitsheft

## I Lineare Gleichungssysteme

### Das Gauß-Verfahren, Seite 3

**1** a) $L = \{(1; 0; 2)\}$    b) $L = \{(-1; 1; 2)\}$    c) $L = \left\{\left(2; -\frac{1}{2}; 3\right)\right\}$

**2** Ausführliche Schreibweise    Matrixschreibweise

$$\begin{array}{rl}
5x_1 + x_2 + 4x_3 = 3 \\
-x_1 + x_2 + x_3 = 0 \\
2x_1 - 6x_2 - 4x_3 = 10
\end{array} \qquad \begin{array}{rrr|r}
5 & 1 & 4 & 3 \\
-1 & 1 & 1 & 0 \\
2 & -6 & -4 & 10
\end{array}$$

$$\begin{array}{rl}
-x_1 + x_2 + x_3 = 0 & |\cdot 5 \\
5x_1 + x_2 + 4x_3 = 3 \\
2x_1 - 6x_2 - 4x_3 = 10
\end{array} \qquad \begin{array}{rrr|rl}
-1 & 1 & 1 & 0 & |\cdot 5 \\
5 & 1 & 4 & 3 \\
2 & -6 & -4 & 10
\end{array}$$

$$\begin{array}{rl}
-x_1 + x_2 + x_3 = 0 & |\cdot 2 \\
6x_2 + 9x_3 = 3 \\
2x_1 - 6x_2 - 4x_3 = 10
\end{array} \qquad \begin{array}{rrr|rl}
-1 & 1 & 1 & 0 & |\cdot 2 \\
0 & 6 & 9 & 3 \\
2 & -6 & -4 & 10
\end{array}$$

$$\begin{array}{rll}
-x_1 + x_2 + x_3 = 0 \\
6x_2 + 9x_3 = 3 & |\cdot 4 \\
-4x_2 - 2x_3 = 10 & |\cdot 6
\end{array} \qquad \begin{array}{rrr|rl}
-1 & 1 & 1 & 0 \\
0 & 6 & 9 & 3 & |\cdot 4 \\
0 & -4 & -2 & 10 & |\cdot 6
\end{array}$$

$$\begin{array}{rll}
-x_1 + x_2 + x_3 = 0 \\
24x_2 + 36x_3 = 12 & |\cdot 1 \\
-24x_2 - 12x_3 = 60
\end{array} \qquad \begin{array}{rrr|rl}
-1 & 1 & 1 & 0 \\
0 & 24 & 36 & 12 & |\cdot 1 \\
0 & -24 & -12 & 60
\end{array}$$

$$\begin{array}{rl}
-x_1 + x_2 + x_3 = 0 \\
24x_2 + 36x_3 = 12 \\
24x_3 = 72
\end{array} \qquad \begin{array}{rrr|r}
-1 & 1 & 1 & 0 \\
0 & 24 & 36 & 12 \\
0 & 0 & 24 & 72
\end{array}$$

Mit $x_3 = 3$ folgt aus
$24x_2 + 36 \cdot 3 = 12$
$\quad 24 \cdot x_2 = 12 - 108 = -96$
$\qquad x_2 = -4$

Mit $x_3$ und $x_2$ folgt aus der
1. Gleichung für $x_1$:
$-x_1 - 4 + 3 = 0$
$\qquad\qquad x_1 = -1$
Lösung $(-1; -4; 3)$

**3** a) $L = \{(-2; 2; 1)\}$    b) $L = \{(-1; 2; 1)\}$    c) $L = \{(2; 1; -1)\}$

**4** a)
$$\begin{array}{rl}
-2x_1 + x_2 - 2x_3 = -6 & |\cdot(-1) \\
x_1 + x_2 = 0 \\
-2x_1 + 3x_3 = 1
\end{array}$$

$$\begin{array}{rl}
-2x_1 + x_2 + 2x_3 = -6 \\
x_1 + x_2 = 0 \\
-x_2 + 1x_3 = 7
\end{array}$$
… man erhält die Lösung $L(4; -4; 3)$.

b)
$$\begin{array}{rl}
x_1 + 7x_2 + x_3 = 2 & |\cdot 1 \\
-x_1 - 3x_2 + 2x_3 = -5 \\
-x_1 + 4x_2 + 4x_3 = -7
\end{array}$$

$$\begin{array}{rl}
x_1 + 7x_2 + x_3 = 2 \\
4x_2 + 3x_3 = -3 & |\cdot 11 \\
11x_2 + 5x_3 = -5 & |\cdot(-4)
\end{array}$$
… man erhält die Lösung $L(3; 0; -1)$.

c)
$$\begin{array}{rl}
x_1 + x_2 + 2x_3 = 2 & |\cdot(-2) \\
2x_1 - x_3 = 0 \\
-3x_1 - 2x_2 - 2x_3 = -1
\end{array}$$

$$\begin{array}{rl}
x_1 + x_2 + 2x_3 = 2 & |\cdot 3 \\
-2x_2 - 5x_3 = -4 \\
-3x_1 - 2x_2 - 2x_3 = -1
\end{array}$$
… man erhält die Lösung $L(1; -3; 2)$.

### Lösungsmengen linearer Gleichungssyteme, Seite 5

**1** a) $L = \{(2; 3; -1)\}$    b) $L = \{(-11; 7; -3)\}$
c) $L = \{\,\}$    d) $L = \{(-2 + 3t; 4 - 2t; t) | t \in \mathbb{R}\}$

**2** Ausführliche Schreibweise    Matrixschreibweise

$$\begin{array}{rll}
-x_1 - 4x_2 + x_3 = 2 & |\cdot(-2) & |\cdot 1 \\
-2x_1 + x_2 - 4x_3 = -5 \\
x_1 + x_2 + x_3 = 1
\end{array} \qquad \begin{array}{rrr|rll}
-1 & -4 & 1 & 2 & |\cdot(-2) & |\cdot 1 \\
-2 & 1 & -4 & -5 \\
1 & 1 & 1 & 1
\end{array}$$

$$\begin{array}{rll}
-x_1 - 4x_2 + x_3 = 2 \\
9x_2 - 6x_3 = -9 & |:3 \\
-3x_2 + 2x_3 = 3
\end{array} \qquad \begin{array}{rrr|rl}
-1 & -4 & 1 & 2 \\
0 & 9 & -6 & -9 & |:3 \\
0 & -3 & 2 & 3
\end{array}$$

$$\begin{array}{rl}
-x_1 - 4x_2 + x_3 = 2 \\
3x_2 - 2x_3 = -3 \\
0 \cdot x_2 + 0 \cdot x_3 = 0
\end{array} \qquad \begin{array}{rrr|r}
-1 & -4 & 1 & 2 \\
0 & 3 & -2 & -3 \\
0 & 0 & 0 & 0
\end{array}$$

Setze z. B. $x_3 = t$.
Dies in die 2. Gleichung eingesetzt liefert $3x_2 - 2t = -3$.

Daraus folgt $x_2 = -1 + \frac{2}{3}t$.

$x_3$ und $x_2$ in die 1. Gleichung eingesetzt liefert:

$-x_1 - 4 \cdot \left(-1 + \frac{2}{3}t\right) + t = 2$. Umformen nach $x_1$ liefert: $x_1 = 2 - \frac{5}{3}t$.

Damit erhält man allgemein die Lösungsmenge

$L = \left\{\left(2 - \frac{5}{3}t; -1 + \frac{2}{3}t; t\right) \Big| t \in \mathbb{R}\right\}.$

**3** wahr    wahr    falsch    falsch    wahr    wahr

**4**

| Lösungsmenge | Lösungstripel – Beispiele |
|---|---|
| $L = \{(2; 2t - 4; t) | t \in \mathbb{R}\}$ | $(2; -2; 1); (2; 0; 2)$ |
| $L = \{(3 - t; 2t; t) | t \in \mathbb{R}\}$ | $(2; 2; 1); (1; 4; 2)$ |
| $L = \{(0,5t + 6; t; 3t) | t \in \mathbb{R}\}$ | $(6,5; 1; 3); (7; 2; 6)$ |
| $L = \{(4t; 3t; t) | t \in \mathbb{R}\}$ | $(4; 3; 1); (8; 6; 2)$ |

**5** a) keine Lösung, $L = \{\,\}$
b) eine Lösung, $L = \{(-4; 1; 1)\}$
c) unendlich viele Lösungen, $L = \left\{\left(6 + \frac{5}{2}t; 6 + t; t\right) \Big| t \in \mathbb{R}\right\}$

**6** a) wahr; es hat unendlich viele Lösungen die voneinander abhängig sind.

b) falsch; es hat eine Lösung, die von unten nach oben berechnet werden kann.

c) falsch; es kann auch lösbar sein.

d) falsch; es hat entweder unendlich viele Lösungen oder es hat keine Lösung.

Beispiel:
$$\left.\begin{array}{l} x_1 + x_2 + x_3 = 4 \\ x_1 + x_2 + x_3 = 5 \\ 3x_1 + 3x_2 + 3x_3 = 3 \end{array}\right\} \text{ keine Lösung}$$

**7** a) $x_1 + x_2 - 3x_3 = 1$
$\quad\;\; 2x_1 + x_2 - 4x_3 = 6$
Lösungsmenge: $L = \{(5 + t; -4 + 2t; t) \,|\, t \in \mathbb{R}\}$

b) $\;\;2x_1 - x_2 + x_3 - 2x_4 = -3$
$\quad 2x_1 \;\;\;\;\;\;\;\; + x_3 + x_4 = 2$
$\;-2x_1 + 2x_2 - 5x_3 + 5x_4 = 7$
$\quad\quad\quad\;\; x_2 + 2x_3 + 2x_4 = 4$
Lösungsmenge: $L = \left\{\left(\frac{1}{8}; \frac{1}{2}; \frac{1}{4}; \frac{3}{2}\right)\right\}$.

c) $\;-x_1 + 2x_2 + 7x_3 = 50$
$\quad\;\; x_1 + x_2 + x_3 = 15$
$\;-x_1 + x_2 + x_3 = 5$
$\;11x_1 + 3x_2 - 9x_3 = 1$
Lösungsmenge: $L = \{(5; 3; 7)\}$.

**8** a) $L = \{(-8 - t; -2 + t; t) \,|\, t \in \mathbb{R}\}$
b) $L = \{(2; -1; 1)\}$
c) $L = \{\,\}$

**9** mögliche lineare Gleichungssysteme:

a) $\begin{array}{l} x_1 - x_2 + x_3 = -6 \\ -2x_1 + x_2 - x_3 = 7 \\ x_1 + x_2 + x_3 = 0 \end{array}$
b) $\begin{array}{l} x_1 + x_2 + x_3 = 5 \\ -2x_1 + x_2 - 2x_3 = 2 \end{array}$

c) $\begin{array}{l} x_1 + x_2 - x_3 = 0 \\ 2x_1 + 2x_2 - 2x_3 = 0 \\ 5x_1 + 3x_2 + x_3 = 0 \end{array}$
d) $\begin{array}{l} x_1 - x_2 + x_3 = -6 \\ -2x_1 + x_2 - x_3 = 7 \\ x_1 - x_2 + x_3 = 0 \end{array}$

## Bestimmung ganzrationaler Funktionen, Seite 8

**1** $f'(x) = 3a \cdot x^2 + 2b \cdot x + c$ und $f''(x) = 6a \cdot x + 2b$.

Zugehöriges LGS

| | |
|---|---|
| $f(0) = 2$ | I $\;d = 2$ |
| $f''(0) = 0$ | II $\;2b = 0$ d.h. $b = 0$ |
| $f(1) = 4$ | III $\;a + b + c + d = 4$ |
| $f'(1) = 0$ | IV $\;3a + 2b + c = 0$ |

Einsetzen von I und II ergibt das LGS

III* $a + c + 2 = 4$
IV* $3a + c = 0$

III* $a + c = 2 \qquad |\cdot(-1)$
IV* $3a + c = 0 \quad\longleftarrow\!\!\!\mid +$

III* $a + c = 2$
IV* $2a = -2$

Man erhält als Lösungen $a = -1$ und aus $a + c = 2$ folgt $c = 3$.
Mit $b = 0$ und $d = 2$ ergibt sich damit die Funktionsgleichung der gesuchten Funktion $f(x) = -x^3 + 3x + 2$.

**2** Schnittpunkt mit der y-Achse bei 2: (I) $\;f(0) = 2$;
Berührpunkt bei (2 | 0) liefert: (II) $\;f(2) = 0$ und
(III) $\;f'(2) = 0$
Weitere Nullstelle bei $x = -1$: (IV) $\;f(-1) = 0$.
Das zugehörige LGS liefert die Lösung:

$a = \frac{1}{2}$; $b = -\frac{3}{2}$; $c = 0$ und $d = 2$, also ist $f(x) = \frac{1}{2}x^3 - \frac{3}{2}x^2 + 2$.

**3** $P(1 | 2)$ ist Extrempunkt liefert: (I) $\;f(1) = 2$ und
(II) $\;f'(1) = 0$
Wendepunkt an der Stelle $x = 2$: (III) $\;f''(2) = 0$
Graph geht durch den Ursprung: (IV) $\;f(0) = 0$
Das zugehörige LGS liefert die Lösung:

$a = \frac{1}{2}$; $b = -3$; $c = \frac{9}{2}$; $c = 0$ und $d = 0$, also ist $f(x) = \frac{1}{2}x^3 - 3x^2 + \frac{9}{2}x$.

**4** a) Graph durch (0 | 0): (I) $\;f(0) = 0$
Hochpunkt bei (1 | 4): (II) $\;f'(1) = 0$ und
(III) $\;f(1) = 4$
Tiefpunkt bei (3 | 0): (IV) $\;f'(3) = 0$
Das zugehörige LGS liefert die Funktionsgleichung
$f(x) = x^3 - 6x^2 + 9x$.

b) Graph durch (-4 | 0): (I) $\;f(-4) = 0$
Graph durch (-2 | 2): (II) $\;f(-2) = 2$
Tiefpunkt bei (0 | 0): (IV) $\;f'(0) = 0$ und
(III) $\;f(0) = 0$
Das zugehörige LGS liefert die Funktionsgleichung $f(x) = \frac{1}{4}x^3 + x^2$.

c) Graph durch (-3 | 0): (I) $\;f(-3) = 0$
Graph durch $\left(-2 \left|\frac{8}{3}\right.\right)$: (II) $\;f(-2) = \frac{8}{3}$
Tiefpunkt bei (0 | 0): (IV) $\;f'(0) = 0$ und
(III) $\;f(0) = 0$
Das zugehörige LGS liefert die Funktionsgleichung
$f(x) = \frac{2}{3}x^3 + 2x^2$.

**5** a) $f(x) = -\frac{1}{11}x^3 + \frac{12}{11}x$
b) $f(x) = \frac{1}{4}x^4 - \frac{3}{2}x^2$
c) $f(x) = -\frac{1}{2}x^4 + \frac{5}{4}x^3 + x$
d) Die Funktionsgleichung ist nicht eindeutig bestimmbar.
Mögliche Lösungen liefern $f_t(x) = t \cdot x^2 + 1,5$.

**6** Ansatz: $\;f(x) = a \cdot x^2 + b \cdot x + c$
(I) $\;\;f(-100) = 50$
(II) $\;f(0) = 0$
(III) $f'(0) = -0,2$
Lösung Anlauf: $f(x) = 0,003 \cdot x^2 - 0,2 \cdot x$

## Test, Seite 10

**1** a) $L = \left\{\left(\frac{11}{9}; \frac{7}{9}; \frac{2}{9}\right)\right\}$ b) $L = \{(0; 4; 13)\}$ c) $L = \{(-5; 0; 5)\}$

**2** a) Unendlich viele Lösungen: $L = \{(4 - t; 5 - t; t) \,|\, t \in \mathbb{R}\}$
b) Eine Lösung: $L = \{(4; 1; 2)\}$
c) Keine Lösung: $L = \{\,\}$

**3** a) $\begin{array}{l} x_1 - 2x_2 + x_3 = 0 \quad |\cdot(-1) \\ 10x_1 + x_2 - 8x_3 = 0 \\ x_1 + x_2 + x_3 = 18 \quad\longleftarrow\!\!\!\mid + \end{array}$

$\begin{array}{l} x_1 - 2x_2 + x_3 = 0 \\ 10x_1 + x_2 - 8x_3 = 0 \\ 3x_2 = +18 \end{array}$

… man erhält die Lösung $L = \{(5; 6; 7)\}$.

b) $\begin{array}{l} x_1 - x_2 + x_3 = 0 \quad |\cdot 1 \\ -x_1 - x_2 = 2 \quad\longleftarrow\!\!\!\mid + \\ -x_1 - x_2 + 2x_3 = 2 \end{array}$

$\begin{array}{l} x_1 - x_2 + x_3 = 0 \\ -2x_2 + x_3 = 2 \quad |\cdot(-1) \\ -2x_2 + 3x_3 = 2 \end{array}$

… man erhält die Lösung $L = \{(-1; -1; 0)\}$.

c)
$$\begin{array}{rrrrr} x_1 & -3x_2 & + & x_3 & = & 1 & |\cdot 1 \\ -x_1 & +2x_2 & & & = & 4 & \\ -x_1 & +4x_2 & & -2x_3 & = & -6 & \end{array}$$

$$\begin{array}{rrrr} x_1 -3x_2 + x_3 = & 1 \\ -x_2 + x_3 = & 5 & |\cdot 1 \\ x_2 - x_3 = & -5 \end{array}$$

…man erhält die Lösung $L = \{(-14 + 2t; -5 + t; t) \,|\, t \in \mathbb{R}\}$.

**4** a) $f(x) = \frac{2}{3}x^3 + 2x^2$
b) $f(x) = -x^3 + 3x^2 + 3$
c) $f(x) = \frac{1}{2}x^4 - 4x^2 + 2$

**5** Flugkurve des Springers: $f(x) = \frac{1}{32\,400}x^3 - \frac{1}{120}x^2$

## II Schlüsselkonzept: Vektoren – Geraden im Raum

### Punkte im Raum, Seite 11

**1**

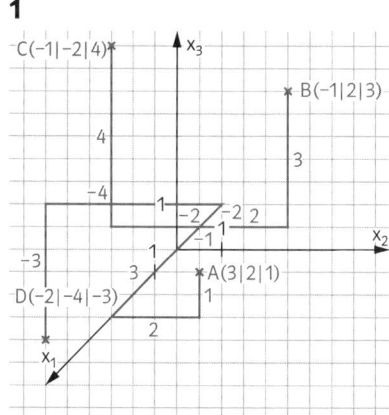

**2** a)
☒ A(2|-1,5|4)  ☐ A(-2|-3|2)  ☒ A(0|-2,5|3)  ☐ A(4|3|3)
☒ B(0|2,5|5)  ☒ B(-5|0|2,5)  ☐ B(3|4|6)  ☒ B(5|5|7,5)
☒ C(5|4|0)  ☐ C(2|3|-1,5)  ☒ C(-1|1|-3)  ☐ C(0|3|-2)
b) A(1|-2|3,5), A(5|0|5,5), A(-4|-4,5|1), B(-4|0,5|3),
B(4|4,5|7), B(5|5|7,5), C(5|4|0)

**3** a)

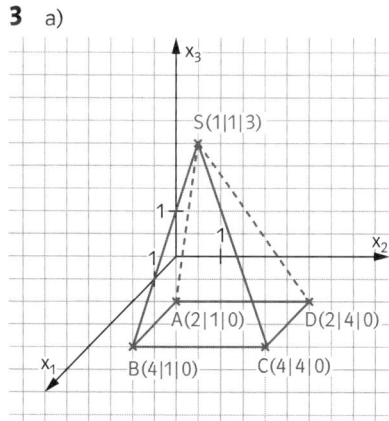

b) B(4|1|0), D(2|4|0), S(1|1|3)

**4** a) A(0|0|0), B(5|0|0), C(5|5|0), D(0|5|0), E(0|0|5),
F(5|0|5), G(5|5|5), H(0|5|5)
b) A(0|0|0), B(0|5|0), C(-5|5|0), D(-5|0|0), E(0|0|5),
F(0|5|5), G(-5|5|5), H(-5|0|5)
c) A(2,5|-2,5|0), B(2,5|2,5|0), C(-2,5|2,5|0), D(-2,5|-2,5|0),
E(2,5|-2,5|5), F(2,5|2,5|5), G(-2,5|2,5|5), H(-2,5|-2,5|5)

**5** a) Die Punkte liegen in der $x_1x_3$-Ebene
b) Die Punkte liegen in einer Ebene, die parallel zur $x_2x_3$-Ebene verläuft. Die Ebene schneidet die $x_1$-Achse im Punkt (2|0|0).
c) Die Punkte liegen auf einer Geraden, die in der $x_1x_2$-Ebene parallel zur $x_2$-Achse verläuft. Diese Gerade schneidet die $x_1$-Achse im Punkt (1|0|0)

### Vektoren, Seite 12

**1**

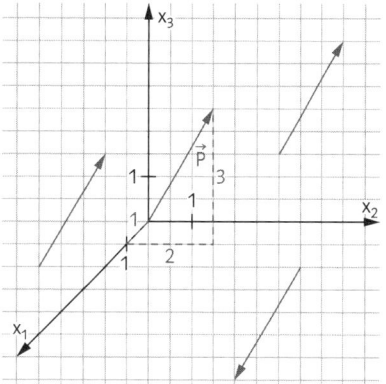

**2** a) $\overrightarrow{AB} = \begin{pmatrix} 3 \\ 1 \\ 1 \end{pmatrix}$, Gegenvektor $\begin{pmatrix} -3 \\ -1 \\ -1 \end{pmatrix}$

b) $\overrightarrow{AB} = \begin{pmatrix} -1 \\ -2 \\ -1 \end{pmatrix}$, Gegenvektor $\begin{pmatrix} 1 \\ 2 \\ 1 \end{pmatrix}$

c) $\overrightarrow{AB} = \begin{pmatrix} -1 \\ -3 \\ -6 \end{pmatrix}$, Gegenvektor $\begin{pmatrix} 1 \\ 3 \\ 6 \end{pmatrix}$

d) $\overrightarrow{AB} = \begin{pmatrix} -2 \\ 1 \\ -1 \end{pmatrix}$, Gegenvektor $\begin{pmatrix} 2 \\ -1 \\ 1 \end{pmatrix}$

**3** a) $\vec{b} = \vec{a} + \overrightarrow{AB} = \begin{pmatrix} 3 \\ 2 \\ 5 \end{pmatrix}$, B(3|2|5)

b) $\vec{a} = \vec{b} - \overrightarrow{AB} = \begin{pmatrix} -1 \\ -3 \\ 0 \end{pmatrix}$, A(-1|-3|0)

**4** P(3|-4|2)

**5** zusammen gehören A(2|0|-1), B(4|0|0),
$\overrightarrow{BA} = \begin{pmatrix} -2 \\ 0 \\ -1 \end{pmatrix}$; A(5|2|2), B(5|2|2), $\overrightarrow{AB} = \begin{pmatrix} 0 \\ 0 \\ 0 \end{pmatrix}$; A(5|-1|-1),
B(3|-1|-2), $\overrightarrow{AB} = \begin{pmatrix} -2 \\ 0 \\ -1 \end{pmatrix}$; A(3|3|3), B(4|4|5), $\overrightarrow{BA} = \begin{pmatrix} -1 \\ -1 \\ -2 \end{pmatrix}$

**6** a) A(2|2|2), B(3|7|-1), $\overrightarrow{AB} = \begin{pmatrix} 1 \\ 5 \\ -3 \end{pmatrix}$

b) A(-1|3|-4), B(1|3|-5), $\overrightarrow{BA} = \begin{pmatrix} -2 \\ 0 \\ 1 \end{pmatrix}$

**7** a) $\overrightarrow{AB} = \begin{pmatrix} 2 \\ 4 \\ -4 \end{pmatrix}$, $\overrightarrow{BC} = \begin{pmatrix} -1 \\ 2 \\ -1 \end{pmatrix}$, $\overrightarrow{CD} = \begin{pmatrix} -2 \\ -4 \\ 4 \end{pmatrix}$, $\overrightarrow{DA} = \begin{pmatrix} 1 \\ 2 \\ -1 \end{pmatrix}$
Viereck ABCD ist ein Parallelogramm

b) $\overrightarrow{AB} = \begin{pmatrix} 4 \\ -2 \\ 6 \end{pmatrix}$, $\overrightarrow{BC} = \begin{pmatrix} -4 \\ 4 \\ -8 \end{pmatrix}$, $\overrightarrow{CD} = \begin{pmatrix} -2 \\ 1 \\ -3 \end{pmatrix}$, $\overrightarrow{DA} = \begin{pmatrix} 2 \\ -3 \\ 5 \end{pmatrix}$

Viereck ABCD ist ein Trapez, aber kein Parallelogramm

c) $\overrightarrow{AB} = \begin{pmatrix} 1 \\ -8 \\ 8 \end{pmatrix}$, $\overrightarrow{BC} = \begin{pmatrix} 5 \\ 6 \\ -6 \end{pmatrix}$, $\overrightarrow{CD} = \begin{pmatrix} -2 \\ -3 \\ 2 \end{pmatrix}$, $\overrightarrow{DA} = \begin{pmatrix} -4 \\ 5 \\ -4 \end{pmatrix}$, $\overrightarrow{AC} = \begin{pmatrix} 6 \\ -2 \\ 2 \end{pmatrix}$,

$\overrightarrow{BD} = \begin{pmatrix} 3 \\ 3 \\ -4 \end{pmatrix}$

Keine der Vektoren sind parallel, also liegt kein Trapez bzw. Parallelogramm vor.

d) $\overrightarrow{BC} = \begin{pmatrix} -2 \\ -4 \\ -3 \end{pmatrix}$, $\overrightarrow{DA} = \begin{pmatrix} -2 \\ -4 \\ -3 \end{pmatrix}$, $\overrightarrow{AC} = \begin{pmatrix} -6 \\ 1 \\ 2 \end{pmatrix}$, $\overrightarrow{DB} = \begin{pmatrix} -6 \\ 1 \\ 2 \end{pmatrix}$

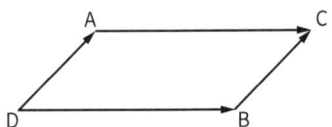

e) $\vec{d} = \vec{a} + \overrightarrow{BC} = \begin{pmatrix} 4 \\ 2 \\ -3 \end{pmatrix} + \begin{pmatrix} -4 \\ 6 \\ 2 \end{pmatrix} = \begin{pmatrix} 0 \\ 8 \\ -1 \end{pmatrix}$,

D(0|8|−1) oder $\vec{d} = \vec{c} + \overrightarrow{BA} = \begin{pmatrix} 0 \\ 8 \\ -1 \end{pmatrix}$

f) $\overrightarrow{AB} = \begin{pmatrix} 3 \\ 2 \\ 0 \end{pmatrix}$. Wähle z. B. $\overrightarrow{CD} = \frac{1}{2}\overrightarrow{AB} = \begin{pmatrix} 1,5 \\ 1 \\ 0 \end{pmatrix}$.

Dann wird $\vec{c} = \vec{d} - \overrightarrow{CD} = \begin{pmatrix} 2,5 \\ 5 \\ 0 \end{pmatrix}$, C(2,5|5|0)

## Rechnen mit Vektoren, Seite 14

**1** a) $2\vec{a} + \vec{b} = \begin{pmatrix} 4 \\ -8 \\ 15 \end{pmatrix}$    b) $\frac{1}{2}\vec{c} - 3\vec{a} = \begin{pmatrix} -2,5 \\ 11 \\ -16,5 \end{pmatrix}$

c) $-\vec{a} + 3\vec{b} - 2\vec{c} = \begin{pmatrix} 3 \\ -11 \\ 16 \end{pmatrix}$

**2** a) $4(\vec{a} + 2\vec{b}) - 7\vec{b} - \vec{a} = 3\vec{a} + \vec{b} = \begin{pmatrix} -2 \\ 1 \\ -9 \end{pmatrix}$

b) $(\vec{a} - (2\vec{b} - \vec{c})) \cdot (-2) + 2(\vec{b} - \vec{c}) = -2\vec{a} + 4\vec{b} - 2\vec{c} + 2\vec{b} - 2\vec{c}$

$= -2\vec{a} + 6\vec{b} - 4\vec{c} = \begin{pmatrix} 28 \\ -62 \\ 30 \end{pmatrix}$

c) $(\vec{b} - 2(\vec{b} - \vec{a})) - 2(3\vec{b} - \vec{c} + \vec{a}) = -\vec{b} + 2\vec{a} - 6\vec{b} + 2\vec{c} - 2\vec{a}$

$= -7\vec{b} + 2\vec{c} = \begin{pmatrix} -17 \\ 49 \\ -23 \end{pmatrix}$

**3** wahr sind die Aussagen $\vec{r} + \vec{q} = \vec{a}$, $\vec{p} = -\vec{b} + \vec{r} + \vec{q}$ und $\vec{a} - \vec{p} - \vec{c} = \vec{r}$

**4** a) P(2|4|3), A(0|2|−1): $\vec{q} = \vec{a} + \overrightarrow{PA} = \begin{pmatrix} -2 \\ 0 \\ -5 \end{pmatrix}$, Q(−2|0|−5)

b) A(2|9|−3), Q(−1|0|3): $\vec{p} = \vec{a} + \overrightarrow{QA} = \begin{pmatrix} 5 \\ 18 \\ -9 \end{pmatrix}$, P(5|18|−9)

**5** a) $\overrightarrow{AH} = \vec{a} + \vec{d}$    b) $\overrightarrow{BD} = \vec{b} + \vec{c}$
c) $\overrightarrow{AJ} = \vec{a} + \vec{b} + \vec{c} + \vec{d}$    d) $\overrightarrow{GD} = \vec{a} + \vec{b} + \vec{c} - \vec{d}$
e) $\overrightarrow{EH} = -\vec{b} - \vec{c} + \vec{a} + \vec{d}$    f) $\overrightarrow{FJ} = \vec{a} + \vec{b} + \vec{d}$

**6** a) $\vec{m} = \begin{pmatrix} 3,5 \\ 3,5 \\ 6,5 \end{pmatrix}$    b) $\vec{m} = \begin{pmatrix} -1 \\ 1 \\ 7 \end{pmatrix}$    c) $\vec{m} = \begin{pmatrix} -5 \\ -2 \\ 5 \end{pmatrix}$

**7** a) B(7|1|14)
b) A(−1|−2|12)
c) A(4|−6|3), B(1|2|−13), M(2,5|−2|−5)

**8** a = 2,5; b = 4; c = 6; d = 6,5; e = 2; f = 3; g = 5; h = 2; i = 3

## Geraden, Seite 16

**1** P(−3|8|−8), Q(−7|14|−16), R(11|−13|20)

**2** a) für r = −1,5 liegt R(−1|−3,5|1,5) auf g

b) Für r = 1 liegt R(4|5|1) auf der Geraden g: $\vec{x} = \begin{pmatrix} 3 \\ 1 \\ -1 \end{pmatrix} + r \cdot \begin{pmatrix} 1 \\ 4 \\ 2 \end{pmatrix}$

**3** P liegt für t = 1 auf g, Q liegt nicht auf g, R liegt für t = −2,5 auf g

**4** a) $x_3$-Koordinate ist Null für t = 0,5: P(3,5|−3|0)
b) $x_2$-Koordinate muss Null sein: ist nicht möglich, es existiert also kein derartiger Punkt.
c) $x_2$- und $x_3$-Koordinaten müssen Null sein: nicht möglich. Siehe b)
d) $x_1 = -4$ für t = −2: P(−4|−3|−5)

**5** g: $\vec{x} = \vec{a} + t \cdot \overrightarrow{AB} = \begin{pmatrix} 3 \\ 0 \\ -1 \end{pmatrix} + t \cdot \begin{pmatrix} 1 \\ 6 \\ 3 \end{pmatrix}$,

g: $\vec{x} = \vec{b} + t \cdot \overrightarrow{AB} = \begin{pmatrix} 4 \\ 6 \\ 2 \end{pmatrix} + t \cdot \begin{pmatrix} 1 \\ 6 \\ 3 \end{pmatrix}$,

g: $\vec{x} = \vec{a} + t \cdot \overrightarrow{BA} = \begin{pmatrix} 3 \\ 0 \\ -1 \end{pmatrix} + t \cdot \begin{pmatrix} -1 \\ -6 \\ -3 \end{pmatrix}$

**6** c: $\vec{x} = \vec{a} + t \cdot \overrightarrow{AB} = \begin{pmatrix} 2 \\ 3 \\ 0 \end{pmatrix} + t \cdot \begin{pmatrix} -3 \\ -3 \\ 3 \end{pmatrix}$

(z. B. auch möglich: c: $\vec{x} = \vec{b} + t \cdot \overrightarrow{AB} = \begin{pmatrix} -1 \\ 0 \\ 3 \end{pmatrix} + t \cdot \begin{pmatrix} -3 \\ -3 \\ 3 \end{pmatrix}$)

b: $\vec{x} = \vec{a} + t \cdot \overrightarrow{AC} = \begin{pmatrix} 2 \\ 3 \\ 0 \end{pmatrix} + t \cdot \begin{pmatrix} -2 \\ -2 \\ 4 \end{pmatrix}$

(z. B. auch möglich: b: $\vec{x} = \vec{c} + t \cdot \overrightarrow{AC} = \begin{pmatrix} 0 \\ 1 \\ 4 \end{pmatrix} + t \cdot \begin{pmatrix} -2 \\ -2 \\ 4 \end{pmatrix}$)

a: $\vec{x} = \vec{b} + t \cdot \overrightarrow{BC} = \begin{pmatrix} -1 \\ 0 \\ 3 \end{pmatrix} + t \cdot \begin{pmatrix} 1 \\ 1 \\ 1 \end{pmatrix}$

(z. B. auch möglich: a: $\vec{x} = \vec{c} + t \cdot \overrightarrow{BC} = \begin{pmatrix} 0 \\ 1 \\ 4 \end{pmatrix} + t \cdot \begin{pmatrix} 1 \\ 1 \\ 1 \end{pmatrix}$)

**7** $\overrightarrow{m_1} = \frac{1}{2}(\vec{a} + \vec{b}) = \begin{pmatrix} 3 \\ 2 \\ 0,5 \end{pmatrix}$, $M_1(3|2|0,5)$, $\overrightarrow{M_1S} = \begin{pmatrix} 0 \\ 1 \\ 4,5 \end{pmatrix}$,

g: $\vec{x} = \begin{pmatrix} 3 \\ 2 \\ 0,5 \end{pmatrix} + r \cdot \begin{pmatrix} 0 \\ 1 \\ 4,5 \end{pmatrix}$

$M_2(1,5|4|0)$, $\overrightarrow{M_2S} = \begin{pmatrix} 1,5 \\ -1 \\ 5 \end{pmatrix}$. h: $\vec{x} = \begin{pmatrix} 1,5 \\ 4 \\ 0 \end{pmatrix} + r \cdot \begin{pmatrix} 1,5 \\ -1 \\ 5 \end{pmatrix}$

$M_3(0\,|\,6\,|-0,5)$, $\overrightarrow{M_3S} = \begin{pmatrix} 3 \\ -3 \\ 5,5 \end{pmatrix}$, k: $\vec{x} = \begin{pmatrix} 0 \\ 6 \\ -0,5 \end{pmatrix} + r \cdot \begin{pmatrix} 3 \\ -3 \\ 5,5 \end{pmatrix}$

$M_4(1,5\,|\,4\,|\,0)$, $\overrightarrow{M_4S} = \begin{pmatrix} 1,5 \\ -1 \\ 5 \end{pmatrix}$, l: $\vec{x} = \begin{pmatrix} 1,5 \\ 4 \\ 0 \end{pmatrix} + r \cdot \begin{pmatrix} 1,5 \\ -1 \\ 5 \end{pmatrix}$

**8** a) $A(2,5\,|-2,5\,|\,0)$, $B(2,5\,|\,2,5\,|\,0)$, $C(-2,5\,|\,2,5\,|\,0)$, $D(-2,5\,|-2,5\,|\,0)$, $E(2,5\,|-2,5\,|\,5)$, $F(2,5\,|\,2,5\,|\,5)$, $G(-2,5\,|\,2,5\,|\,5)$, $H(-2,5\,|-2,5\,|\,5)$

b) $g = (AG)$: $\vec{x} = \begin{pmatrix} 2,5 \\ -2,5 \\ 0 \end{pmatrix} + r \cdot \begin{pmatrix} -5 \\ 5 \\ 5 \end{pmatrix}$; $h = (BH)$: $\vec{x} = \begin{pmatrix} 2,5 \\ 2,5 \\ 0 \end{pmatrix} + r \cdot \begin{pmatrix} -5 \\ -5 \\ 5 \end{pmatrix}$

## Gegenseitige Lage von Geraden, Seite 18

**1** a) g und h sind parallel
b) g und h schneiden sich in (1 | 0 | 3)
c) g und h sind windschief
d) g und h schneiden sich in (0 | 4 | 5)
e) g und h sind parallel
f) g und h sind windschief

**2** a) g: $\vec{x} = \begin{pmatrix} a \\ 1 \\ 3 \end{pmatrix} + t \cdot \begin{pmatrix} 1 \\ 0,5 \\ -0,5 \end{pmatrix}$; h: $\vec{x} = \begin{pmatrix} 0 \\ 2 \\ 2 \end{pmatrix} + s \cdot \begin{pmatrix} 2 \\ 1 \\ -1 \end{pmatrix}$.

a beliebig.

b) g: $\vec{x} = \begin{pmatrix} 2 \\ a \\ b \end{pmatrix} + t \cdot \begin{pmatrix} 1 \\ 3 \\ 4 \end{pmatrix}$; h: $\vec{x} = \begin{pmatrix} 0 \\ 1 \\ -2 \end{pmatrix} + s \cdot \begin{pmatrix} 2 \\ 6 \\ 8 \end{pmatrix}$, a und b sind beliebig,

es dürfen aber nicht gleichzeitig a = 7 und b = 6 sein.
c) a darf nicht 2 sein.
Der Richtungsvektor von h darf kein Vielfaches von $\begin{pmatrix} 2 \\ 3 \\ 0 \end{pmatrix}$ sein.

**3** zu a) gehört S, zu b) gehört P, zu c) gehört Q.

R liegt auf m für t = 2. Dann ist m: $\vec{x} = \begin{pmatrix} 1 \\ 2 \\ 3 \end{pmatrix} + t \cdot \begin{pmatrix} -0,5 \\ -1 \\ -1,5 \end{pmatrix}$.

R liegt für t = $-\frac{1}{3}$ auf n. Dann wird n: $\vec{x} = \begin{pmatrix} 1 \\ \frac{1}{6} \\ 3 \end{pmatrix} + t \cdot \begin{pmatrix} 3 \\ 0,5 \\ 9 \end{pmatrix}$

**4** a) Gleichsetzen: $\begin{pmatrix} 0 \\ 1 \\ -3 \end{pmatrix} + t \cdot \begin{pmatrix} 4 \\ 1 \\ 2 \end{pmatrix} = \begin{pmatrix} 1 \\ -2,5 \\ 5 \end{pmatrix} + s \cdot \begin{pmatrix} 3 \\ 2 \\ -1 \end{pmatrix}$

Umsortieren $t \cdot \begin{pmatrix} 4 \\ 1 \\ 2 \end{pmatrix} + s \cdot \begin{pmatrix} -3 \\ -2 \\ 1 \end{pmatrix} = \begin{pmatrix} 1 \\ -2,5 \\ 5 \end{pmatrix} - \begin{pmatrix} 0 \\ 1 \\ -3 \end{pmatrix}$

Lösung des LGS liefert t = 2,5, s = 3, Schnittpunkt: S(10 | 3,5 | 2)

b) Gleichsetzen: $\begin{pmatrix} 0,5 \\ -1,5 \\ -2,5 \end{pmatrix} + t \cdot \begin{pmatrix} -\frac{1}{2} \\ \frac{1}{4} \\ 1 \end{pmatrix} = \begin{pmatrix} -1 \\ \frac{3}{4} \\ 12,5 \end{pmatrix} + s \cdot \begin{pmatrix} 3 \\ -0,5 \\ 2 \end{pmatrix}$

Umsortieren: $t \cdot \begin{pmatrix} -\frac{1}{2} \\ \frac{1}{4} \\ 1 \end{pmatrix} + s \cdot \begin{pmatrix} -3 \\ 0,5 \\ -2 \end{pmatrix} = \begin{pmatrix} -1,5 \\ 2,25 \\ 15 \end{pmatrix}$

Lösung des LGS liefert t = 12, s = −1,5,
Schnittpunkt: S(−5,5 | 1,5 | 9,5)

**5** a) g schneidet h in S(3 | −4 | −6), g und k sind parallel,
h und k sind windschief
b) g schneidet h in S(4 | 2 | 2,5), g schneidet k in T(5 | 4 | 4),
h und k sind windschief

**6** a) rechte Seiten der Geraden gleichsetzen und umsortieren

liefert $t \cdot \begin{pmatrix} 1 \\ 1 \\ 2 \end{pmatrix} + s \cdot \begin{pmatrix} -1 \\ 0,4 \\ -1 \end{pmatrix} = \begin{pmatrix} -3 \\ 4 \\ -1 \end{pmatrix}$. Lösung des LGS liefert t = 2 und

s = 5. S(3 | 3 | 5) ist die Spitze der Pyramide.

b) k: $\vec{x} = \begin{pmatrix} 2 \\ 7 \\ -1 \end{pmatrix} + t \cdot \begin{pmatrix} 1 \\ -4 \\ 6 \end{pmatrix}$

c) m: $\vec{x} = \begin{pmatrix} 5 \\ 3 \\ 0 \end{pmatrix} + t \cdot \begin{pmatrix} -0,4 \\ 0 \\ 1 \end{pmatrix}$ oder m: $\vec{x} = \begin{pmatrix} 3 \\ 3 \\ 5 \end{pmatrix} + t \cdot \begin{pmatrix} -0,4 \\ 0 \\ 1 \end{pmatrix}$

**7** Ursprung liege in D: $A(5\,|\,0\,|\,0)$, $B(5\,|\,5\,|\,0)$, $C(0\,|\,5\,|\,0)$, $E(5\,|\,0\,|\,5)$, $G(0\,|\,5\,|\,5)$, $H(0\,|\,0\,|\,5)$, $M_1(5\,|\,2,5\,|\,0)$, $M_2(0\,|\,5\,|\,2,5)$

g: $\vec{x} = \begin{pmatrix} 0 \\ 0 \\ 5 \end{pmatrix} + t \cdot \begin{pmatrix} 5 \\ 5 \\ -5 \end{pmatrix}$ schneidet h: $\vec{x} = \begin{pmatrix} 5 \\ 2,5 \\ 0 \end{pmatrix} + t \cdot \begin{pmatrix} -5 \\ 2,5 \\ 2,5 \end{pmatrix}$ nicht.

g: $\vec{x} = \begin{pmatrix} 0 \\ 0 \\ 5 \end{pmatrix} + t \cdot \begin{pmatrix} 5 \\ 5 \\ -5 \end{pmatrix}$ schneidet k: $\vec{x} = \begin{pmatrix} 5 \\ 0 \\ 5 \end{pmatrix} + t \cdot \begin{pmatrix} -5 \\ 5 \\ -2,5 \end{pmatrix}$ ebenfalls
nicht.

**8** a) Gerade g: $\vec{x} = \begin{pmatrix} -0,4 \\ 1,6 \\ 3,6 \end{pmatrix} + t \cdot \begin{pmatrix} 4 \\ -1 \\ -1 \end{pmatrix}$, Gerade h: $\vec{x} = \begin{pmatrix} 3 \\ -1 \\ 2 \end{pmatrix} + s \cdot \begin{pmatrix} 4 \\ 3 \\ 1 \end{pmatrix}$

b) Die Geraden sind windschief,

das LGS $t \cdot \begin{pmatrix} 4 \\ -1 \\ -1 \end{pmatrix} + s \cdot \begin{pmatrix} -4 \\ -3 \\ -1 \end{pmatrix} = \begin{pmatrix} 3,4 \\ -2,6 \\ -1,6 \end{pmatrix}$ hat keine Lösung

c) Trupp B muss in Richtung des Vektors $\overrightarrow{PT} = \begin{pmatrix} 0,2 \\ 1,3 \\ 0,5 \end{pmatrix}$ weiter bohren.

d) T liegt für t = 1 auf der Geraden g.
Nein, Trupp A muss keine Richtungsänderung vornehmen.

## Längen messen – Einheitsvektoren, Seite 21

**1** a) $d = \left\| \begin{pmatrix} -1 \\ 1 \\ 0 \end{pmatrix} \right\| = \sqrt{2}$ b) $d = \left\| \begin{pmatrix} -1 \\ 4 \\ -2 \end{pmatrix} \right\| = \sqrt{21}$ c) $d = \left\| \begin{pmatrix} -\sqrt{2} \\ -0,5 \\ 0,5 \end{pmatrix} \right\| = \sqrt{2,5}$

**2** a) $\sqrt{17} = \sqrt{1^2 + (4-a)^2 + (-4)^2}$. Daraus $0 = (4-a)^2$. Also a = 4.

b) $\sqrt{6} = \sqrt{(b-2)^2 + (-1)^2 + 1^2}$. Daraus: $(b-2)^2 = 4$.
Also b = 0 oder b = 4

c) $5 = \sqrt{(1-x)^2 + 0^2 + 3^2}$. Daraus $(1-x)^2 = 16$.
Also x = −3 oder x = 5

**3** a) $\overrightarrow{AB} = \begin{pmatrix} -1 \\ 1 \\ -1 \end{pmatrix}$, $|\overrightarrow{AB}| = \sqrt{3}$, $\overrightarrow{CD} = \begin{pmatrix} 1 \\ -1 \\ 1 \end{pmatrix}$, $|\overrightarrow{CD}| = \sqrt{3}$, $\overrightarrow{BC} = \begin{pmatrix} -1 \\ 1 \\ 1 \end{pmatrix}$,

$|\overrightarrow{BC}| = \sqrt{3}$, $\overrightarrow{AD} = \begin{pmatrix} -1 \\ 1 \\ 1 \end{pmatrix}$, $|\overrightarrow{AD}| = \sqrt{3}$. Alle Seiten sind gleich lang,

daher ist das Viereck ABCD eine Raute.

b) $|\overrightarrow{AC}| = \left\| \begin{pmatrix} -2 \\ 2 \\ 0 \end{pmatrix} \right\| = \sqrt{8}$, $|\overrightarrow{BD}| = \left\| \begin{pmatrix} 0 \\ 0 \\ 2 \end{pmatrix} \right\| = 2$

**4** $|\vec{a}| = \left\| \begin{pmatrix} 2 \\ 5 \\ 1 \end{pmatrix} \right\| = \sqrt{30}$; $\vec{a}_0 = \frac{1}{\sqrt{30}} \cdot \begin{pmatrix} 2 \\ 5 \\ 1 \end{pmatrix}$

**5** a) $\vec{r} = \overrightarrow{AB} = \begin{pmatrix} 3 \\ 4 \\ 0 \end{pmatrix}$, $|\vec{r}| = 5$.

Der Einheitsvektor $\vec{r_0}$ in Richtung $\overrightarrow{AB}$ lautet $\vec{r_0} = \frac{1}{5} \cdot \begin{pmatrix} 3 \\ 4 \\ 0 \end{pmatrix}$.

Damit ist der Ortsvektor des gesuchten Punktes P

$\vec{p} = \vec{a} + \vec{r_0} = \begin{pmatrix} 2 \\ 3 \\ -1 \end{pmatrix} + \frac{1}{5} \cdot \begin{pmatrix} 3 \\ 4 \\ 0 \end{pmatrix} = \begin{pmatrix} 2{,}6 \\ 3{,}8 \\ -1 \end{pmatrix}$. P(2,6|3,8|−1) liegt von A eine

Einheit entfernt und von B dann 4 Einheiten.

### Modellieren mit Vektoren, Seite 22

**1** g: $\vec{x} = \overrightarrow{OA} + t \cdot \frac{1}{5} \cdot \overrightarrow{OH} = \begin{pmatrix} 0 \\ 0 \\ 0 \end{pmatrix} + t \cdot \begin{pmatrix} 0 \\ 0 \\ 0{,}2 \end{pmatrix}$

**2** a) Schritt 1: $\vec{r} = \overrightarrow{AB} = \begin{pmatrix} 300 \\ 400 \end{pmatrix}$

Schritt 2: $\vec{r_0} = \frac{1}{|\vec{r}|} \cdot \vec{r} = \frac{1}{\sqrt{(300^2 + 400^2)}} \cdot \begin{pmatrix} 300 \\ 400 \end{pmatrix} = \frac{1}{500} \cdot \begin{pmatrix} 300 \\ 400 \end{pmatrix} = \begin{pmatrix} 0{,}6 \\ 0{,}8 \end{pmatrix}$

Schritt 3: $\vec{x} = \vec{a} + 5{,}0 \cdot t \cdot \vec{r_0} = \begin{pmatrix} 200 \\ 300 \end{pmatrix} + t \cdot \begin{pmatrix} 3 \\ 4 \end{pmatrix}$

Schritt 4: Nach t = 60 Sekunden befindet sich das Rad bei

$\vec{x} = \begin{pmatrix} 380 \\ 540 \end{pmatrix}$ P(380|540).

b) Es gilt: $\vec{z} = \vec{a} + 500 \cdot \vec{r_0} = \begin{pmatrix} 200 \\ 300 \end{pmatrix} + 500 \cdot \begin{pmatrix} 0{,}6 \\ 0{,}8 \end{pmatrix} = \begin{pmatrix} 500 \\ 700 \end{pmatrix}$,

also ist Z(500|700).

**3** a) $\vec{r} = \begin{pmatrix} -1 \\ 5 \\ -0{,}1 \end{pmatrix}$; $\vec{r_0} = \frac{1}{\sqrt{26{,}01}} \begin{pmatrix} -1 \\ 5 \\ -0{,}1 \end{pmatrix}$;

$\vec{x} = \begin{pmatrix} 120 \\ 300 \\ 2500 \end{pmatrix} + 50 \cdot t \cdot \frac{1}{5{,}1} \cdot \begin{pmatrix} -1 \\ 5 \\ -0{,}1 \end{pmatrix} = \begin{pmatrix} 120 \\ 300 \\ 2500 \end{pmatrix} + t \cdot \begin{pmatrix} -9{,}8 \\ 49{,}0 \\ -0{,}98 \end{pmatrix}$

$x_3 = 2500 − 0{,}98 \cdot t = 2500 − 0{,}98 \cdot 180 \approx 2324$. Mit t = 180 folgt $x_3 \approx 2324$.

b) Luft: $\vec{u_0} = 10 \cdot \frac{1}{\sqrt{10}} \cdot \begin{pmatrix} 3 \\ -1 \\ 0 \end{pmatrix} = \begin{pmatrix} 9{,}5 \\ -3{,}2 \\ 0 \end{pmatrix}$

Resultierende Geschwindigkeit: $\vec{v}_{gesamt} = \vec{u_0} + \vec{v_0} = \begin{pmatrix} -0{,}3 \\ 45{,}8 \\ -0{,}98 \end{pmatrix}$, $|\vec{v}_{ges}| = 45{,}8$

**4** a) Normierter Richtungsvektor: $\vec{r_0} = \frac{1}{3} \cdot \begin{pmatrix} 2 \\ 2 \\ 1 \end{pmatrix}$, Gleichung für

die Positionen $\vec{x} = \begin{pmatrix} -3 \\ -7 \\ 0 \end{pmatrix} + 90 \cdot t \cdot \frac{1}{3} \cdot \begin{pmatrix} 2 \\ 2 \\ 1 \end{pmatrix} = \begin{pmatrix} -3 \\ -7 \\ 0 \end{pmatrix} + t \cdot \begin{pmatrix} 60 \\ 60 \\ 30 \end{pmatrix}$

b) $\left| \begin{pmatrix} 55 \\ 62 \\ 31 \end{pmatrix} \right| \approx 88{,}5$, also fliegt das Flugzeug mit einer Geschwindigkeit von 88,5 $\frac{km}{h}$.

c) $t = \frac{1}{10}$ eingesetzt: Flugzeug G: $P_G(3|-1|3)$,

Flugzeug H: $P_H(6{,}5|3{,}2|4{,}1)$

d) Positionen der Flugzeuge zum Zeitpunkt t:
$P_G(-3 + 60t | -7 + 60t | 30t)$ und
$P_H(1 + 55t | -3 + 62t | 1 + 31t)$

d(t) gibt den Abstand der Flugzeugpositionen zum Zeitpunkt t

an: $d(t) = |\overrightarrow{P_G P_H}| = \sqrt{(4 - 5t)^2 + (4 + 2t)^2 + (1 + t)^2}$.

Der GTR liefert die Koordinaten des Tiefpunktes der Funktion d: T(0,367|5,38).

Die Flugzeuge kommen sich nach 22 Minuten mit knapp 5,4 km Abstand am nächsten.

### Test, Seite 24

**1** a) $\vec{p} = \overrightarrow{AB} = \begin{pmatrix} 2 \\ -4 \\ -4 \end{pmatrix}$, $\vec{q} = \overrightarrow{BC} = \begin{pmatrix} -3 \\ 6 \\ 0 \end{pmatrix}$, $\vec{r} = \overrightarrow{CA} = \begin{pmatrix} 1 \\ -2 \\ 4 \end{pmatrix}$.

$|\vec{p}| = 6$, $|\vec{q}| = \sqrt{45}$, $|\vec{r}| = \sqrt{21}$

b) $2\vec{p} + \vec{q} - 3\vec{r} = \begin{pmatrix} -2 \\ 4 \\ -20 \end{pmatrix}$, $0{,}5\vec{r} - 1{,}5\vec{p} = \begin{pmatrix} -2{,}5 \\ 5 \\ 8 \end{pmatrix}$

c) Für den Vektor $\vec{a} = -\vec{p}$ ist $\vec{a_0} = \frac{1}{6} \begin{pmatrix} -2 \\ 4 \\ 4 \end{pmatrix}$ der gesuchte Einheitsvektor.

d) $\vec{p} \cdot \vec{q} = -30 \neq 0$, $\vec{p} \cdot \vec{r} = -6 \neq 0$, $\vec{q} \cdot \vec{r} = -15 \neq 0$.
Keine der Vektoren sind orthogonal zueinander.

**2** a) $\overrightarrow{AB} = \overrightarrow{DC}$: $\begin{pmatrix} 3 \\ -1 \\ 1-a \end{pmatrix} = \begin{pmatrix} 9-d \\ c-1 \\ -2 \end{pmatrix}$ liefert: a = 3, d = 6, c = 0:

A(2|1|3), C(9|0|6), D(6|1|8)

b) $M_1(3{,}5|0{,}5|2)$, $M_2(7|0|3{,}5)$, $M_3(7{,}5|0{,}5|7)$, $M_4(4|1|5{,}5)$

c) $\overrightarrow{M_1 M_2} = \begin{pmatrix} 3{,}5 \\ -0{,}5 \\ 1{,}5 \end{pmatrix}$, $\overrightarrow{M_2 M_3} = \begin{pmatrix} 0{,}5 \\ 0{,}5 \\ 3{,}5 \end{pmatrix}$, $\overrightarrow{M_3 M_4} = \begin{pmatrix} -3{,}5 \\ 0{,}5 \\ -1{,}5 \end{pmatrix}$, $\overrightarrow{M_4 M_1} = \begin{pmatrix} -0{,}5 \\ -0{,}5 \\ -3{,}5 \end{pmatrix}$.

Je zwei Vektoren sind parallel, also ist das Viereck ein Parallelogramm.

**3** a) g: $\vec{x} = \begin{pmatrix} 3 \\ 1 \\ -2 \end{pmatrix} + t \cdot \begin{pmatrix} -4 \\ 4 \\ 4 \end{pmatrix}$, g: $\vec{x} = \begin{pmatrix} -1 \\ 5 \\ 2 \end{pmatrix} + t \cdot \begin{pmatrix} -4 \\ 4 \\ 4 \end{pmatrix}$,

g: $\vec{x} = \begin{pmatrix} 3 \\ 1 \\ -2 \end{pmatrix} + t \cdot \begin{pmatrix} 4 \\ -4 \\ -4 \end{pmatrix}$, g: $\vec{x} = \begin{pmatrix} 3 \\ 1 \\ -2 \end{pmatrix} + t \cdot \begin{pmatrix} -1 \\ 1 \\ 1 \end{pmatrix}$, ...

b) h: $\vec{x} = \begin{pmatrix} 3 \\ 2 \\ 5 \end{pmatrix} + t \cdot \begin{pmatrix} 0 \\ 0 \\ 1 \end{pmatrix}$ oder h: $\vec{x} = \begin{pmatrix} 3 \\ 2 \\ 5 \end{pmatrix} + t \cdot \begin{pmatrix} 0 \\ 0 \\ -1 \end{pmatrix}$

c) k: $\vec{x} = \begin{pmatrix} 1 \\ 0 \\ 4 \end{pmatrix} + t \cdot \begin{pmatrix} 1 \\ 0 \\ 1 \end{pmatrix}$ oder k: $\vec{x} = \begin{pmatrix} 1 \\ 0 \\ 4 \end{pmatrix} + t \cdot \begin{pmatrix} -1 \\ 0 \\ -1 \end{pmatrix}$

**4** a) für t = −3 liegt A auf g, für t = −2 liegt C auf h, B liegt auf keiner der Geraden.

b) g und h schneiden sich in S(3|3|−5)

c) Punkte auf g: $\vec{u} = \begin{pmatrix} -1 \\ 2 \\ 2 \end{pmatrix}$, Einheitsvektor: $\vec{u_0} = \begin{pmatrix} -\frac{1}{3} \\ \frac{2}{3} \\ \frac{2}{3} \end{pmatrix}$.

$\vec{p_1} = \vec{s} + \vec{u_0} = \begin{pmatrix} \frac{8}{3} \\ \frac{11}{3} \\ -\frac{13}{3} \end{pmatrix}$, $P_1\left(\frac{8}{3} \Big| \frac{11}{3} \Big| -\frac{13}{3}\right)$; $\vec{p_2} = \vec{s} - \vec{u_0} = \begin{pmatrix} \frac{10}{3} \\ \frac{7}{3} \\ -\frac{17}{3} \end{pmatrix}$, $P_1\left(\frac{10}{3} \Big| \frac{7}{3} \Big| -\frac{17}{3}\right)$

**5** Die Koordinatenachsen haben die Geradengleichungen

$e_1$: $\vec{x} = t \cdot \begin{pmatrix} 1 \\ 0 \\ 0 \end{pmatrix}$, $e_2$: $\vec{x} = t \cdot \begin{pmatrix} 0 \\ 1 \\ 0 \end{pmatrix}$, $e_3$: $\vec{x} = t \cdot \begin{pmatrix} 0 \\ 0 \\ 1 \end{pmatrix}$

| | $e_1$ | $e_2$ | $e_3$ |
|---|---|---|---|
| g | Schneiden sich | Schneiden sich nicht | Schneiden sich nicht |
| h | Schneiden sich nicht | Schneiden sich | Schneiden sich |
| k | Schneiden sich nicht | Schneiden sich nicht | Schneiden sich nicht |

**6** a) h: $\vec{x} = \begin{pmatrix} 1 \\ 0 \\ 0 \end{pmatrix} + t \cdot \begin{pmatrix} 3 \\ 2 \\ -5 \end{pmatrix}$

b) S(5|2|−4), h: $\vec{x} = \begin{pmatrix} 5 \\ 2 \\ -4 \end{pmatrix} + t \cdot \vec{u}$, wobei $\vec{u}$ ein beliebiger Vektor

sein kann, der kein Vielfaches von $\begin{pmatrix} 3 \\ 2 \\ -5 \end{pmatrix}$ ist.

c) h: $\vec{x} = \begin{pmatrix} 2 \\ -4 \\ a \end{pmatrix} + t \cdot \vec{u}$, wobei a eine beliebige von 1 verschiedene

Zahl ist, und $\vec{u}$ ein beliebiger Vektor , der kein Vielfaches von

$\begin{pmatrix} 3 \\ 2 \\ -5 \end{pmatrix}$ ist.

**7** a) windschief    b) S(3|−1|−1)    c) parallel
d) S(0|−7|7)    e) S(0|0|5)    f) parallel

## III Ebenen

### Ebenen im Raum – Parameterform, Seite 25

**1** P liegt in E für s = 1 und t = 0.

(zu lösendes LGS: $s \cdot \begin{pmatrix} 1 \\ 2 \\ 5 \end{pmatrix} + t \cdot \begin{pmatrix} 0 \\ 2 \\ 1 \end{pmatrix} = \begin{pmatrix} 1 \\ 2 \\ 5 \end{pmatrix}$),

P liegt auch in F für s = 1 und t = −5.
Q liegt in E für s = −1 und t = 0 und in F für s = −3 und t = 5.
R liegt nicht in E aber in F für s = −2 und t = 0

**2** R in E: zu lösen: $\begin{pmatrix} 5 \\ 1 \\ -2 \end{pmatrix} = \begin{pmatrix} 2 \\ 5 \\ \blacksquare \end{pmatrix} + 2 \cdot \begin{pmatrix} 0 \\ 1 \\ 1 \end{pmatrix} + t \cdot \begin{pmatrix} 1 \\ \blacksquare \\ -1 \end{pmatrix}$.

Daraus $\begin{pmatrix} 3 \\ -6 \\ -4 - \blacksquare \end{pmatrix} = t \cdot \begin{pmatrix} 1 \\ \blacksquare \\ -1 \end{pmatrix}$, also t = 3.

Damit wird E zu E: $\vec{x} = \begin{pmatrix} 2 \\ 5 \\ -1 \end{pmatrix} + r \cdot \begin{pmatrix} 0 \\ 1 \\ 1 \end{pmatrix} + t \cdot \begin{pmatrix} 1 \\ -2 \\ -1 \end{pmatrix}$

R in F: $\begin{pmatrix} 5 \\ 1 \\ -2 \end{pmatrix} = \begin{pmatrix} -1 \\ 4 \\ \blacksquare \end{pmatrix} + s \cdot \begin{pmatrix} \blacksquare \\ 1 \\ -1 \end{pmatrix} + 2 \cdot \begin{pmatrix} -2 \\ 3 \\ 1 \end{pmatrix}$.

Daraus $\begin{pmatrix} 10 \\ -9 \\ -4 - \blacksquare \end{pmatrix} = s \cdot \begin{pmatrix} \blacksquare \\ 1 \\ -1 \end{pmatrix}$, also s = −9.

Damit wird F zu F: $\vec{x} = \begin{pmatrix} -1 \\ 4 \\ -13 \end{pmatrix} + s \cdot \begin{pmatrix} -\frac{10}{9} \\ 1 \\ -1 \end{pmatrix} + r \cdot \begin{pmatrix} -2 \\ 3 \\ 1 \end{pmatrix}$

**3** einige mögliche Parameterdarstellungen sind

E: $\vec{x} = \vec{p} + r \cdot \overrightarrow{PQ} + s \cdot \overrightarrow{PR} = \begin{pmatrix} 2 \\ 3 \\ 1 \end{pmatrix} + r \cdot \begin{pmatrix} -4 \\ -3 \\ -3 \end{pmatrix} + s \cdot \begin{pmatrix} 2 \\ 1 \\ -1 \end{pmatrix}$,

E: $\vec{x} = \vec{q} + r \cdot \overrightarrow{QP} + s \cdot \overrightarrow{QR} = \begin{pmatrix} -2 \\ 0 \\ -2 \end{pmatrix} + r \cdot \begin{pmatrix} 4 \\ 3 \\ 3 \end{pmatrix} + s \cdot \begin{pmatrix} 6 \\ 4 \\ 2 \end{pmatrix}$,

E: $\vec{x} = \vec{q} + r \cdot \overrightarrow{PR} + s \cdot \overrightarrow{QR} = \begin{pmatrix} -2 \\ 0 \\ -2 \end{pmatrix} + r \cdot \begin{pmatrix} 2 \\ 1 \\ -1 \end{pmatrix} + s \cdot \begin{pmatrix} 6 \\ 4 \\ 2 \end{pmatrix}$

**4** $\vec{p} = \begin{pmatrix} 2 \\ 1 \\ 0 \end{pmatrix}$, $\vec{u} = \begin{pmatrix} 2 \\ 3 \\ -1 \end{pmatrix}$, $\vec{v} = \vec{r} - \vec{p} = \begin{pmatrix} 0 \\ 3 \\ 3 \end{pmatrix} - \begin{pmatrix} 2 \\ 1 \\ 0 \end{pmatrix} = \begin{pmatrix} -2 \\ 2 \\ 3 \end{pmatrix}$,

E: $\vec{x} = \begin{pmatrix} 2 \\ 1 \\ 0 \end{pmatrix} + r \cdot \begin{pmatrix} 2 \\ 3 \\ -1 \end{pmatrix} + s \cdot \begin{pmatrix} -2 \\ 2 \\ 3 \end{pmatrix}$

**5** a) P liegt nicht auf g. Eine mögliche Parametergleichung ist

E: $\vec{x} = \begin{pmatrix} 4 \\ 0 \\ -1 \end{pmatrix} + t \cdot \begin{pmatrix} 3 \\ -1 \\ 1 \end{pmatrix} + s \cdot \begin{pmatrix} 2 \\ -1 \\ 2 \end{pmatrix}$

b) Für t = 0,5 liegt P auf g. Daher lässt sich nicht eindeutig eine Ebene angeben.

**6** Für r = 1 liegt S auf g, für r = 0 liegt S auf h.

Mögliche Parametergleichung: E: $\vec{x} = \begin{pmatrix} 2 \\ 1 \\ 0 \end{pmatrix} + r \cdot \begin{pmatrix} 2 \\ 3 \\ -1 \end{pmatrix} + s \cdot \begin{pmatrix} -2 \\ 2 \\ 3 \end{pmatrix}$.

Bemerkung: als Stützvektor von E kann auch der Ortsvektor von S oder der Stützvektor von h verwendet werden.

**7** $\vec{p} = \begin{pmatrix} 2 \\ 1 \\ 0 \end{pmatrix}$, $\vec{u} = \begin{pmatrix} 2 \\ 3 \\ -1 \end{pmatrix}$, $\vec{v} = \vec{q} - \vec{p} = \begin{pmatrix} 0 \\ 3 \\ 3 \end{pmatrix} - \begin{pmatrix} 2 \\ 1 \\ 0 \end{pmatrix} = \begin{pmatrix} -2 \\ 2 \\ 3 \end{pmatrix}$,

E: $\vec{x} = \begin{pmatrix} 2 \\ 1 \\ 0 \end{pmatrix} + r \cdot \begin{pmatrix} 2 \\ 3 \\ -1 \end{pmatrix} + s \cdot \begin{pmatrix} -2 \\ 2 \\ 3 \end{pmatrix}$

**8** a) $\vec{p} = \vec{a} = \begin{pmatrix} 3 \\ 2 \\ 2 \end{pmatrix}$, $\vec{u} = \overrightarrow{AB} = \begin{pmatrix} -2 \\ 0 \\ 1 \end{pmatrix}$, $\vec{v} = \overrightarrow{AC} = \begin{pmatrix} -7 \\ 1 \\ 1 \end{pmatrix}$,

E: $\vec{x} = \begin{pmatrix} 3 \\ 2 \\ 2 \end{pmatrix} + r \cdot \begin{pmatrix} -2 \\ 0 \\ 1 \end{pmatrix} + s \cdot \begin{pmatrix} -7 \\ 1 \\ 1 \end{pmatrix}$

Bestimmung von r und s: $\begin{pmatrix} 5 \\ 2 \\ a \end{pmatrix} = \begin{pmatrix} 3 \\ 2 \\ 2 \end{pmatrix} + r \cdot \begin{pmatrix} -2 \\ 0 \\ 1 \end{pmatrix} + s \cdot \begin{pmatrix} -7 \\ 1 \\ 1 \end{pmatrix}$.

Daraus wird $\begin{pmatrix} 2 \\ 0 \\ a - 2 \end{pmatrix} = r \cdot \begin{pmatrix} -2 \\ 0 \\ 1 \end{pmatrix} + s \cdot \begin{pmatrix} -7 \\ 1 \\ 1 \end{pmatrix}$.

Die ersten beiden Zeilen liefern s = 0 und r = −1.
Damit ist a − 2 = −1, also a = 1.

b) $\vec{p} = \vec{a} = \begin{pmatrix} -1 \\ 2 \\ 2 \end{pmatrix}$, $\vec{u} = \overrightarrow{AB} = \begin{pmatrix} 4 \\ -3 \\ 0 \end{pmatrix}$, $\vec{v} = \overrightarrow{AC} = \begin{pmatrix} 3 \\ 0 \\ 3 \end{pmatrix}$,

E: $\vec{x} = \begin{pmatrix} -1 \\ 2 \\ 2 \end{pmatrix} + r \cdot \begin{pmatrix} 4 \\ -3 \\ 0 \end{pmatrix} + s \cdot \begin{pmatrix} 3 \\ 0 \\ 3 \end{pmatrix}$

Bestimmung von r und s: $\begin{pmatrix} 2 \\ b \\ 1 \end{pmatrix} = \begin{pmatrix} -1 \\ 2 \\ 2 \end{pmatrix} + r \cdot \begin{pmatrix} 4 \\ -3 \\ 0 \end{pmatrix} + s \cdot \begin{pmatrix} 3 \\ 0 \\ 3 \end{pmatrix}$.

Daraus wird $\begin{pmatrix} 3 \\ b - 2 \\ -1 \end{pmatrix} = r \cdot \begin{pmatrix} 4 \\ -3 \\ 0 \end{pmatrix} + s \cdot \begin{pmatrix} 3 \\ 0 \\ 3 \end{pmatrix}$.

Aus der dritten Zeile erhält man $s = -\frac{1}{3}$, aus der ersten Zeile dann r = 1. Damit wird die zweite Zeile zu b − 2 = −3, also b = −1.

### Zueinander orthogonale Vektoren – Skalarprodukt, Seite 27

**1** a) $\vec{a} \cdot \vec{b} = -5 + 6 + 2 = 3$
b) $\vec{a} \cdot \vec{b} = -1 - 7 + 8 = 0$
c) $\vec{a} \cdot \vec{b} = 3 \cdot \sqrt{2} + 2 \cdot \sqrt{2} - 4 \cdot \sqrt{2} = \sqrt{2}$

**2** a) $0 = \vec{a} \cdot \vec{b} = 2 \cdot -1 + \vec{a} \cdot 3 + (-1) \cdot 4 = -2 + 3a - 4$
   $= -6 + 3a$, also a = 2
b) $0 = \vec{a} \cdot \vec{b} = -1 \cdot (-1) + 2 \cdot b + b \cdot 2 = 1 + 4b$, also b = −0,25
c) $0 = \vec{a} \cdot \vec{b} = -1 \cdot c + c \cdot 3 + 1 \cdot 4 = 2c + 4$, also c = −2

**3** a) es muss $\begin{pmatrix}1\\0\\2\end{pmatrix} \cdot \begin{pmatrix}3\\1\\a\end{pmatrix} = 0$ sein,

also $0 = 1 \cdot 3 + 0 \cdot 1 + 2 \cdot a = 3 + 2a$, also $a = -1{,}5$

b) es muss $\begin{pmatrix}3\\4\\-7\end{pmatrix} \cdot \begin{pmatrix}-1\\a\\a\end{pmatrix} = 0$ sein,

also $0 = 3 \cdot (-1) + 4 \cdot a + (-7) \cdot a = -3 - 3a$, also $a = -1$

**4** a) $\overrightarrow{AB} = \begin{pmatrix}-3\\-1\\-1\end{pmatrix}$, $\overrightarrow{BC} = \begin{pmatrix}-1\\2\\1\end{pmatrix}$, $\overrightarrow{AC} = \begin{pmatrix}-4\\1\\0\end{pmatrix}$.

$\overrightarrow{AB} \cdot \overrightarrow{BC} = 0$, $\overrightarrow{AB} \cdot \overrightarrow{AC} = 11$, $\overrightarrow{BC} \cdot \overrightarrow{AC} = 6$.
Der rechte Winkel ist in der Ecke B.

b) Für den Eckpunkt D gilt: $\vec{d} = \vec{c} + \overrightarrow{BA} = \begin{pmatrix}7\\3\\11\end{pmatrix}$

bzw. $\vec{d} = \vec{a} + \overrightarrow{BC} = \begin{pmatrix}7\\3\\11\end{pmatrix}$. $D(7\,|\,3\,|\,11)$

**5** a) $\vec{a} = \begin{pmatrix}2\\3\\1\end{pmatrix}$, $\vec{b} = \begin{pmatrix}1\\-2\\4\end{pmatrix}$

$\vec{a} \cdot \vec{b} = 2 - 6 + 4 = 0$
$\vec{a} \perp \vec{b}$: ☒ ja ☐ nein
ggf. Bedingung für $\vec{c} \perp \vec{a}$: $2 + 3c_2 + c_3 = 0$

ggf. Bedingung für $\vec{c} \perp \vec{b}$: $1 - 2c_2 + 4c_3 = 0$

Lösung des LGS: $c_2 = -0{,}5$, $c_3 = -0{,}5$

b) $\vec{a} = \begin{pmatrix}-1\\4\\4\end{pmatrix}$, $\vec{b} = \begin{pmatrix}3\\0\\1\end{pmatrix}$

$\vec{a} \cdot \vec{b} = -3 + 4 = 1$
$\vec{a} \perp \vec{b}$: ☐ ja ☒ nein

c) $\vec{a} = \begin{pmatrix}4\\2\\-3\end{pmatrix}$, $\vec{b} = \begin{pmatrix}6\\-6\\4\end{pmatrix}$

$\vec{a} \cdot \vec{b} = 24 - 12 - 12 = 0$
$\vec{a} \perp \vec{b}$: $\vec{a} \perp \vec{b}$: ☒ ja ☐ nein
ggf. Bedingung für $\vec{c} \perp \vec{a}$: $4 + 2c_2 - 3c_3 = 0$

ggf. Bedingung für $\vec{c} \perp \vec{b}$: $6 - 6c_2 + 4c_3 = 0$

Lösung des LGS: $c_2 = 3{,}4$, $c_3 = 3{,}6$

**Normalengleichung und Koordinatengleichung einer Ebene,
Seite 28**

**1** a) $E: \left(\vec{x} - \begin{pmatrix}3\\1\\-2\end{pmatrix}\right) \cdot \begin{pmatrix}1\\0\\3\end{pmatrix} = 0$

b) P liegt nicht in E, da $\left(\begin{pmatrix}2\\2\\2\end{pmatrix} - \begin{pmatrix}3\\1\\-2\end{pmatrix}\right) \cdot \begin{pmatrix}1\\0\\3\end{pmatrix} = \begin{pmatrix}-1\\1\\4\end{pmatrix} \cdot \begin{pmatrix}1\\0\\3\end{pmatrix} = 11 \neq 0$.

Q liegt in E, da $\left(\begin{pmatrix}0\\5\\-1\end{pmatrix} - \begin{pmatrix}3\\1\\-2\end{pmatrix}\right) \cdot \begin{pmatrix}1\\0\\3\end{pmatrix} = \begin{pmatrix}-3\\4\\1\end{pmatrix} \cdot \begin{pmatrix}1\\0\\3\end{pmatrix} = -3 + 3 = 0$

**2** a) $E: \left(\vec{x} - \begin{pmatrix}1\\4\\0\end{pmatrix}\right) \cdot \begin{pmatrix}2\\-2\\5\end{pmatrix} = 0$

b) P in E: $\left(\begin{pmatrix}a\\3\\2\end{pmatrix} - \begin{pmatrix}1\\4\\0\end{pmatrix}\right) \cdot \begin{pmatrix}2\\-2\\5\end{pmatrix} = 0$

wird zu $0 = 2 \cdot (a - 1) - 2 \cdot (-1) + 5 \cdot 2 = 2a + 10$, also $a = -5$

Q in E: $\left(\begin{pmatrix}b\\b\\2\end{pmatrix} - \begin{pmatrix}1\\4\\0\end{pmatrix}\right) \cdot \begin{pmatrix}2\\-2\\5\end{pmatrix} = 0$

wird zu $0 = 2 \cdot (b - 1) - 2 \cdot (b - 4) + 5 \cdot 2 = 2b - 2 - 2b + 8 + 10 = 16$.
Es existiert kein solches b.

R in E: $\left(\begin{pmatrix}c\\c\\c\end{pmatrix} - \begin{pmatrix}1\\4\\0\end{pmatrix}\right) \cdot \begin{pmatrix}2\\-2\\5\end{pmatrix} = 0$

wird zu $0 = 2 \cdot (c - 1) - 2 \cdot (c - 4) + 5 \cdot c = 2c - 2 - 2c + 8 + 5c$

$= 5c + 6$, also $c = -\frac{6}{5}$

**3** Der Richtungsvektor von g ist ein Normalenvektor zu E.

$E: \left(\vec{x} - \begin{pmatrix}2\\3\\3\end{pmatrix}\right) \cdot \begin{pmatrix}2\\2\\3\end{pmatrix} = 0$

**4** $\vec{n} = \begin{pmatrix}0\\0\\1\end{pmatrix}$ ist ein Normalenvektor von E, $P(2\,|\,3\,|\,10)$ liegt in E.

$E: \left(\vec{x} - \begin{pmatrix}2\\3\\10\end{pmatrix}\right) \cdot \begin{pmatrix}0\\0\\1\end{pmatrix} = 0$

**5** $\vec{n} = \begin{pmatrix}0\\0\\1\end{pmatrix}$ ist ein Normalenvektor von E, $P(2\,|\,3\,|\,0)$ liegt in E.

$E: \left(\vec{x} - \begin{pmatrix}2\\3\\0\end{pmatrix}\right) \cdot \begin{pmatrix}0\\0\\1\end{pmatrix} = 0$

**6** a) $-3 \cdot (x_1 - 0) + 1 \cdot (x_2 - 2) + 5 \cdot (x_3 - 2) = 0$.
Also $E: -3x_1 + x_2 + 5x_3 = 12$
b) $2 \cdot (x_1 + 1) - 2 \cdot (x_2 - 3) + 4 \cdot (x_3 - 4) = 0$.
Also $E: 2x_1 - 2x_2 + 4x_3 = 8$
c) $1 \cdot (x_1 - 1) + 0 \cdot (x_2 + 2) + 4 \cdot (x_3 - 2) = 0$.
Also $E: x_1 + 4x_3 = 9$

**7** Normalengleichung: $E: \left(\vec{x} - \begin{pmatrix}0\\0\\2\end{pmatrix}\right) \cdot \begin{pmatrix}-1\\2\\1\end{pmatrix} = 0$,

Koordinatengleichung: $E: -x_1 + 2x_2 + x_3 = 2$

**8** $\vec{n} = \overrightarrow{PQ} = \begin{pmatrix}4\\-6\\10\end{pmatrix}$, Mittelpunkt: $\vec{m} = \frac{1}{2}(\vec{p} + \vec{q}) = \begin{pmatrix}5\\-1\\6\end{pmatrix}$.

Normalengleichung $E: \left(\vec{x} - \begin{pmatrix}5\\-1\\6\end{pmatrix}\right) \cdot \begin{pmatrix}4\\-6\\10\end{pmatrix} = 0$.

Koordinatengleichung: $E: 4x_1 - 6x_2 + 10x_3 = 86$

**9** a) $\vec{n} = \begin{pmatrix}2\\3\\3\end{pmatrix}$ ist ein Normalenvektor von E, $P(4\,|\,0\,|\,0)$ liegt in E.

Normalengleichung $E: \left(\vec{x} - \begin{pmatrix}4\\0\\0\end{pmatrix}\right) \cdot \begin{pmatrix}2\\3\\3\end{pmatrix} = 0$

b) $\vec{n} = \begin{pmatrix}2\\-4\\0\end{pmatrix}$ ist ein Normalenvektor von E, $P(4\,|\,0\,|\,5)$ liegt in E.

Normalengleichung $E: \left(\vec{x} - \begin{pmatrix}4\\0\\5\end{pmatrix}\right) \cdot \begin{pmatrix}2\\-4\\0\end{pmatrix} = 0$

c) $\vec{n} = \begin{pmatrix}-4\\0\\2\end{pmatrix}$ ist ein Normalenvektor von E, $P(-1\,|\,0\,|\,2)$ liegt in E.

Normalengleichung $E: \left(\vec{x} - \begin{pmatrix}-1\\0\\2\end{pmatrix}\right) \cdot \begin{pmatrix}-4\\0\\2\end{pmatrix} = 0$

d) $\vec{n} = \begin{pmatrix} 2 \\ 0 \\ 0 \end{pmatrix}$ ist ein Normalenvektor von E, P(−1,5|0|0) liegt in E.

Normalengleichung E: $\left( \vec{x} - \begin{pmatrix} -1,5 \\ 0 \\ 0 \end{pmatrix} \right) \cdot \begin{pmatrix} 2 \\ 0 \\ 0 \end{pmatrix} = 0$

## Lage von Ebenen erkennen und Ebenen zeichnen, Seite 30

**1** a) $S_1(6|0|0)$,
$S_2(0|3|0)$, $S_3(0|0|-2)$

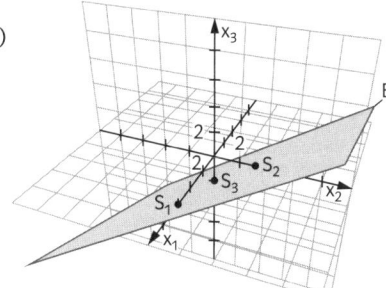

b) $S_1(-4|0|0)$,
$S_2(0|2|0)$

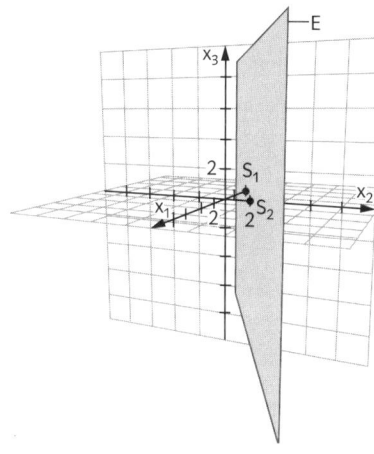

c) $S_3(0|0|-2)$

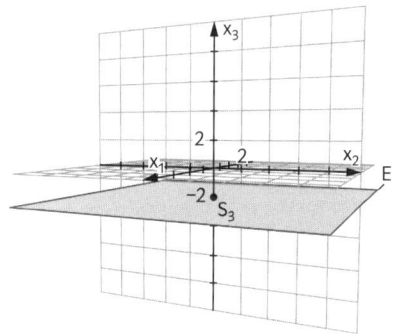

**2** Zusammen gehören (a) und $E_3$, (b) und $E_1$, (d) und $E_4$, (e) und $E_2$. Die Ebenengleichung, die zu (c) passt, ist E: $x_3 = 0$

**3** a) mögliche Ebenengleichungen: E: $x_1 = 3$, E: $2x_1 = 6$, E: $-3x_3 = -9$, …

b) $S_1(2|0|0)$, $S_2(0|3|0)$
Kein $S_3$ bedeutet: c = 0
$S_1$ in E eingesetzt: 2a = d
$S_2$ in E eingesetzt: 3b = d
Man wähle z. B. d = 6.
Damit ist a = 3, b = 2
E: $3x_1 + 2x_2 + 0x_3 = 6$

c) $S_2(0|4|0)$, $S_3(0|0|-2)$
Kein $S_1$ bedeutet: a = 0
$S_2$ in E eingesetzt: 4b = d
$S_3$ in E eingesetzt: $-2c = d$
Man wähle z. B. d = 4.
Damit ist b = 1, c = −2
E: $x_2 - 2x_3 = 4$

d) $S_1(2|0|0)$, $S_2(0|3|0)$, $S_3(0|0|-1)$
$S_1$ in E eingesetzt: 2a = d
$S_2$ in E eingesetzt: 3b = d
$S_3$ in E eingesetzt: −c = d
Man wähle z. B. d = 6.
Damit ist a = 3, b = 2, c = −6
E: $3x_1 + 2x_2 - 6x_3 = 6$

**4** $S_2$ eingesetzt in E liefert: 2a = d, P eingesetzt in E liefert:
a + 3c = d. d = 6 eingesetzt ergibt: a = 3. Damit ist dann c = 1.
Ebenengleichung: E: $3x_1 + x_3 = 6$, Spurpunkt: $S_3(0|0|6)$

**5** a) $S_1$ eingesetzt in E liefert: 2a = d, $S_2$ eingesetzt in E liefert
b = d. Man wähle d = 2. d eingesetzt ergibt: a = 1 und b = 2.
Zwischenergebnis: $x_1 + 2x_2 + cx_3 = 2$. P eingesetzt in E liefert:
5c = −10. Damit wird c = −2. Die Ebenengleichung lautet dann:
$x_1 + 2x_2 - 2x_3 = 2$,
b) Spurpunkt $S_3$: Schnittpunkt mit der $x_3$-Achse: $x_1 = x_2 = 0$:
$x_3 = -1$, $S_3(0|0|-1)$

## Gegenseitige Lage von Ebenen und Geraden, Seite 32

**1** a) $-(-1 + 2t) + 2(6 - t) + (-6 + 3t) = 5$ liefert t = 2.
S(3|4|0) ist der Schnittpunkt.
b) $3(2 - t) - 2(1 + 2t) = 4$ liefert t = 0.
S(2|1|3) ist der Schnittpunkt.

**2** a) $-2(5 + 2t) + 7 + 2t + 2(3 + t) = 3$ liefert 0 = 0. g liegt in E.
b) $-2(1 + t) + 4t + 2(2 - t) = 3$ liefert 2 = 3. g ist also parallel zu E.

**3** a) Der Sonnenstrahl g durch die Turmspitze hat die

Parametergleichung g: $\vec{x} = \begin{pmatrix} -2 \\ 1 \\ 15 \end{pmatrix} + t \cdot \begin{pmatrix} 4 \\ 5 \\ 7 \end{pmatrix}$

Gleichung, die entsteht, wenn man g in E einsetzt:
$-2 + 4t + 2(1 + 5t) + 15 + 7t = -6$
Berechnung von t: 21t = −21 liefert t = −1

Berechnung des Schnittpunktes T: $\vec{t} = \begin{pmatrix} -2 \\ 1 \\ 15 \end{pmatrix} - 1 \cdot \begin{pmatrix} 4 \\ 5 \\ 7 \end{pmatrix} = \begin{pmatrix} -6 \\ -4 \\ 8 \end{pmatrix}$.
T(−6|−4|8)
b) Abstand von T und F:
$\left| \overrightarrow{TF} \right| = \left\| \begin{pmatrix} -2 \\ 1 \\ 0 \end{pmatrix} - \begin{pmatrix} -6 \\ -4 \\ 8 \end{pmatrix} \right\| = \left\| \begin{pmatrix} 4 \\ 5 \\ -8 \end{pmatrix} \right\| = \sqrt{16 + 25 + 64} = \sqrt{105}$

**4** Gleichsetzen der rechten Seiten führt zum LGS:
$r \cdot \begin{pmatrix} -5 \\ 3 \\ -1 \end{pmatrix} + s \cdot \begin{pmatrix} 2 \\ 3 \\ 13 \end{pmatrix} + t \cdot \begin{pmatrix} -2 \\ -1 \\ 0 \end{pmatrix} = \begin{pmatrix} 3 \\ 2 \\ 5 \end{pmatrix}$. Lösung des LGS liefert t = −1.

In g eingesetzt ergibt dies den Ortsvektor $\vec{p} = \begin{pmatrix} 3 \\ 2 \\ 1 \end{pmatrix} + (-1) \cdot \begin{pmatrix} 2 \\ 1 \\ 0 \end{pmatrix} = \begin{pmatrix} 1 \\ 1 \\ 1 \end{pmatrix}$.
P(1|1|1)

**5** Gleichsetzen der rechten Seiten: liefert das LGS
$r \cdot \begin{pmatrix} -5 \\ 3 \\ -1 \end{pmatrix} + s \cdot \begin{pmatrix} 2 \\ 3 \\ 13 \end{pmatrix} + t \cdot \begin{pmatrix} -1 \\ 1 \\ 1 \end{pmatrix} = \begin{pmatrix} 3 \\ 2 \\ 5 \end{pmatrix}$

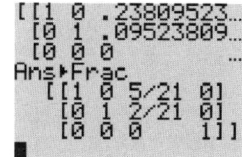

mit einem Widerspruch in der Lösung:
E und h haben also keine gemeinsamen Punkte, sie sind parallel.

**6** a) LGS: $r \cdot \begin{pmatrix} 1 \\ 1 \\ 2 \end{pmatrix} + s \cdot \begin{pmatrix} 3 \\ 0 \\ 1 \end{pmatrix} + t \cdot \begin{pmatrix} 1 \\ -4 \\ -3 \end{pmatrix} = \begin{pmatrix} 4 \\ 2 \\ 3 \end{pmatrix}$ liefert r = 0, s = 1,5 und

t = −0,5. Schnittpunkt: S(5,5|−1|0,5)
b) Umbenennen des Parameters t der Geraden in r und
Gleichsetzen der rechten Seiten liefert das LGS
$s \cdot \begin{pmatrix} -1 \\ 2 \\ -1 \end{pmatrix} + t \cdot \begin{pmatrix} 0 \\ 3 \\ -2 \end{pmatrix} + r \cdot \begin{pmatrix} 1 \\ -5 \\ 3 \end{pmatrix} = \begin{pmatrix} 3 \\ 4 \\ 2 \end{pmatrix}$, das keine Lösung hat.
E und g sind also parallel.

**7** a) $\vec{n} \cdot \vec{u} = \begin{pmatrix} 3 \\ -2 \\ 7 \end{pmatrix} \cdot \begin{pmatrix} 1 \\ -2 \\ -1 \end{pmatrix} = 3 + 4 - 7 = 0$, $P(2|0|0)$ liegt nicht in E,

d.h. E und g sind parallel.

b) $\vec{n} \cdot \vec{u} = \begin{pmatrix} -2,5 \\ -0,5 \\ 2 \end{pmatrix} \cdot \begin{pmatrix} 1 \\ 1 \\ 1 \end{pmatrix} = -2,5 - 0,5 + 2 = -1 \neq 0$. g schneidet E.

c) $\vec{n} \cdot \vec{u} = \begin{pmatrix} -2,5 \\ -0,5 \\ 3 \end{pmatrix} \cdot \begin{pmatrix} 1 \\ 1 \\ 1 \end{pmatrix} = -2,5 - 0,5 + 3 = 0$, $P(2|0|0)$ liegt in E,

d.h. g liegt in E.

d) $\vec{n} \cdot \vec{u} = \begin{pmatrix} 3 \\ -1 \\ 1 \end{pmatrix} \cdot \begin{pmatrix} 2 \\ -2 \\ 1 \end{pmatrix} = 6 - 2 + 1 = 5 \neq 0$, g schneidet E.

e) $\vec{n} \cdot \vec{u} = \begin{pmatrix} -2 \\ 1 \\ 2 \end{pmatrix} \cdot \begin{pmatrix} 2 \\ 6 \\ -1 \end{pmatrix} = -4 + 6 - 2 = 0$, $P(5|6|5)$ liegt in E,

d.h. g liegt in E.

f) $\vec{n} \cdot \vec{u} = \begin{pmatrix} -3 \\ 1 \\ 0 \end{pmatrix} \cdot \begin{pmatrix} 2 \\ 6 \\ 6 \end{pmatrix} = -6 + 6 = 0$, $P(1|0|2)$ liegt nicht in E,

d.h. E und g sind parallel.

### Gegenseitige Lage von Ebenen, Seite 34

**1** Die Normalenvektoren von E und G sind parallel, also auch
die Ebenen E und G.
Schnittgerade von E und F: Das LGS $\begin{matrix} -x_1 + 2x_2 - 3x_3 = 8 \\ 2x_1 + 4x_2 + 6x_3 = 8 \end{matrix}$,
eine Stufenform wäre $\begin{matrix} -x_1 + 2x_2 - 3x_3 = 8 \\ 8x_2 = 24 \end{matrix}$.
Damit ist $x_2 = 3$ und $x_1 = -2 - 3x_3$.
Mit $x_3 = t$ ergibt sich die Schnittgerade g: $\vec{x} = \begin{pmatrix} -2 \\ 3 \\ 0 \end{pmatrix} + t \cdot \begin{pmatrix} -3 \\ 0 \\ 1 \end{pmatrix}$

Schnittgerade von F und G:
Das LGS $\begin{matrix} 2x_1 + 4x_2 + 6x_3 = 8 \\ 2x_1 - 4x_2 + 6x_3 = 4 \end{matrix}$, eine Stufenform wäre

$\begin{matrix} 2x_1 + 4x_2 + 6x_3 = 8 \\ 8x_2 = 4 \end{matrix}$. Damit ist $x_2 = 0,5$ und $x_1 = 3 - 3x_3$.

Mit $x_3 = t$ ergibt sich die Schnittgerade g: $\vec{x} = \begin{pmatrix} 3 \\ 0,5 \\ 0 \end{pmatrix} + t \cdot \begin{pmatrix} -3 \\ 0 \\ 1 \end{pmatrix}$

**2** E: $-2x_1 + (-1,5) x_2 - x_3 = 4$, F: $\left( \vec{x} - \begin{pmatrix} 1 \\ -4 \\ 3 \end{pmatrix} \right) \cdot \begin{pmatrix} 4 \\ 3 \\ 2 \end{pmatrix} = 0$

**3** a) F in E eingesetzt: $3(1 - s + t) + 2(1 - s + 2t) - (s + t) = 3$
ergibt $-6s + 6t = -2$. Damit ist $t = -\frac{1}{3} + s$.

Schnittgerade: g: $\vec{x} = \begin{pmatrix} \frac{2}{3} \\ \frac{1}{3} \\ -\frac{1}{3} \end{pmatrix} + s \cdot \begin{pmatrix} 0 \\ 1 \\ 2 \end{pmatrix}$

b) E in F eingesetzt: $2(-1 + 4r + t) - 2(1 + r + t) + 3(3 - 2r) = -2$
liefert die Falschaussage $0 = -7$. E und F sind parallel.

**4** a) F in E eingesetzt liefert eine Gleichung, in der sowohl
s als auch t vorkommen. Damit ließe sich die Schnittgerade
bestimmen.
b) g in E eingesetzt: $2(4,5 + r) - (4,5 + b \cdot r) + 3 \cdot a = 6$.
Damit ergibt sich: $(2 - b) \cdot r = 1,5 - 3 \cdot a$.
Die Aussage $0 = 0$ entsteht für $b = 2$ und $a = 0,5$.

**5** a) F in E eingesetzt liefert
$(3 + b \cdot s) + 2(3 + 2s - 2t) - (a + 6s + ct) = 4$.
Zusammengefasst ergibt sich $(9 - a) + (b - 2) \cdot s + (-c - 4) \cdot t = 4$.
Die Koeffizienten vor s und t müssen jeweils Null sein: $b - 2 = 0$
und $-c - 4 = 0$. Damit wird $b = 2$ und $c = -4$.
Für die Zahlen muss gelten: $9 - a = 4$, also $a = 5$.
b) F in E eingesetzt liefert
$(-2 + 4s + 3t) + 2(a - s + c \cdot t) - (4 + b \cdot s - 5t) = 4$.
Zusammengefasst ergibt sich
$(-6 + 2a) + (2 - b) \cdot s + (8 + 2c) \cdot t = 4$.
Die Koeffizienten vor s und t müssen jeweils Null sein:
$2 - b = 0$ und $8 + 2c = 0$. Damit wird $b = 2$, $c = -4$ und $a = 5$.

**6** a) LGS mit Lösung

```
[[2   3  -1  -1  -2...
 [-1  0  -1   2   4...
 [2   2   0  -2  -7...
rref([A]
[[1  0   1   0  -2  0]
 [0  1  -1   1   0  0]
 [0  0   0   0   0  1]]
```

Die beiden Ebenen haben keine gemeinsamen Punkte, sie sind
also parallel.
b) LGS mit Lösung in Bruchdarstellung:

```
[[1  5  -1  -1  0]
 [2  1  -1   2  4]
 [0  0   0  -2  2]]
rref([A]▶Frac
[[1  0  -4/9  0  31...
 [0  1  -1/9  0  -8...
 [0  0   0    1  -1...
```

Der zweite Parameter der Ebene F ist also $-1$.
Damit ergibt sich als Schnittgerade

g: $\vec{x} = \begin{pmatrix} 2 \\ 3 \\ 2 \end{pmatrix} + t \cdot \begin{pmatrix} 1 \\ 1 \\ 0 \end{pmatrix} - 1 \cdot \begin{pmatrix} 1 \\ -2 \\ 2 \end{pmatrix} = \begin{pmatrix} 1 \\ 5 \\ 0 \end{pmatrix} + t \cdot \begin{pmatrix} 1 \\ 1 \\ 0 \end{pmatrix}$

### Test, Seite 36

**1** a) $\vec{p} = \overrightarrow{AB} = \begin{pmatrix} 2 \\ -4 \\ -4 \end{pmatrix}$, $\vec{q} = \overrightarrow{BC} = \begin{pmatrix} -3 \\ 6 \\ 0 \end{pmatrix}$, $\vec{r} = \overrightarrow{CA} = \begin{pmatrix} 1 \\ -2 \\ 4 \end{pmatrix}$.

$|\vec{p}| = 6$, $|\vec{q}| = \sqrt{45}$, $|\vec{r}| = \sqrt{21}$

b) $2\vec{p} + \vec{q} - 3\vec{r} = \begin{pmatrix} -2 \\ 4 \\ -20 \end{pmatrix}$, $0,5\vec{r} - 1,5\vec{p} = \begin{pmatrix} -2,5 \\ 5 \\ 8 \end{pmatrix}$

c) Für den Vektor $\vec{a} = -\vec{p}$ ist $\vec{a}_0 = \frac{1}{6} \begin{pmatrix} -2 \\ 4 \\ 4 \end{pmatrix}$ der gesuchte Einheitsvektor.

d) $\vec{p} \cdot \vec{q} = -30 \neq 0$, $\vec{p} \cdot \vec{r} = -6 \neq 0$, $\vec{q} \cdot \vec{r} = -15 \neq 0$.
Keine der Vektoren sind orthogonal zueinander.

**2** a) für $t = -3$ liegt A auf g, für $t = -2$ liegt C auf h, B liegt auf
keiner der Geraden.
b) g und h schneiden sich in $S(3|3|-5)$
c) E: $\vec{x} = \begin{pmatrix} 3 \\ 3 \\ -5 \end{pmatrix} + t \cdot \begin{pmatrix} -1 \\ 2 \\ 2 \end{pmatrix} + s \cdot \begin{pmatrix} 2 \\ 0 \\ -4 \end{pmatrix}$ und

E: $\vec{x} = \begin{pmatrix} -2 \\ 3 \\ 5 \end{pmatrix} + t \cdot \begin{pmatrix} -1 \\ 2 \\ 2 \end{pmatrix} + s \cdot \begin{pmatrix} 2 \\ 0 \\ -4 \end{pmatrix}$ sind mögliche

Parametergleichungen.

**3** a) $\vec{u} = \begin{pmatrix} -1 \\ 2 \\ -3 \end{pmatrix} - \begin{pmatrix} 2 \\ 2 \\ -3 \end{pmatrix} = \begin{pmatrix} -3 \\ 0 \\ 0 \end{pmatrix}$ ist ein möglicher zweiter

Spannvektor von E.

Damit ist E: $\vec{x} = \begin{pmatrix} -1 \\ 2 \\ -3 \end{pmatrix} + t \cdot \begin{pmatrix} 4 \\ 3 \\ 5 \end{pmatrix} + r \cdot \begin{pmatrix} -3 \\ 0 \\ 0 \end{pmatrix}$

eine Parametergleichung von E.

b) $\vec{n} \cdot \begin{pmatrix} 4 \\ 3 \\ 5 \end{pmatrix} = 0$ und $\vec{n} \cdot \begin{pmatrix} -3 \\ 0 \\ 0 \end{pmatrix} = 0$ liefert $n_1 = 0$ und beispielsweise

$n_2 = -5$ und $n_3 = 3$. $\vec{n} = \begin{pmatrix} 0 \\ -5 \\ 3 \end{pmatrix}$

E: $\left( \vec{x} - \begin{pmatrix} -1 \\ 2 \\ -3 \end{pmatrix} \right) \cdot \begin{pmatrix} 0 \\ -5 \\ 3 \end{pmatrix} = 0$, E: $-5x_2 + 3x_3 = -19$

**4** a) Wähle $x_3 = t$, $x_2 = s$. Dann ist $x_1 = -6 + 3s$.

E: $\vec{x} = \begin{pmatrix} -6 \\ 0 \\ 0 \end{pmatrix} + s \cdot \begin{pmatrix} 3 \\ 1 \\ 0 \end{pmatrix} + t \cdot \begin{pmatrix} 0 \\ 0 \\ 1 \end{pmatrix}$

b) E liegt parallel zur $x_3$-Achse.

c)

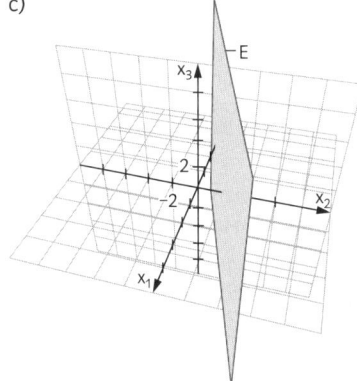

**5** a) Das LGS $\begin{array}{l} 3a + 2b + 2c = d \\ c = d \\ 4a - b - 5c = d \end{array}$ hat z.B. die Lösung

$a = 1$, $b = -2$, $c = 1$, $d = 1$: E: $x_1 - 2x_2 + x_3 = 1$

b) F: $\left( \vec{x} - \begin{pmatrix} 2 \\ 0 \\ 2 \end{pmatrix} \right) \cdot \begin{pmatrix} 2 \\ -1 \\ 6 \end{pmatrix} = 0$; $2x_1 - x_2 + 6x_3 = 14$

c) G: $x_3 = -1$

d) $\vec{n} = \overrightarrow{AB} = \begin{pmatrix} 4 \\ -4 \\ 6 \end{pmatrix}$ ist ein Normalenvektor von H, die Mitte

M(4|1|7) von $\overline{AB}$ ist ein Punkt in H,

H: $\left( \vec{x} - \begin{pmatrix} 4 \\ 1 \\ 7 \end{pmatrix} \right) \cdot \begin{pmatrix} 4 \\ -4 \\ 6 \end{pmatrix} = 0$; $4x_1 - 4x_2 + 6x_3 = 54$

**6** a) E: $\vec{x} = \begin{pmatrix} 1 \\ 1 \\ 5 \end{pmatrix} + r \cdot \begin{pmatrix} 2 \\ 0 \\ 1 \end{pmatrix} + s \cdot \begin{pmatrix} 1 \\ 1 \\ 3 \end{pmatrix}$, g: $\vec{x} = \begin{pmatrix} 2 \\ 2 \\ 1 \end{pmatrix} + t \cdot \begin{pmatrix} 1 \\ -1 \\ 1 \end{pmatrix}$

b) Der Schnittpunkt S$\left( \frac{13}{3} \middle| -\frac{1}{3} \middle| \frac{10}{3} \right)$ ergibt sich für $r = \frac{7}{3}$ und $s = -\frac{4}{3}$ bzw. für $t = \frac{7}{3}$

**7** Setzt man E in F ein, ergibt sich $s = -8 - 2t$, damit ist

g: $\vec{x} = \begin{pmatrix} -6 \\ -24 \\ -30 \end{pmatrix} + t \cdot \begin{pmatrix} -1 \\ -7 \\ -10 \end{pmatrix}$ die Schnittgerade.

F und G sind identisch, damit ist g auch die Schnittgerade von E und G.

## VI Abstände und Winkel

### Abstand eines Punktes von einer Ebene, Seite 37

**1** a) Die Lotgerade g zu E durch R hat die Gleichung

g: $\vec{x} = \begin{pmatrix} 4 \\ 0 \\ 7 \end{pmatrix} + t \cdot \begin{pmatrix} 2 \\ 3 \\ 6 \end{pmatrix}$. Schneiden von g und E ergibt $t = -1$ und den

Lotfußpunkt F(2|−3|1). Der Abstand von R und E beträgt 7 LE.

b) Die Ebene E hat die Koordinatengleichung $6x_1 + 8x_3 = -40$.
Die Lotgerade g zu E durch R hat die Gleichung

g: $\vec{x} = \begin{pmatrix} 8 \\ 6 \\ 14 \end{pmatrix} + t \cdot \begin{pmatrix} 6 \\ 0 \\ 8 \end{pmatrix}$.

Schneiden von g und E ergibt $t = -2$ und den Lotfußpunkt
F(−4|6|−2). Der Abstand von R und E beträgt 20 LE.

**2** A: Lotfußpunkt $F_4$, d = 1,5 LE.
B: Lotfußpunkt $F_1$, d = 3 LE.
C: Lotfußpunkt $F_5$, d = 3 LE.
D: Lotfußpunkt $F_3$, d = 6 LE.

**3** Die Ebene E hat die Koordinatengleichung $-0,5x_1 + x_2 - x_3 = 2$.
Die Lotgerade g zu E durch den Ursprung hat die Gleichung

g: $\vec{x} = r \cdot \begin{pmatrix} -0,5 \\ 1 \\ -1 \end{pmatrix}$.

Schneiden von g und E ergibt $r = \frac{8}{9}$ und den Lotfußpunkt
F$\left( -\frac{4}{9} \middle| \frac{8}{9} \middle| -\frac{8}{9} \right)$. Der Abstand von R zu E beträgt $\frac{4}{3}$ LE.

**4** $\vec{n} = \begin{pmatrix} 4 \\ 6 \\ -12 \end{pmatrix}$ mit $|\vec{n}| = 14$, also $\vec{n_0} = \frac{1}{14} \cdot \begin{pmatrix} 4 \\ 6 \\ -12 \end{pmatrix}$.

$\overrightarrow{OR} = \overrightarrow{OF} + 7 \cdot \vec{n_0} = \begin{pmatrix} 3 \\ 2 \\ 2 \end{pmatrix} + 0,5 \cdot \begin{pmatrix} 4 \\ 6 \\ -12 \end{pmatrix} = \begin{pmatrix} 5 \\ 5 \\ -4 \end{pmatrix}$

$\overrightarrow{OS} = \overrightarrow{OF} - 7 \cdot \vec{n_0} = \begin{pmatrix} 3 \\ 2 \\ 2 \end{pmatrix} - 0,5 \cdot \begin{pmatrix} 4 \\ 6 \\ -12 \end{pmatrix} = \begin{pmatrix} 1 \\ -1 \\ 8 \end{pmatrix}$.

Man erhält R(5|5|−4) und S(1|−1|8).

**5** a) $4 \cdot 7 + 4 \cdot 14 - 2 \cdot (-8) = 100 \neq 10$
b) F(−3|4|−3); d(P; E) = 15 LE
c) Die Lösungsansätze A und D sind richtig, die Lösungsansätze B und C sind falsch.
d) Mit Lösungsansatz A:
$\overrightarrow{OP'} = \overrightarrow{OF} + \overrightarrow{PF} = \overrightarrow{OF} - 2,5 \cdot \vec{n} = \begin{pmatrix} -3 \\ 4 \\ -3 \end{pmatrix} - 2,5 \cdot \begin{pmatrix} 4 \\ 4 \\ -2 \end{pmatrix} = \begin{pmatrix} -13 \\ -6 \\ 2 \end{pmatrix}$.
Der Bildpunkt ist P'(−13|−6|2).
e) Ansatz B berücksichtigt nicht, dass der Normalenvektor die Länge 6 hat. Der gewünschte Abstand 15 LE muss noch mit $\frac{1}{6}$ multipliziert bzw. durch 6 geteilt werden. Zudem geht Ansatz B von F aus in die falsche Richtung bezüglich der Ebene E. Ansatz C geht von F aus in die falsche Richtung bezüglich der Ebene E. Als Lösung erhält man wieder den Punkt P selbst.

**6** Aussage A ist richtig, B und C sind falsch.
Korrigierte Aussagen:
B: Zu jedem Punkt P auf einer Ebene E gibt es unendlich viele Punkte, die nicht auf E liegen und deren Lotfußpunkt auf E der Punkt P ist. Sie liegen auf der zu E orthogonalen Gerade durch P.
C: Der Punkt P(1|2|3) hat von der $x_1x_2$-Ebene den Abstand 3 LE. Allgemein kann man den Abstand eines Punktes von der $x_1x_2$-Ebene an der $x_3$-Koordinate ablesen.

**Die Hesse'sche Normalenform, Seite 39**

**1** a) $\vec{n} = \begin{pmatrix} 8 \\ -1 \\ 4 \end{pmatrix}$; $|\vec{n}| = 9$; E: $\left[ \vec{x} - \begin{pmatrix} 2 \\ 2 \\ -1 \end{pmatrix} \right] \cdot \frac{1}{9} \begin{pmatrix} 8 \\ -1 \\ 4 \end{pmatrix} = 0$

b) Zweite Gleichung: $2 \cdot n_1 + 0 \cdot n_2 - 3 \cdot n_3 = 0$.
Addieren der beiden Gleichungen ergibt $2 \cdot n_1 + 6 \cdot n_2 = 0$.
Mögliche Lösung: $n_1 = 3$, $n_2 = -1$, $n_3 = 2$.

$\vec{n} = \begin{pmatrix} 3 \\ -1 \\ 2 \end{pmatrix}$; $|\vec{n}| = \sqrt{14}$; E: $\left[ \vec{x} - \begin{pmatrix} 1 \\ 5 \\ 7 \end{pmatrix} \right] \cdot \frac{1}{\sqrt{14}} \begin{pmatrix} 3 \\ -1 \\ 2 \end{pmatrix} = 0$

**2** A, B, E, F sind Hesse'sche Normalenformen.
Mögliche Änderungen:

C: $\left[ \vec{x} - \begin{pmatrix} 2 \\ 0 \\ -1 \end{pmatrix} \right] \cdot \frac{1}{\sqrt{3}} \begin{pmatrix} 1 \\ 1 \\ 1 \end{pmatrix} = 0$

D: $\left[ \vec{x} - \begin{pmatrix} 10 \\ -4 \\ 1 \end{pmatrix} \right] \cdot \frac{1}{\sqrt{38}} \begin{pmatrix} 2 \\ -5 \\ 3 \end{pmatrix} = 0$

**3** A: 12 LE    B: 6 LE    C: 3 LE    D: 36 LE

**4** $d(P; E) = \frac{17}{5} = 3{,}4$; $d(P; F) = \frac{20}{3} \approx 6{,}67$; $d(P; G) = \frac{4\sqrt{3}}{3} \approx 2{,}31$.
P hat von der Ebene G den kleinsten Abstand.

**5** a) $d(P; E) = \left| \frac{-1 \cdot 3 - 2 \cdot 2 + 4 \cdot 1 - 10}{\sqrt{21}} \right| = \left| \frac{-13}{\sqrt{21}} \right| = \frac{13}{\sqrt{21}} \approx 2{,}84$

b) $d(P; E) = \left| \frac{3 \cdot (-2) + 6 \cdot 0 + 0 \cdot 5 + 8}{\sqrt{45}} \right| = \left| \frac{2}{\sqrt{45}} \right| = \frac{2}{\sqrt{45}} \approx 0{,}3$

**6** $4 \cdot 1 + 0{,}5 \cdot 2 - 2 \cdot 3 = 0$, also ist der Richtungsvektor von g orthogonal zum Normalenvektor von E. Damit sind g und E parallel.
$d(g; E) = \left| \frac{4 \cdot 10 + 0{,}5 \cdot (-3) - 2 \cdot (-2) - 2}{4{,}5} \right| = \left| \frac{40{,}5}{4{,}5} \right| = 9$

**7** $E_1$ und $F_4$ sind parallel mit Abstand 3 LE, $E_2$ und $F_1$ sind parallel mit Abstand 0 LE (also identisch), $E_3$ und $F_3$ sind parallel mit Abstand 5 LE, $E_4$ und $F_2$ sind parallel mit Abstand 2 LE.

**8** a) $\vec{n} = \begin{pmatrix} 6 \\ -3 \\ -2 \end{pmatrix}$ und $|\vec{n}| = 7$; F: $6x_1 - 3x_2 - 2x_3 = 54$ und
G: $6x_1 - 3x_2 - 2x_3 = -30$
b) F: $2x_1 - 10x_2 + 11x_3 = 240$ und G: $2x_1 - 10x_2 + 11x_3 = -210$

**Abstand eines Punktes von einer Geraden, Seite 41**

**1** a) $P_t(1 + 3t \,|\, -1 + 4t \,|\, 1 - 2t)$;
$\overrightarrow{P_t R} = \begin{pmatrix} -5 - 3t \\ 10 - 4t \\ -2 + 2t \end{pmatrix}$; $d(t) = \sqrt{29t^2 - 58t + 129}$
Minimum: $d(1) = 10$; Abstand 10 LE.
b) $P_t(-1 + 4t \,|\, 1 - 2t \,|\, 3 + 2t)$;
$\overrightarrow{P_t R} = \begin{pmatrix} 8 - 4t \\ -1 + 2t \\ 5 - 2t \end{pmatrix}$; $d(t) = \sqrt{24t^2 - 88t + 90}$
Minimum: $d(1{,}83) \approx 3{,}06$; Abstand 3,06 LE.

**2** a) Der rechte Vektor ist richtig.
b) Der mittlere Vektor ist richtig.

**3** a) $P_t(-7 + 12t \,|\, 5 - 9t \,|\, -2 + 5t)$.
$\overrightarrow{P_t R} = \begin{pmatrix} 17 - 12t \\ -9 + 9t \\ -7 - 5t \end{pmatrix}$. Es gilt: also $\begin{pmatrix} 17 - 12t \\ -9 + 9t \\ -7 - 5t \end{pmatrix} \cdot \begin{pmatrix} 12 \\ -9 \\ 5 \end{pmatrix} = 0$, also
$(17 - 12t) \cdot 12 + (-9 + 9t) \cdot (-9) + (-7 - 5t) \cdot 5 = 0$
Lösen der Gleichung ergibt $t = 1$; $F(5 \,|\, -4 \,|\, 3)$; $|\overrightarrow{FR}| = 13$.

b) $P_t(7 + 2t \,|\, 4t \,|\, -9 - 6t)$.
$\overrightarrow{P_t R} = \begin{pmatrix} -15 - 2t \\ -5 - 4t \\ 15 + 6t \end{pmatrix}$. Es gilt: $\begin{pmatrix} -15 - 2t \\ -5 - 4t \\ 15 + 6t \end{pmatrix} \cdot \begin{pmatrix} 2 \\ 4 \\ -6 \end{pmatrix} = 0$, also
$(-15 - 2t) \cdot 2 + (-5 - 4t) \cdot 4 + (15 + 6t) \cdot (-6) = 0$
Lösen der Gleichung ergibt $t = -2{,}5$;
$F(2 \,|\, -10 \,|\, 6)$; $|\overrightarrow{FR}| = \sqrt{125} \approx 11{,}18$.

**4** a) F    b) G

**5** a) Hilfsebene E: $4x_1 - 2x_2 + 2x_3 = 54$
Schneiden von g und E:
$4(-1 + 4t) - 2(1 - 2t) + 2 \cdot 2t = 54$ liefert $t = 2{,}5$.
Einsetzen von $t = 2{,}5$ in die Gleichung von g ergibt den Lotfußpunkt $F(9 \,|\, -4 \,|\, 5)$ von R auf g.
$|\overrightarrow{FR}| = \sqrt{3^2 + 5^2 + (-1)^2} = \sqrt{35} \approx 5{,}916$

b) Hilfsebene E: $5x_1 + 10x_2 + 12x_3 = 94$
Schneiden von g und E:
$5(-9 + 5t) + 10(-7 + 10t) + 12(-5 + 12t) = 94$
liefert $t = 1$. Einsetzen von $t = 1$ in die Gleichung von g ergibt den Lotfußpunkt $F(-4 \,|\, 3 \,|\, 7)$ von R auf g.
$|\overrightarrow{FR}| = \sqrt{(-12)^2 + 5^2} = \sqrt{169} = 13$

**6** Punkt B hat den kleinsten Abstand zur Geraden g, denn $d(A; g) = \sqrt{40} \approx 6{,}325$; $d(B; g) = 6$; $d(C; g) = \sqrt{75} \approx 8{,}66$.

**7** Das Dreieck mit den Ecken $A(1 \,|\, 0 \,|\, -5)$, $B(1 \,|\, 4 \,|\, -2)$ und $C(1 \,|\, -2 \,|\, 6)$ hat den Flächeninhalt 25.
Das Dreieck mit $A(-2 \,|\, -4 \,|\, -4)$, $B(2 \,|\, 9 \,|\, 3)$ und $C(-2 \,|\, 11 \,|\, -1)$ hat den Flächeninhalt 45.
Das Dreieck mit $A(-8 \,|\, 10 \,|\, 0)$, $B(8 \,|\, -14 \,|\, 4)$ und $C(0 \,|\, -10 \,|\, 7)$ hat den Flächeninhalt $12\sqrt{53}$.
Das Dreieck mit $A(3 \,|\, 8 \,|\, -6)$, $B(3 \,|\, -2 \,|\, 4)$ und $C(-1 \,|\, -2 \,|\, -4)$ hat den Flächeninhalt $20\sqrt{6}$.

**Abstand windschiefer Geraden, Seite 44**

**1** a) $G_s(-1 \,|\, -7 + 2s \,|\, 6 - s)$, $H_t(6 + 3t \,|\, 1 + 2t \,|\, 2t)$
$\overrightarrow{G_s H_t} = \begin{pmatrix} 7 + 3t \\ 8 + 2t - 2s \\ -6 + 2t + s \end{pmatrix}$
(1) $\begin{pmatrix} 7 + 3t \\ 8 + 2t - 2s \\ -6 + 2t + s \end{pmatrix} \cdot \begin{pmatrix} 0 \\ 2 \\ -1 \end{pmatrix} = 0$ und (2) $\begin{pmatrix} 7 + 3t \\ 8 + 2t - 2s \\ -6 + 2t + s \end{pmatrix} \cdot \begin{pmatrix} 3 \\ 2 \\ 2 \end{pmatrix} = 0$
Ausführen der Skalarmultiplikation ergibt
(1) $2(8 + 2t - 2s) - (-6 + 2t + s) = 0$
(2) $3(7 + 3t) + 2(8 + 2t - 2s) + 2(-6 + 2t + s) = 0$
Dies führt auf das LGS $\begin{array}{l} (1)\ 22 + 2t - 5s = 0 \\ (2)\ 25 + 17t - 2s = 0 \end{array}$
mit den Lösungen $s = 4$ und $t = -1$. Einsetzen liefert
$G(-1 \,|\, 1 \,|\, 2)$ und $H(3 \,|\, -1 \,|\, -2)$. $d(g; h) = 6$ LE.
b) $d(g; h) = \sqrt{38} \approx 6{,}164$

**2** a) Der rechte Vektor ist richtig.
b) Der mittlere Vektor ist richtig.

**3** a) $d(A; g) \approx 13{,}63$; $d(B; g) \approx 15{,}38$
b) h: $\vec{x} = \begin{pmatrix} 8 \\ 5 \\ -4 \end{pmatrix} + t \cdot \begin{pmatrix} 4 \\ 3 \\ 2 \end{pmatrix}$    (zum Beispiel)
$d(g; h) = 13$.
c) Der Abstand einer Geraden durch zwei Punkte A und B zu einer Gerade g ist höchstens so groß wie der jeweilige Abstand der beiden Punkte A und B zur Geraden g.

**4** A(2|−2|0), B(2|2|0),

$g: \vec{x} = \begin{pmatrix} 2 \\ 2 \\ 0 \end{pmatrix} + s \cdot \begin{pmatrix} 0 \\ 1 \\ 0 \end{pmatrix}$ (zum Beispiel)

C(−2|2|0), S(0|0|6),

$h: \vec{x} = \begin{pmatrix} 0 \\ 0 \\ 6 \end{pmatrix} + t \cdot \begin{pmatrix} 1 \\ -1 \\ 3 \end{pmatrix}$ (zum Beispiel)

g und h sind windschief
$d(g; h) = \sqrt{14,4} \approx 3,79$

**5** $x_1: \vec{x} = t \cdot \begin{pmatrix} 1 \\ 0 \\ 0 \end{pmatrix}$; $d(g; x_1) = \sqrt{3,2} \approx 1,79$

$x_2: \vec{x} = t \cdot \begin{pmatrix} 0 \\ 1 \\ 0 \end{pmatrix}$; $d(g; x_2) = \sqrt{6,4} \approx 2,53$

$x_3: \vec{x} = t \cdot \begin{pmatrix} 0 \\ 0 \\ 1 \end{pmatrix}$; $d(g; x_2) = \sqrt{\frac{208}{169}} \approx 1,11$

g hat zur $x_3$-Achse den kleinsten Abstand.

**6** $d(g; h) = 12$
Die Kugel darf höchstens den Radius 6 haben.

## Winkel zwischen Vektoren – Skalarprodukt, Seite 46

**1** a) $|\vec{a}| = 5$; $|\vec{b}| = 15$; $\cos(\alpha) = \frac{14}{75}$; $\alpha \approx 79,2°$

b) $|\vec{a}| = \sqrt{74}$; $|\vec{b}| = \sqrt{53}$; $\cos(\alpha) = \frac{-29}{\sqrt{3922}}$; $\alpha \approx 117,6°$

**2** $|\vec{a}| = \sqrt{21}$; $|\vec{b}| = \sqrt{6}$; $|\vec{c}| = 13$

|  | $\vec{a}$ | $-\vec{a}$ | $\vec{c}$ | $-\vec{c}$ |
|---|---|---|---|---|
| $\vec{a}$ | 0° | 180° | 122,5° | 57,5° |
| $\vec{b}$ | 90° | 90° | 91,8° | 88,2° |
| $-\vec{b}$ | 90° | 90° | 88,2° | 91,8° |

**3** a) $\vec{AB} = \begin{pmatrix} 3 \\ 4 \\ 0 \end{pmatrix}$; $|\vec{AB}| = 5$; $\vec{BC} = \begin{pmatrix} -7 \\ -1 \\ 12 \end{pmatrix}$; $|\vec{BC}| = \sqrt{194}$;

$\vec{AC} = \begin{pmatrix} -4 \\ 3 \\ 12 \end{pmatrix}$; $|\vec{AC}| = 13$

b) $5^2 + 13^2 = 194 = \sqrt{194}^2$; also hat das Dreieck nach dem Satz von Pythagoras bei A einen rechten Winkel.
c) $\alpha = 90°$; $\beta \approx 69,0°$; $\gamma \approx 21,0°$
d) $\frac{1}{2} \cdot 5 \cdot 13 = 32,5$ FE

**4** a) $\cos(\alpha) = \frac{42 - 8 + 12}{7 \cdot 9} = \frac{46}{63}$; $\alpha \approx 43,1°$; im Nenner wurde nicht multipliziert sondern addiert.

b) $\cos(\alpha) = \frac{-2 + 6 - 5}{\sqrt{38} \cdot \sqrt{6}} = \frac{-1}{\sqrt{228}}$; $\alpha \approx 93,8°$; beim Skalarprodukt im Zähler wurden die Vorzeichen vergessen.

c) $\cos(\alpha) = \frac{-10 - 12}{\sqrt{35} \cdot \sqrt{20}} = \frac{-22}{10\sqrt{7}}$; $\alpha \approx 146,3°$; mit dem GTR wurde nicht „$\cos^{-1}$" sondern „cos" berechnet.

## Schnittwinkel, Seite 47

**1** a) $\cos(\alpha) = \frac{1}{\sqrt{21} \cdot \sqrt{30}}$; $\alpha \approx 87,7°$

b) $\cos(\alpha) = \frac{23}{\sqrt{17} \cdot \sqrt{58}}$; $\alpha \approx 42,9°$

**2** $g: \vec{x} = \begin{pmatrix} 7 \\ -2 \\ -4 \end{pmatrix} + r \cdot \begin{pmatrix} 3 \\ 0 \\ -4 \end{pmatrix}$; $h: \vec{x} = \begin{pmatrix} -1 \\ 3 \\ 1 \end{pmatrix} + s \cdot \begin{pmatrix} 2 \\ -5 \\ 3 \end{pmatrix}$ schneiden sich

im Punkt S(1|−2|4) mit dem Schnittwinkel $\alpha \approx 78,8°$

$g: \vec{x} = \begin{pmatrix} 1 \\ -1 \\ 2 \end{pmatrix} + r \cdot \begin{pmatrix} 1 \\ 0 \\ 1 \end{pmatrix}$ und $h: \vec{x} = \begin{pmatrix} 5 \\ 6 \\ -2 \end{pmatrix} + s \cdot \begin{pmatrix} -3 \\ 0 \\ -3 \end{pmatrix}$ sind parallel mit

Abstand 9.

$g: \vec{x} = \begin{pmatrix} -3 \\ 5 \\ 1 \end{pmatrix} + r \cdot \begin{pmatrix} 2 \\ 2 \\ 1 \end{pmatrix}$ und $h: \vec{x} = \begin{pmatrix} 2 \\ 6 \\ 4 \end{pmatrix} + s \cdot \begin{pmatrix} 4 \\ 3 \\ 1 \end{pmatrix}$ sind windschief mit

Abstand 3.

$g: \vec{x} = \begin{pmatrix} 2 \\ -1 \\ 5 \end{pmatrix} + r \cdot \begin{pmatrix} 5 \\ 1 \\ -2 \end{pmatrix}$ und $h: \vec{x} = \begin{pmatrix} 3 \\ 4 \\ -5 \end{pmatrix} + s \cdot \begin{pmatrix} 1 \\ -1 \\ 2 \end{pmatrix}$ schneiden sich im

Punkt S(7|0|3) mit dem Schnittwinkel $\alpha = 90°$

**3** a) $\vec{n_1} = \begin{pmatrix} 3 \\ -1 \\ 8 \end{pmatrix}$; $|\vec{n_1}| = \sqrt{74}$; $\vec{n_2} = \begin{pmatrix} 1 \\ 4 \\ 2 \end{pmatrix}$; $|\vec{n_2}| = \sqrt{21}$;

$\cos(\alpha) = \frac{15}{\sqrt{74} \cdot \sqrt{21}}$; $\alpha \approx 67,6°$

b) $\vec{n_1} = \begin{pmatrix} -3 \\ -2 \\ 1 \end{pmatrix}$; $|\vec{n_1}| = \sqrt{14}$; $\vec{n_2} = \begin{pmatrix} 6 \\ -5 \\ 4 \end{pmatrix}$; $|\vec{n_2}| = \sqrt{77}$;

$\cos(\alpha) = \frac{4}{\sqrt{14} \cdot \sqrt{77}}$; $\alpha \approx 83,0°$

c) $\vec{n_1} = \begin{pmatrix} 0 \\ 1 \\ 0 \end{pmatrix}$; $|\vec{n_1}| = 1$; $\vec{n_2} = \begin{pmatrix} -1 \\ 2 \\ 0 \end{pmatrix}$; $|\vec{n_2}| = \sqrt{5}$;

$\cos(\alpha) = \frac{2}{\sqrt{5}}$; $\alpha \approx 26,6°$

**4** a) $E_1$ und $E_2$ sind orthogonal; $E_3$ und $E_4$ sind parallel; $E_5$ und $E_6$ schneiden sich in einem Winkel < 90°; $E_7$ und $E_8$ sind parallel; $E_9$ und $E_{10}$ schneiden sich in einem Winkel < 90°.
b) $E_5$ und $E_6$: $\alpha \approx 11,9°$; $E_9$ und $E_{10}$: $\alpha \approx 60,9°$.

**5** $\vec{n} = \begin{pmatrix} 3 \\ -6 \\ -1 \end{pmatrix}$; $|\vec{n}| = \sqrt{46}$; $|\vec{u}| = \sqrt{69}$;

$\sin(\alpha) = \frac{17}{\sqrt{69} \cdot \sqrt{46}}$; $\alpha \approx 17,6°$

**6** $E_1$ und g: $\alpha \approx 34,5°$; $E_2$ und g sind parallel (Skalarprodukt ist σ); $E_3$ und g: $\alpha = 32,3°$.
Die Gerade g hat den kleinsten Schnittwinkel mit der Ebene $E_1$.

**7** a) Ob eine Gerade g zu einer Ebene E parallel oder orthogonal ist, kann man erkennen, wenn man den Richtungsvektor von g und dem Normalenvektor von E betrachtet. Wenn das Skalarprodukt der beiden Vektoren Null ist, sind sie orthogonal. g und E sind dann parallel zueinander. Wenn ein Vektor ein Vielfaches des anderen Vektoren ist, sind sie parallel. g und E sind dann orthogonal zueinander.
b) Mögliche Lösungen:

$g: \vec{x} = r \cdot \begin{pmatrix} 1 \\ -1 \\ 1 \end{pmatrix}$ (denn $3 \cdot 1 - 1 \cdot 1 - 1 \cdot 2 = 0$)

$h: \vec{x} = r \cdot \begin{pmatrix} 6 \\ 2 \\ -4 \end{pmatrix}$

**8**

|  | F | h | G | k |
|---|---|---|---|---|
| E | 58,7° | 27,8° | 61,0° | 13,3° |
| g | 25,1° | 39,5° | 41,1° | 90° |

**9** a) 1. Gerade: $\vec{x} = \begin{pmatrix} 2 \\ -2 \\ 0 \end{pmatrix} + t \cdot \begin{pmatrix} -2 \\ 2 \\ 6 \end{pmatrix}$; 2. Gerade: $\vec{x} = \begin{pmatrix} 2 \\ 2 \\ 0 \end{pmatrix} + s \cdot \begin{pmatrix} -2 \\ -2 \\ 6 \end{pmatrix}$;

Schnittwinkel: 35,1°
b) $E_{Grund}$: $x_3 = 0$; $E_{Seiten}$: $3x_1 + x_3 = 6$; Schnittwinkel: 71,6°
c) 64,8°

## Spiegelung und Symmetrie, Seite 50

**1** $Z_1$: $\overrightarrow{OP'} = \begin{pmatrix} 3 \\ -1 \\ -8 \end{pmatrix} + \begin{pmatrix} -1 \\ -3 \\ -3 \end{pmatrix} = \begin{pmatrix} 2 \\ -4 \\ -11 \end{pmatrix}$; $P'(2|-4|-11)$

$Z_2$: $\overrightarrow{OP'} = \begin{pmatrix} -7 \\ 1 \\ 2 \end{pmatrix} + \begin{pmatrix} -11 \\ -1 \\ 7 \end{pmatrix} = \begin{pmatrix} -18 \\ 0 \\ 9 \end{pmatrix}$; $P'(-18|0|9)$

O: $\overrightarrow{OP'} = \begin{pmatrix} 0 \\ 0 \\ 0 \end{pmatrix} + \begin{pmatrix} -4 \\ -2 \\ 5 \end{pmatrix} = \begin{pmatrix} -4 \\ -2 \\ 5 \end{pmatrix}$; $P'(-4|-2|5)$

**2**

| Punkt P | Zentrum Z | Bildpunkt P' |
|---|---|---|
| $(0|5|-3)$ | $(1|1|1)$ | **$(2|-3|5)$** |
| $(-10|12|5)$ | **$(-5|10|3,5)$** | $(0|8|2)$ |
| **$(7|-4|2)$** | $(3|-3|5)$ | $(-1|-2|8)$ |
| $(7|9|5)$ | $(-2|2|4)$ | **$(-11|-5|3)$** |
| $(-1|-2|-3)$ | **$(3,5|-5|1,5)$** | $(8|-8|6)$ |
| **$(0|3|-5)$** | $(0|-1|1)$ | $(0|-5|7)$ |

**3** a) $P_t(2+5t|10-3t|-3+2t)$; $\overrightarrow{P_tP} = \begin{pmatrix} 1-5t \\ -7+3t \\ 6-2t \end{pmatrix}$

Für $t = 1$ erhält man den Lotfußpunkt $F(7|7|-1)$.

Für P' gilt: $\overrightarrow{OP'} = \begin{pmatrix} 7 \\ 7 \\ -1 \end{pmatrix} + \begin{pmatrix} 4 \\ 4 \\ -4 \end{pmatrix} = \begin{pmatrix} 11 \\ 11 \\ -5 \end{pmatrix}$ Somit ist $P'(11|11|-5)$.

b) Lotgerade h von P auf E:

$\vec{x} = \begin{pmatrix} 3 \\ 3 \\ 3 \end{pmatrix} + t \cdot \begin{pmatrix} 1 \\ -2 \\ -4 \end{pmatrix}$. Schneiden von h und E liefert die

Gleichung $3 + t - 2(3 - 2t) - 4(3 - 4t) = 27$.
Für $t = 2$ erhält man den Lotfußpunkt $F(5|-1|-5)$.

Für P' gilt: $\overrightarrow{OP'} = \begin{pmatrix} 5 \\ -1 \\ -5 \end{pmatrix} + \begin{pmatrix} 2 \\ -4 \\ -8 \end{pmatrix} = \begin{pmatrix} 7 \\ -5 \\ -13 \end{pmatrix}$ Somit ist $P'(7|-5|-13)$.

**4** Lösungswort: *Achse*

**5** a) $\overrightarrow{AA'} = \begin{pmatrix} 7 \\ 3 \\ 0 \end{pmatrix}$; $E$: $7x_1 + 3x_2 = d$; $M(2,5|-1,5|5)$; $d = 13$;

$E$: $7x_1 + 3x_2 = 13$
b) $2x_1 + 4x_2 - 7x_3 = 41,5$

**6** a) $C(2|4|-1)$; $F(2|3|3)$; $G(0|4|1)$; $H(-1|0|0)$
b) $-x_1 + x_3 = -3$
c) $E'(5|-1|-2)$; $F'(6|3|-1)$; $G'(4|4|-3)$; $H'(3|0|-4)$

d) Die gesuchte Ebene hat den Normalenvektor $\overrightarrow{AE} = \begin{pmatrix} -2 \\ 0 \\ 2 \end{pmatrix}$.

Einsetzen von A in $-2x_1 + 2x_3 = D$ liefert $D = -6$.
Nun kann noch gekürzt werden.
Den Punkt E' erhält man durch Punktspiegelung von E an A, F'
durch Punktspiegelung von F an B usw.

## Test, Seite 52

**1** $d(P; Q) = \sqrt{75} \approx 8,66$; $d(P; g) = 13$; $d(P; E) = \sqrt{6} \approx 2,45$

**2** a) g und E sind orthogonal zueinander. Sie schneiden sich im Punkt $S(-5|-5|4)$.
b) g und E sind parallel. $d(g; E) = 4$

**3** a) $d(P; E) = 7$     b) $Q(-2|9|14)$

**4** a) $3\sqrt{18} = 9\sqrt{2}$
b) $E$: $x_1 + x_2 - 4x_3 = 9$; $d(S; E) = 2\sqrt{18} = 6\sqrt{2}$
c) 36

**5** a) g und h sind parallel, $d(g; h) = 13$
b) g und h sind windschief, $d(g; h) = \sqrt{38} \approx 6,16$

**6** a) 124,1°     b) 85,4°     c) 65,2°

**7** Raum- und Seitendiagonale: 33,9°
Raumdiagonale und Grundfläche: 21,8°

**8** a) $P'(-6|8|-7)$
b) $P'(-8|4|7)$
c) $P'(4|6|-1)$

**9** Die Lotgerade g von P auf E hat als Stützvektor den Ortsvektor von P und als Richtungsvektor den Normalenvektor von E. Schneide g und E. Der Schnittpunkt F ist der Lotfußpunkt von P auf E.
Für den Bildpunkt P' gilt: $\overrightarrow{OP'} = \overrightarrow{OF} + \overrightarrow{PF}$.

# V Kreise und Kugeln

## Gleichungen von Kreis und Kugel, Seite 53

**1** a) $M(1|-2|2)$, $r = 4$          b) $M(2|-3|-5)$, $r = 15$

**2** a) Radius $r = |\overrightarrow{MP}| = \left| \begin{pmatrix} -2 \\ -1 \\ 2 \end{pmatrix} \right| = \sqrt{(-2)^2 + (-1)^2 + 2^2} = 3$.

Kugelgleichung in Vektordarstellung: $\left( \vec{X} - \begin{pmatrix} 4 \\ 2 \\ -3 \end{pmatrix} \right)^2 = 9$

Dies bedeutet umgeschrieben $\begin{pmatrix} x_1 - 4 \\ x_2 - 2 \\ x_3 + 3 \end{pmatrix}^2 = 9$, also

$(x_1 - 4)^2 + (x_2 - 2)^2 + (x_3 + 3)^2 = 9$.

b) $|\overrightarrow{MR}| = \left| \begin{pmatrix} 1 \\ -2 \\ 2 \end{pmatrix} \right| = 3 = r$

Abstand von S zu M: $|\overrightarrow{MS}| = \left| \begin{pmatrix} 0 \\ 1 \\ 6 \end{pmatrix} \right| = \sqrt{37}$

Damit liegt S außerhalb der Kugel.

Abstand von T zu M: $|\overrightarrow{MT}| = \left| \begin{pmatrix} -2 \\ 0 \\ 0 \end{pmatrix} \right| = 2$

Damit liegt T innerhalb der Kugel.

**3** a) Mittelpunkt der Kugel: M(2|2|2), Radius der Kugel: r = 2.

Kugel in Vektordarstellung: $\left(\vec{x} - \begin{pmatrix} 2 \\ 2 \\ 2 \end{pmatrix}\right)^2 = 4$ und in Koordinaten-

darstellung: $(x_1 - 2)^2 + (x_2 - 2)^2 + (x_3 - 2)^2 = 4$

b) $P_1(2|0|2)$, $P_2(4|2|2)$, $P_3(2|4|2)$, $P_4(0|2|2)$, $P_5(2|2|0)$, $P_6(2|2|4)$

c) Mittelpunkt des Kreises: M(2|2), Radius des Kreises: r = 2,

Kreis in Vektordarstellung: $\left(\vec{x} - \begin{pmatrix} 2 \\ 2 \end{pmatrix}\right)^2 = 4$

**Kugeln und Ebenen – Tangentialebenen, Seite 54**

**1** Durch K: $\left(\vec{x} - \begin{pmatrix} -2 \\ 5 \\ 3 \end{pmatrix}\right)^2 = 25$ ist eine Kugel mit dem Mittelpunkt

M(−2|5|3) und dem Radius r = 5 gegeben.

a) Ein Normalenvektor der Ebene ist $\vec{n} = \begin{pmatrix} 4 \\ 3 \\ 0 \end{pmatrix}$ und ein Punkt

dieser Ebene kann mit P(8|0|0) angegeben werden. Dann hat

die Ebene die Gleichung $\frac{1}{5}\left(\vec{x} - \begin{pmatrix} 8 \\ 0 \\ 0 \end{pmatrix}\right) \cdot \begin{pmatrix} 4 \\ 3 \\ 0 \end{pmatrix} = 0$. Für den Abstand

der Ebene vom Kugelmittelpunkt gilt dann

$d(M, E) = \frac{1}{5}\left|\left(\begin{pmatrix} -2 \\ 5 \\ 3 \end{pmatrix} - \begin{pmatrix} 8 \\ 0 \\ 0 \end{pmatrix}\right) \cdot \begin{pmatrix} 4 \\ 3 \\ 0 \end{pmatrix}\right| = \frac{1}{5}\left|\begin{pmatrix} -10 \\ 5 \\ 3 \end{pmatrix} \cdot \begin{pmatrix} 4 \\ 3 \\ 0 \end{pmatrix}\right| = 5$, das ist aber

gerade der Radius der Kugel.

b) Geradengleichung $\vec{x} = \begin{pmatrix} -2 \\ 5 \\ 3 \end{pmatrix} + t \cdot \begin{pmatrix} 4 \\ 3 \\ 0 \end{pmatrix}$

Einsetzen: $4 \cdot (-2 + 4t) + 3 \cdot (5 + 3t) = 32$ mit der Lösung t = 1.
B(2|8|3)

**2** $E_1$ ist Tangentialebene; $E_2$ schneidet die Kugel, ihr Abstand

vom Mittelpunkt ist $\frac{4}{\sqrt{3}} \approx 2,3 < 8$; $E_3$ ist Tangentialebene;

$E_4$ schneidet die Kugel, ihr Abstand vom Mittelpunkt ist 2 < 8;
$E_5$ hat keine gemeinsamen Punkte mit der Kugel, ihr Abstand

vom Mittelpunkt ist $\frac{14}{\sqrt{2}} \approx 9,9 > 8$.

**3** a) M(5|5|5)

Kugelgleichung: $\left(\vec{x} - \begin{pmatrix} 5 \\ 5 \\ 5 \end{pmatrix}\right)^2 = 25$ bzw.

$(x_1 - 5)^2 + (x_2 - 5)^2 + (x_3 - 5)^2 = 25$

Ebenengleichung: k bzw. $\left(\vec{x} - \begin{pmatrix} k \\ 0 \\ 0 \end{pmatrix}\right) \cdot \begin{pmatrix} 1 \\ 1 \\ 1 \end{pmatrix} = 0$.

b) Berührung für $k_1 = 15 + 5 \cdot \sqrt{3}$ und für $k_2 = 15 - 5 \cdot \sqrt{3}$
$B_1(15 + 5 \cdot \sqrt{3} | 15 + 5 \cdot \sqrt{3} | 15 + 5 \cdot \sqrt{3})$
$B_2(15 - 5 \cdot \sqrt{3} | 15 - 5 \cdot \sqrt{3} | 15 - 5 \cdot \sqrt{3})$
c) Weitere Tangentialebenen sind x = 0; y = 0 und z = 0.

**4** $\left(\vec{x} - \begin{pmatrix} -3 \\ -12 \\ 9 \end{pmatrix}\right) \cdot \begin{pmatrix} -6 \\ -6 \\ 3 \end{pmatrix} = 0$ ist die Normalenform und

$-6x_1 - 6x_2 + 3x_3 = 117$ bzw. $-2x_1 - 2x_2 + x_3 = 39$ die
Koordinatenform.

**5** a) $|\overrightarrow{MB}| = \left|\begin{pmatrix} 3 \\ 6 \\ -3 \end{pmatrix}\right| = \sqrt{54}$; Kugel K: $\left(\vec{x} - \begin{pmatrix} 0 \\ 0 \\ 4 \end{pmatrix}\right)^2 = 54$;

$x_1^2 + x_2^2 + (x_3 - 4)^2 = 54$

b) $E_1$: $\left(\vec{x} - \begin{pmatrix} 3 \\ 6 \\ 1 \end{pmatrix}\right) \cdot \left(\begin{pmatrix} 3 \\ 6 \\ 1 \end{pmatrix} - \begin{pmatrix} 0 \\ 0 \\ 4 \end{pmatrix}\right) = 0$, d.h. $\left(\vec{x} - \begin{pmatrix} 3 \\ 6 \\ 1 \end{pmatrix}\right) \cdot \begin{pmatrix} 3 \\ 6 \\ -3 \end{pmatrix} = 0$

bzw. $3x_1 + 6x_2 - 3x_3 = 42$ oder $x_1 + 2x_2 - x_3 = 14$.

c) S ... zweiter Berührpunkt mit

$\overrightarrow{OS} = \overrightarrow{OB} + 2\overrightarrow{BM} = \begin{pmatrix} 3 \\ 6 \\ 1 \end{pmatrix} + 2 \cdot \begin{pmatrix} -3 \\ -6 \\ 3 \end{pmatrix} = \begin{pmatrix} -3 \\ -6 \\ 7 \end{pmatrix}$

S(−3|−6|7)
$E_2$: $x_1 + 2x_2 - x_3 = -22$

**6** a) M(2|−1|5); Abstand zu E: $\left(\vec{x} - \begin{pmatrix} 0 \\ 11 \\ 0 \end{pmatrix}\right) \cdot \begin{pmatrix} 2 \\ 1 \\ -2 \end{pmatrix} = 0$

$d(E, M) = \frac{1}{3}\left|\left(\begin{pmatrix} 2 \\ -1 \\ 5 \end{pmatrix} - \begin{pmatrix} 0 \\ 11 \\ 0 \end{pmatrix}\right) \cdot \begin{pmatrix} 2 \\ 1 \\ -2 \end{pmatrix}\right| = \frac{1}{3}\left|\begin{pmatrix} 2 \\ -12 \\ 5 \end{pmatrix} \cdot \begin{pmatrix} 2 \\ 1 \\ -2 \end{pmatrix}\right| = \frac{1}{3} \cdot 18 = 6$

Der Kugelradius ist 7, also schneidet die Ebene die Kugel.
b) Radius $r' = \sqrt{r^2 - d^2} = \sqrt{49 - 36} = \sqrt{13}$
Schnittkreismittelpunkt M':
Gerade g senkrecht zur Ebene schneidet die Ebene in M':

$\vec{x} = \begin{pmatrix} 2 \\ -1 \\ 5 \end{pmatrix} + t \cdot \begin{pmatrix} 2 \\ 1 \\ -2 \end{pmatrix}$; allgem. Geradenpunkt in E einsetzen:

$2(2 + 2t) + (-1 + t) - 2(5 - 2t) = 11$

t = 2 und damit M(4|1|1).

c) Der Abstand der Berührpunkte der Ebenen
$2x_1 + x_2 - 2x_3 = k$ ist r = 7.

$7 = \left|\frac{1}{3}\left(\begin{pmatrix} 2 \\ -1 \\ 5 \end{pmatrix} - \begin{pmatrix} 0 \\ k \\ 0 \end{pmatrix}\right) \cdot \begin{pmatrix} 2 \\ 1 \\ -2 \end{pmatrix}\right|$ mit den Lösungen $k_1 = -28$ und $k_2 = 14$.

Tangentialebenen: $2x_1 + x_2 - 2x_3 = -28$ und $2x_1 + x_2 - 2x_3 = 14$
Berührpunkte: Schnitt der Geraden g mit den Tangentialebenen.
$2x_1 + x_2 - 2x_3 = k$

$k = -28 \Rightarrow t = -\frac{7}{3} \Rightarrow B_1\left(-\frac{8}{3} \middle| -\frac{10}{3} \middle| \frac{29}{3}\right)$

$k = 14 \Rightarrow t = \frac{7}{3} \Rightarrow B_2\left(\frac{20}{3} \middle| \frac{4}{3} \middle| \frac{1}{3}\right)$

**7** a) r = 15; M(5|3|−4)
$\left(\vec{x} - \begin{pmatrix} 7 \\ 8 \\ 10 \end{pmatrix}\right) \cdot \left(\begin{pmatrix} 7 \\ 8 \\ 10 \end{pmatrix} - \begin{pmatrix} 5 \\ 3 \\ -4 \end{pmatrix}\right) = 0$, d.h. $\left(\vec{x} - \begin{pmatrix} 7 \\ 8 \\ 10 \end{pmatrix}\right) \cdot \begin{pmatrix} 2 \\ 5 \\ 14 \end{pmatrix} = 0$

bzw. $2x_1 + 5x_2 + 14x_3 = 194$
b) r' = 9 und r = 15; $d = \sqrt{15^2 - 9^2} = 12$
Die Ebene $2x_1 + 5x_2 + 14x_3 = k$ muss von M den Abstand 12
haben.
Schnittkreismittelpunkt P:

$\overrightarrow{OP} = \overrightarrow{OM} + 12 \cdot \frac{1}{15} \cdot \begin{pmatrix} 2 \\ 5 \\ 14 \end{pmatrix} = \begin{pmatrix} 5 \\ 3 \\ -4 \end{pmatrix} + \frac{4}{5} \cdot \begin{pmatrix} 2 \\ 5 \\ 14 \end{pmatrix}$  $P_1\left(\frac{33}{5} \middle| 7 \middle| \frac{36}{5}\right)$

Eine Schnittebene: $2x_1 + 5x_2 + 14x_3 = 149$
Zweite Schnittebene: $2x_1 + 5x_2 + 14x_3 = -211$ mit $P_2\left(\frac{17}{5} \middle| -1 \middle| -\frac{76}{5}\right)$.
Da der Schnittkreis einen kleineren Radius hat als die Kugel,
gibt es zwei Schnittebenen im gleichen Abstand vom
Kugelmittelpunkt.

**Kugel und Geraden – Polarebenen, Seite 56**

**1** $\left[\begin{pmatrix} -3 \\ 5 \\ 10 \end{pmatrix} + t \cdot \begin{pmatrix} 1 \\ 0 \\ -1 \end{pmatrix} - \begin{pmatrix} 3 \\ 1 \\ -5 \end{pmatrix}\right]^2 = \left[\begin{pmatrix} -6 \\ 4 \\ 15 \end{pmatrix} + t \cdot \begin{pmatrix} 1 \\ 0 \\ -1 \end{pmatrix}\right]^2 = 81$

$(-6 + t)^2 + 4^2 + (15 - t)^2 = 81$; $t^2 - 21t + 98 = 0$

$t_1 = 7$; $t_2 = 14 \rightarrow P_1(4 \,|\, 5 \,|\, 3)$; $P_1(11 \,|\, 5 \,|\, -4)$

**2** Lösung der Gleichung $(-5 + 4t)^2 + (-2 + 3t)^2 + (16 - 2t)^2 = r^2$,

also $t^2 - 4t + \frac{285 - r^2}{29} = 0$. Der Radikand $4 - \frac{285 - r^2}{29} = \frac{116 - 285 + r^2}{29}$

$= \frac{r^2 - 169}{29}$

ist null, wenn $r = 13$ ist.

**3** $\left(\vec{x} - \begin{pmatrix} 1 \\ 3 \\ 1 \end{pmatrix}\right) \cdot \left(\begin{pmatrix} 6 \\ 0 \\ 0 \end{pmatrix} - \begin{pmatrix} 1 \\ 3 \\ 1 \end{pmatrix}\right) = 6^2$; $\left(\vec{x} - \begin{pmatrix} 1 \\ 3 \\ 1 \end{pmatrix}\right) \cdot \begin{pmatrix} 5 \\ -3 \\ -1 \end{pmatrix} = 6^2$,

$5x_1 - 3x_2 - x_3 - (-5) = 36$; $5x_1 - 9x_2 - x_3 = 41$

**4** a) Die Gerade g durch M senkrecht zu E schneidet E in M':

g: $\vec{x} = \begin{pmatrix} -1 \\ 4 \\ 1 \end{pmatrix} + t \cdot \begin{pmatrix} 4 \\ -2 \\ -2 \end{pmatrix}$ in E einsetzen:

$4(4t - 1) - 2(4 - 2t) - 2(1 - 2t) = 2$; $t = \frac{2}{3}$

$M'\left(\frac{5}{3} \,\middle|\, \frac{8}{3} \,\middle|\, -\frac{1}{3}\right)$

b) Einsetzen in E: $(\vec{x} - \vec{m}) \cdot (\vec{p} - \vec{m}) = r^2$:

$\left(\vec{x} - \begin{pmatrix} -1 \\ 4 \\ 1 \end{pmatrix}\right) \cdot \left(\begin{pmatrix} 3 \\ 2 \\ -1 \end{pmatrix} - \begin{pmatrix} -1 \\ 4 \\ 1 \end{pmatrix}\right) = \left(\vec{x} - \begin{pmatrix} -1 \\ 4 \\ 1 \end{pmatrix}\right) \cdot \begin{pmatrix} 4 \\ -2 \\ -2 \end{pmatrix} = 16$;

$4x_1 - 2x_2 - 2x_3 = 2$

c) h: $\vec{x} = \begin{pmatrix} \frac{5}{3} \\ \frac{8}{3} \\ -\frac{1}{3} \end{pmatrix} + t \cdot \begin{pmatrix} 1 \\ 1 \\ 1 \end{pmatrix}$

In die Kugelgleichung einsetzen:

$\left(r + \frac{8}{3}\right)^2 + \left(r - \frac{4}{3}\right)^2 + \left(r - \frac{4}{3}\right)^2 = 16$; $r_1 = \frac{4}{3}$; $r_2 = -\frac{4}{3} \Rightarrow B_1(3 \,|\, 4 \,|\, 1)$;

$B_2\left(\frac{1}{3} \,\middle|\, \frac{4}{3} \,\middle|\, -\frac{5}{3}\right)$

**5** a) Der Radius ist der Betrag des Vektors $\overrightarrow{MB}$:

$|\overrightarrow{MB}| = \left|\begin{pmatrix} 2 \\ 2 \\ 1 \end{pmatrix} - \begin{pmatrix} 1 \\ 4 \\ 3 \end{pmatrix}\right| = \left|\begin{pmatrix} 1 \\ -2 \\ -2 \end{pmatrix}\right| = \sqrt{(1)^2 + (-2)^2 + (-2)^2} = 3$

b) $\left(\vec{x} - \begin{pmatrix} 2 \\ 2 \\ 1 \end{pmatrix}\right) \cdot \left(\begin{pmatrix} 2 \\ 2 \\ 1 \end{pmatrix} - \begin{pmatrix} 1 \\ 4 \\ 3 \end{pmatrix}\right) = 0$, also $x_1 - 2x_2 - 2x_3 = -4$

c) Gerade $\vec{x} = \begin{pmatrix} 1 \\ 4 \\ 3 \end{pmatrix} + t \cdot \begin{pmatrix} 1 \\ 1 \\ 1 \end{pmatrix}$; $(1 + t) - 2(4 + t) - 2(3 + t) = -4$;

$t = -3$; $P(-2 \,|\, 1 \,|\, 0)$

**6** Der Berührpunkt wegen $r = 5$ und Abstand M zur $x_1x_2$-Ebene von 3 ist $B(0 \,|\, 4 \,|\, 0)$.

Tangentialebene: $\left(\vec{x} - \begin{pmatrix} 0 \\ 4 \\ 0 \end{pmatrix}\right) \cdot \begin{pmatrix} 0 \\ 4 \\ 3 \end{pmatrix} = 0$, also $4x_2 + 3x_3 = 16$;

Schnitt mit der $x_3$-Achse: $x_3 = \frac{16}{3}$; $P\left(0 \,\middle|\, 0 \,\middle|\, \frac{16}{3}\right)$

**7** a) wahr, die Höhengerade geht durch den Kugelmittelpunkt.
b) wahr, von jedem Punkt sind immer alle Tangenten an die Kugel festgelegt, die alle von P ausgehen und damit genau einen Polarkegel bilden.
c) falsch, der Schnittkreisradius wächst beschränkt, er strebt gegen den Kugelradius.
d) wahr, der Pol ist Schnittpunkt der Höhe senkrecht durch den Schnittkreismittelpunkt und der Tangenten.

**8** Zunächst die Pyramide günstig in ein Koordinatensystem einsetzen. $S(0 \,|\, 0 \,|\, 4)$; $M(0 \,|\, 0 \,|\, r)$
Ansatz: Abstand der Seitenfläche von M ist r.
oder: Höhe einer Seitenfläche als Gerade hat mit K genau einen Punkt gemeinsam.
Lösung: $r = \sqrt{5} - 1 \approx 1{,}236$, also $r \approx 1{,}2$ cm
(auch elementargeometrische Lösung möglich)

**Test, Seite 58**

**1** $B_1(7 \,|\, 0 \,|\, -5)$; $B_2\left(\frac{27}{7} \,\middle|\, \frac{11}{7} \,\middle|\, -\frac{2}{7}\right)$

**2** a) Kugelgleichung: $K: \left[\vec{x} - \begin{pmatrix} 4 \\ -5 \\ -1 \end{pmatrix}\right]^2 = 54$

b) $T_1: 2x_1 + 7x_2 + x_3 = 26$

c) Spiegelung des Punktes B am Kugelmittelpunkt A, dann ist $B'(2 \,|\, -12 \,|\, -2)$ und damit $T_2: 2x_1 + 7x_2 + x_3 = -82$

**3** $E_1: 4x_1 + 3x_3 = 12$; $E_2: 4x_2 + 3x_3 = 12$

Gerade durch O senkrecht zu $E_1$ schneidet $E_1$ in $B_1$: $\vec{x} = t \cdot \begin{pmatrix} 4 \\ 0 \\ 3 \end{pmatrix}$

in $E_1$: $4(4t) + 3(3t) = 12$; $t = \frac{12}{25}$

$B_1\left(\frac{48}{25} \,\middle|\, 0 \,\middle|\, \frac{36}{25}\right)$; analog $B_2\left(0 \,\middle|\, \frac{48}{25} \,\middle|\, \frac{36}{25}\right)$

Kugelradius: Abstand von O zu $E_1$:

$d(O; B_1) = \frac{1}{5} \cdot \left[\begin{pmatrix} 0 \\ 0 \\ 0 \end{pmatrix} - \begin{pmatrix} 3 \\ 0 \\ 0 \end{pmatrix}\right] \cdot \begin{pmatrix} 4 \\ 0 \\ 3 \end{pmatrix} = \frac{12}{5}$.

$M'\left(0 \,\middle|\, 0 \,\middle|\, \frac{36}{25}\right)$; $r' = |\overrightarrow{M'B_1}| = \frac{48}{25}$

**4** Der Radius der Kugel ist $r = d(E_1, M)$.

$d(E_1; M) = \frac{1}{5} \cdot \left[\begin{pmatrix} 5 \\ -4 \\ 3 \end{pmatrix} - \begin{pmatrix} 0 \\ 1 \\ 0 \end{pmatrix}\right] \cdot \begin{pmatrix} 4 \\ -3 \\ 0 \end{pmatrix} = \frac{35}{5} = 7 = r$

a) Kugel K: $\left[\vec{x} - \begin{pmatrix} 5 \\ -4 \\ 3 \end{pmatrix}\right]^2 = 49$

b) K berührt $E_2$, wenn $d(E_2, M)$ auch 7 ist.

$d(E_2; M) = \frac{1}{3} \cdot \left|\left[\begin{pmatrix} 5 \\ -4 \\ 3 \end{pmatrix} - \begin{pmatrix} 1 \\ 1 \\ 0 \end{pmatrix}\right] \cdot \begin{pmatrix} 2 \\ -2 \\ 1 \end{pmatrix}\right| = \frac{21}{3} = 7 = r$

c) $B_1$ ist Schnittpunkt von g durch M senkrecht zu $E_1$ mit $E_1$:

$B_1: \vec{x} = \begin{pmatrix} 5 \\ -4 \\ 3 \end{pmatrix} + t \cdot \begin{pmatrix} -4 \\ 3 \\ 0 \end{pmatrix}$

in $E_1$: $-4(5 - 4t) + 3(-4 + 3t) = 3$; $t = \frac{7}{5}$; $B_1\left(-\frac{3}{5} \,\middle|\, \frac{1}{5} \,\middle|\, 3\right)$;

analog $B_2\left(\frac{1}{3} \,\middle|\, \frac{2}{3} \,\middle|\, \frac{2}{3}\right)$

d) Die Gerade durch M senkrecht zur Polarebene schneidet $E_2$

im P: $\vec{x} = \begin{pmatrix} 5 \\ -4 \\ 3 \end{pmatrix} + t \cdot \begin{pmatrix} 1 \\ 13 \\ 3 \end{pmatrix}$

in $E_2$: $2(5 + t) - 2(-4 + 13t) + (3 + 3t) = 0$; $t = 1$; Pol $P(6 \,|\, 9 \,|\, 6)$

e)

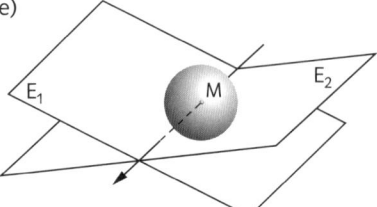

Wegen $\begin{pmatrix} 4 \\ -3 \\ 0 \end{pmatrix} \times \begin{pmatrix} 2 \\ -2 \\ 1 \end{pmatrix} = \begin{pmatrix} 3 \\ 4 \\ 2 \end{pmatrix}$ ist eine Geradengleichung

$\vec{x} = \begin{pmatrix} 5 \\ -4 \\ 3 \end{pmatrix} + t \cdot \begin{pmatrix} 3 \\ 4 \\ 2 \end{pmatrix}$.

**5** a) Veranschaulichung durch eine Darstellung in der $x_2 x_3$-Ebene:

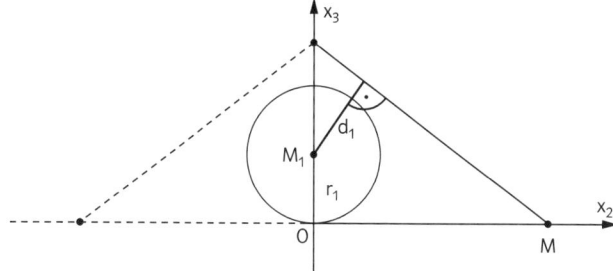

Der Mittelpunkt $M_1$ liegt auf der $x_3$-Achse und hat die Koordinaten $M_1(0\,|\,0\,|\,2{,}5)$. Ebene $E_{ABS}$: $3x_2 + 4x_3 = 24$
Abstand der Ebene zum Mittelpunkt $M_1$:

$$d(E;\,M_1) = \frac{1}{5} \cdot \left| \left[ \begin{pmatrix} 0 \\ 0 \\ 2{,}5 \end{pmatrix} - \begin{pmatrix} 0 \\ 0 \\ 6 \end{pmatrix} \right] \cdot \begin{pmatrix} 0 \\ 3 \\ 4 \end{pmatrix} \right| = \frac{14}{5} \approx 2{,}8$$

Da $2{,}5 < 2{,}8$ ist, wird der Ball nicht zusammengedrückt.

b) Kugelgleichung: $\left[ \vec{x} - \begin{pmatrix} 0 \\ 0 \\ r \end{pmatrix} \right]^2 = r^2$

Der Abstand d des Kugelmittelpunktes von der Ebene kann höchstens gleich dem Radius r sein.

$$d = r = \frac{1}{5} \cdot \left| \left[ \begin{pmatrix} 0 \\ 0 \\ r \end{pmatrix} - \begin{pmatrix} 0 \\ 0 \\ 6 \end{pmatrix} \right] \cdot \begin{pmatrix} 0 \\ 3 \\ 4 \end{pmatrix} \right| = \frac{1}{5}|4(r - 6)|$$

$5r = 4r - 24$ mit der Lösung $r = -24$ entfällt.
$-5r = 4r - 24$ hat die Lösung $r = \frac{8}{3}$.
Der Ball darf höchstens einen Radius von $2{,}33\,dm$ haben.

**6** a) $E_1$: $2x_1 - 3x_3 = 8$; Für $x_3 = t$ folgt z. B. $\vec{x} = \begin{pmatrix} 4 \\ 1 \\ 0 \end{pmatrix} + t \cdot \begin{pmatrix} 1{,}5 \\ 1 \\ 1 \end{pmatrix}$.

b) $g$: $\vec{x} = \begin{pmatrix} 1 \\ 6 \\ -2 \end{pmatrix} + s \cdot \begin{pmatrix} 3 \\ 4 \\ 2 \end{pmatrix}$; Kugel: $\left[ \vec{x} - \begin{pmatrix} -2 \\ -1 \\ 2 \end{pmatrix} \right]^2 = r^2$

Einsetzen: $(3 + 3s)^2 + (7 + 4s)^2 + (-4 + 2s)^2 = r^2$ hat die Lösungen $s_{1/2} = -1 \pm \sqrt{29(r^2 - 45)}$.

Genau eine Lösung und damit Berührung für $r = \sqrt{45} = 3 \cdot \sqrt{5}$.

c) $\overrightarrow{PM} = \begin{pmatrix} -6 \\ 0 \\ -3 \end{pmatrix} = -3 \cdot \begin{pmatrix} 2 \\ 0 \\ 1 \end{pmatrix}$; T: $\left[ \vec{x} - \begin{pmatrix} 4 \\ -1 \\ 5 \end{pmatrix} \right] \cdot \begin{pmatrix} 2 \\ 0 \\ 1 \end{pmatrix} = 0$ bzw. $2x_1 + x_3 = 13$.

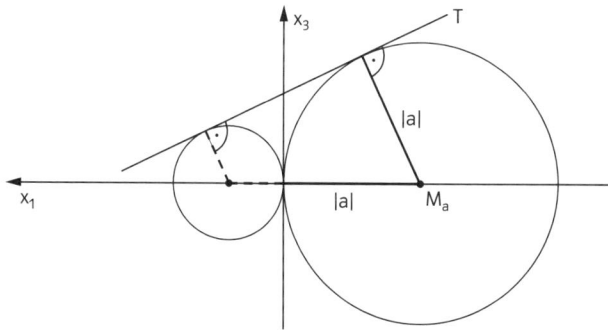

Kleine Kugel: $M(-a\,|\,0\,|\,0)$

Abstand zu T ist a: $a = \frac{1}{\sqrt{5}} \left| \left[ \begin{pmatrix} -a \\ 0 \\ 0 \end{pmatrix} - \begin{pmatrix} 4 \\ -1 \\ 5 \end{pmatrix} \right] \cdot \begin{pmatrix} 2 \\ 0 \\ 1 \end{pmatrix} \right|$

$\sqrt{5} \cdot a = |(-2a - 13)|$  Lösung: $a = 13(\sqrt{5} + 2)$
Große Kugel: $M(a\,|\,0\,|\,0)$

Abstand zu T ist a: $a = \frac{1}{\sqrt{5}} \left| \left[ \begin{pmatrix} a \\ 0 \\ 0 \end{pmatrix} - \begin{pmatrix} 4 \\ -1 \\ 5 \end{pmatrix} \right] \cdot \begin{pmatrix} 2 \\ 0 \\ 1 \end{pmatrix} \right|$

$\sqrt{5} \cdot a = |(2a - 13)|$  Lösung: $a_1 = -13(\sqrt{5} + 2)$

$a_2 = 13(\sqrt{5} + 2)$

# VI Matrizen

## Beschreibung von einstufigen Prozessen durch Matrizen, Seite 59

**1** Prozesstabelle:

| | Beutel | |
|---|---|---|
| | $B_1$ | $B_2$ |
| belegte Brötchen | 3 | 1 |
| Knacker | 2 | 0 |
| Apfel | 2 | 0 |
| Joghurt | 0 | 2 |

Prozessdiagramm:                 Prozessmatrix:

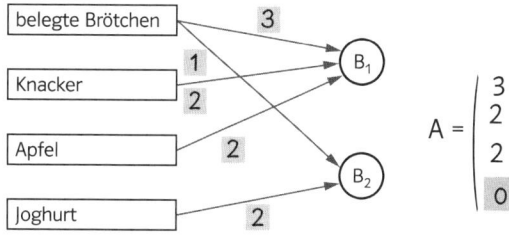

$$A = \begin{pmatrix} 3 & 1 \\ 2 & 0 \\ 2 & 0 \\ 0 & 2 \end{pmatrix}$$

**2** a) $\begin{pmatrix} -1 \\ 9 \\ 1 \end{pmatrix}$  b) $\begin{pmatrix} 18 \\ 21 \end{pmatrix}$  c) $\begin{pmatrix} 20 \\ 29 \end{pmatrix}$

**3**
$3x_1 + 6x_2 - 2x_3 = -15$  $\quad x_1 = 1$
$3x_1 + 2x_2 + x_3 = 2$  $\quad x_2 = -2$
$2x_1 + 5x_2 - 5x_3 = -23$  $\quad x_3 = 3$

**4** $y_1 = 4x_1 + 2x_2$; $y_2 = 2x_1 + 3x_2$

Als Matrizengleichung: $\vec{y} = \begin{pmatrix} 4 & 2 \\ 2 & 3 \\ 2 & 5 \end{pmatrix} \cdot \vec{x}$

Anzahl der benötigten Einzelteile: $\begin{pmatrix} y_1 \\ y_2 \\ y_3 \end{pmatrix} = \begin{pmatrix} 180 \\ 170 \\ 250 \end{pmatrix}$

**5** a)

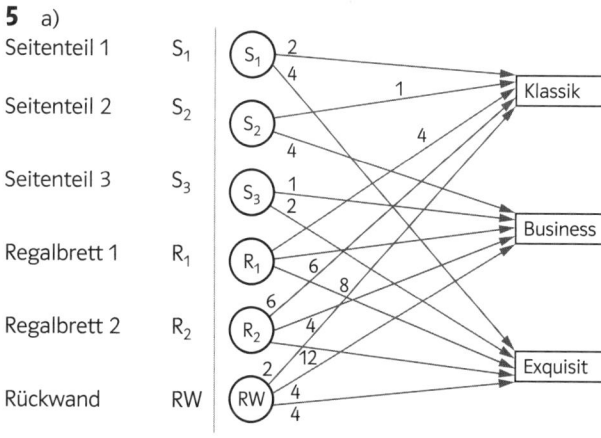

| Seitenteil 1 | $S_1$ |
| Seitenteil 2 | $S_2$ |
| Seitenteil 3 | $S_3$ |
| Regalbrett 1 | $R_1$ |
| Regalbrett 2 | $R_2$ |
| Rückwand | RW |

b) $A = \begin{pmatrix} 2 & 0 & 4 \\ 1 & 4 & 0 \\ 0 & 1 & 2 \\ 4 & 6 & 8 \\ 6 & 4 & 12 \\ 2 & 4 & 4 \end{pmatrix}$

$\vec{x}$ ist der Vektor, dessen Elemente die Anzahl der drei Regalarten beschreiben.

$A \cdot \begin{pmatrix} x_1 \\ x_2 \\ x_3 \end{pmatrix}$ ist der Vektor der benötigten Teile.

Der Ereignisvektor hat sechs Elemente.

c) $\begin{pmatrix} 2 & 0 & 4 \\ 1 & 4 & 0 \\ 0 & 1 & 2 \\ 4 & 6 & 8 \\ 6 & 4 & 12 \\ 2 & 4 & 4 \end{pmatrix} \cdot \begin{pmatrix} 50 \\ 30 \\ 20 \end{pmatrix} = \begin{pmatrix} 180 \\ 170 \\ 70 \\ 540 \\ 660 \\ 300 \end{pmatrix}$

d) Es können 12 Regale Klassik zusammengestellt werden, weil Exquisit bei allen gemeinsam verwendeten Teilen doppelt so viele Teile wie für Klassik verwendet.

**6** a) w     b) w     c) f     d) w     e) f

## Rechnen mit Matrizen, Seite 61

**1** $A + B = \begin{pmatrix} 6 & 8 & 14 \\ 10 & 9 & 2 \\ 1 & 4 & 4 \end{pmatrix}$; $A - B = \begin{pmatrix} -4 & -8 & 4 \\ 4 & 1 & -2 \\ 1 & 0 & -2 \end{pmatrix}$

**2** a) $\begin{pmatrix} 1 & 0 \\ 2 & 1 \end{pmatrix} + \begin{pmatrix} 5 & 9 \\ 3 & 0 \end{pmatrix} = \begin{pmatrix} 6 & 9 \\ 5 & 1 \end{pmatrix}$     b) $\begin{pmatrix} 3 \\ 2 \\ 9 \end{pmatrix} - \begin{pmatrix} 4 \\ 2 \\ 1 \end{pmatrix} = \begin{pmatrix} -1 \\ 0 \\ 8 \end{pmatrix}$

c) $\begin{pmatrix} 1 & 0 & 0 & 1 \\ 5 & 6 & 0 & 1 \\ 1 & 2 & 1 & 0 \\ 0 & 0 & 1 & 1 \end{pmatrix} + \begin{pmatrix} 3 & 4 & 2 & 1 \\ 7 & 6 & 5 & 4 \\ 0 & 9 & 0 & 9 \\ 7 & 0 & 1 & 1 \end{pmatrix} = \begin{pmatrix} 4 & 4 & 2 & 2 \\ 12 & 12 & 5 & 5 \\ 1 & 11 & 1 & 9 \\ 7 & 0 & 2 & 2 \end{pmatrix}$

**3** a) f     b) w     c) f

**4** $\begin{pmatrix} 4 & 17 & 31 \\ 13 & 32 & 20 \\ -21 & 29 & 8 \end{pmatrix}$

**5** a) $\vec{c} = 2\vec{a} - 3\vec{b} = 2 \cdot \begin{pmatrix} 1 \\ 2 \end{pmatrix} - 3 \cdot \begin{pmatrix} 4 \\ -6 \end{pmatrix} = \begin{pmatrix} 2 \\ 4 \end{pmatrix} - \begin{pmatrix} 12 \\ -18 \end{pmatrix} = \begin{pmatrix} -10 \\ 22 \end{pmatrix}$

b) $r \cdot \begin{pmatrix} 1 \\ 2 \end{pmatrix} + s \cdot \begin{pmatrix} 4 \\ -6 \end{pmatrix} = \begin{pmatrix} 8 \\ 2 \end{pmatrix}$    $\begin{array}{l} r + 4s = 8 \\ 2r - 6s = 2 \end{array}$    $\begin{array}{l} s = 1 \\ r = 4 \end{array}$

**6** a) $1{,}05 \cdot \begin{pmatrix} 345 & 234 & 453 & 232 & 334 \\ 234 & 223 & 223 & 602 & 122 \\ 554 & 120 & 126 & 230 & 440 \end{pmatrix} \approx \begin{pmatrix} 362 & 246 & 476 & 244 & 351 \\ 246 & 234 & 234 & 632 & 128 \\ 582 & 126 & 132 & 242 & 462 \end{pmatrix}$

b) $\begin{pmatrix} 17 & 12 & 23 & 12 & 17 \\ 12 & 11 & 11 & 30 & 6 \\ 28 & 6 & 6 & 12 & 22 \end{pmatrix}$

## Zweistufige Prozesse – Matrizenmultiplikation, Seite 62

**1** a) $\begin{pmatrix} 3 & 1 & 0 \\ 2 & 1 & 1 \\ -2 & 1 & 0 \end{pmatrix} \cdot \begin{pmatrix} 3 & 1 \\ 7 & 2 \\ 9 & 1 \end{pmatrix} = \begin{pmatrix} 16 & 5 \\ 22 & 5 \\ 1 & 0 \end{pmatrix}$

b) $\begin{pmatrix} 2 & 1 \\ 1 & 3 \\ 0 & 2 \\ 0 & 1 \end{pmatrix} \cdot \begin{pmatrix} 1 & 2 \\ 1 & 1 \end{pmatrix} = \begin{pmatrix} 3 & 5 \\ 4 & 5 \\ 2 & 2 \\ 1 & 1 \end{pmatrix}$

c) $\begin{pmatrix} 2 \\ 6 \\ 1 \end{pmatrix} \cdot (2 \; 3 \; 4 \; 5) = \begin{pmatrix} 4 & 6 & 8 & 10 \\ 12 & 18 & 24 & 30 \\ 2 & 3 & 4 & 5 \end{pmatrix}$

**2** Multipliziert man eine 5 × 3-Matrix mit einer 3 × 4-Matrix, so entsteht eine 5 × 4-Matrix.

**3** $\begin{pmatrix} 3 & 1 & 0 \\ 0 & 1 & 1 \\ 1 & 0 & 1 \end{pmatrix} \cdot \begin{pmatrix} x_1 \\ x_2 \\ x_3 \end{pmatrix} = \begin{pmatrix} 15 \\ 4 \\ 5 \end{pmatrix}$

**4** 1. Stufe

|       | $Z_1$ | $Z_2$ | $Z_3$ |
|-------|-------|-------|-------|
| $T_1$ | 5     | 3     | 0     |
| $T_2$ | 2     | 1     | 0     |
| $T_3$ | 0     | 2     | 3     |
| $T_4$ | 1     | 0     | 2     |
| $T_5$ | 1     | 1     | 1     |

$A = \begin{pmatrix} 5 & 3 & 0 \\ 2 & 1 & 0 \\ 0 & 2 & 3 \\ 1 & 0 & 2 \\ 1 & 1 & 1 \end{pmatrix}$

2. Stufe

|       | $E_1$ | $E_2$ | $E_3$ | $E_4$ |
|-------|-------|-------|-------|-------|
| $Z_1$ | 2     | 1     | 0     | 0     |
| $Z_2$ | 1     | 4     | 2     | 2     |
| $Z_3$ | 0     | 0     | 2     | 1     |

$B = \begin{pmatrix} 2 & 1 & 0 & 0 \\ 1 & 4 & 2 & 2 \\ 0 & 0 & 2 & 1 \end{pmatrix}$

$C = A \cdot B = \begin{pmatrix} 5 & 3 & 0 \\ 2 & 1 & 0 \\ 0 & 2 & 3 \\ 1 & 0 & 2 \\ 1 & 1 & 1 \end{pmatrix} \cdot \begin{pmatrix} 2 & 1 & 0 & 0 \\ 1 & 4 & 2 & 2 \\ 0 & 0 & 2 & 1 \end{pmatrix} = \begin{pmatrix} 13 & 17 & 6 & 6 \\ 5 & 6 & 2 & 2 \\ 2 & 8 & 10 & 7 \\ 2 & 1 & 4 & 2 \\ 3 & 5 & 4 & 3 \end{pmatrix}$

**5** Ausgangsprodukte: $\begin{pmatrix} 13 & 17 & 6 & 6 \\ 5 & 6 & 2 & 2 \\ 2 & 8 & 10 & 7 \\ 2 & 1 & 4 & 2 \\ 3 & 5 & 4 & 3 \end{pmatrix} \begin{pmatrix} 20 \\ 20 \\ 20 \\ 20 \end{pmatrix} = \begin{pmatrix} 840 \\ 300 \\ 540 \\ 180 \\ 300 \end{pmatrix}$

Zwischenprodukte: $\begin{pmatrix} 2 & 1 & 0 & 0 \\ 1 & 4 & 2 & 2 \\ 0 & 0 & 2 & 1 \end{pmatrix} \cdot \begin{pmatrix} 20 \\ 20 \\ 20 \\ 20 \end{pmatrix} = \begin{pmatrix} 60 \\ 180 \\ 60 \end{pmatrix}$

Kontrolle: $\begin{pmatrix} 5 & 3 & 0 \\ 2 & 1 & 0 \\ 0 & 2 & 3 \\ 1 & 0 & 2 \\ 1 & 1 & 1 \end{pmatrix} \cdot \begin{pmatrix} 60 \\ 180 \\ 60 \end{pmatrix} = \begin{pmatrix} 840 \\ 300 \\ 540 \\ 180 \\ 300 \end{pmatrix}$

**6** a) $E_1 = 2Z_1 + 3Z_2$
    $= 2(2T_1 + T_2 + 4T_3) + 3(2T_1 + 4T_2 + 3T_3)$
    $= 10T_1 + 14T_2 + 17T_3$
    $E_2 = 4Z_1 + 2Z_2$
    $= 4(2T_1 + T_2 + 4T_3) + 2(2T_1 + 4T_2 + 3T_3)$
    $= 12T_1 + 12T_2 + 22T_3$
    $E_3 = 3Z_1 + 1Z_2$
    $= 3(2T_1 + T_2 + 4T_3) + 1(2T_1 + 4T_2 + 3T_3)$
    $= 8T_1 + 7T_2 + 15T_3$
Für $E_3$ benötigt man also 8 Teile $T_1$, 7 Teile $T_2$ und 15 Teile $T_3$.

b)

|       | $Z_1$ | $Z_2$ |
|-------|-------|-------|
| $T_1$ | 2     | 2     |
| $T_2$ | 1     | 4     |
| $T_3$ | 4     | 3     |

$A = \begin{pmatrix} 2 & 2 \\ 1 & 4 \\ 4 & 3 \end{pmatrix}$

|       | $E_1$ | $E_2$ | $E_3$ |
|-------|-------|-------|-------|
| $Z_1$ | 2     | 4     | 3     |
| $Z_2$ | 3     | 2     | 1     |

$B = \begin{pmatrix} 2 & 4 & 3 \\ 3 & 2 & 1 \end{pmatrix}$

c) $\begin{pmatrix} 2 & 2 \\ 1 & 4 \\ 4 & 3 \end{pmatrix} \cdot \begin{pmatrix} 2 & 4 & 3 \\ 3 & 2 & 1 \end{pmatrix} \cdot \begin{pmatrix} 100 \\ 50 \\ 40 \end{pmatrix} = \begin{pmatrix} 10 & 12 & 8 \\ 14 & 12 & 7 \\ 17 & 22 & 15 \end{pmatrix} \begin{pmatrix} 100 \\ 50 \\ 40 \end{pmatrix} = \begin{pmatrix} 1920 \\ 2280 \\ 3400 \end{pmatrix}$

1920 Stück $T_1$, 2280 Stück $T_2$, 3400 Stück $T_3$

**Inverse Matrizen, Seite 64**

**1**
$\begin{pmatrix} 1 & 0 & 0 \\ 0 & 1 & 0 \\ 0 & 0 & 1 \end{pmatrix} \cdot \begin{pmatrix} 1 & 0 & 9 \\ 7 & 3 & 0 \\ 1 & 2 & -1 \end{pmatrix} = \begin{pmatrix} 1 & 0 & 9 \\ 7 & 3 & 0 \\ 1 & 2 & -1 \end{pmatrix}$

und $\begin{pmatrix} 1 & 0 & 9 \\ 7 & 3 & 0 \\ 1 & 2 & -1 \end{pmatrix} \cdot \begin{pmatrix} 1 & 0 & 0 \\ 0 & 1 & 0 \\ 0 & 0 & 1 \end{pmatrix} = \begin{pmatrix} 1 & 0 & 9 \\ 7 & 3 & 0 \\ 1 & 2 & -1 \end{pmatrix}$

**2** Matrix A: $\begin{aligned} a_{11} + 2a_{12} &= 1 \\ a_{12} &= 0 \end{aligned}$ und $\begin{aligned} a_{21} + 2a_{22} &= 0 \\ a_{22} &= 1 \end{aligned}$ $A^{-1} = \begin{pmatrix} 1 & 0 \\ -2 & 1 \end{pmatrix}$

Matrix B: $\begin{aligned} 2b_{11} &= 1 \\ 5b_{11} + 2b_{12} &= 0 \end{aligned}$ und $\begin{aligned} 2b_{21} &= 0 \\ 5b_{21} + 2b_{22} &= 1 \end{aligned}$ $B^{-1} = \begin{pmatrix} \frac{1}{2} & -\frac{5}{4} \\ 0 & \frac{1}{2} \end{pmatrix}$

Matrix C:

$\begin{aligned} c_{11} + c_{13} &= 1 \\ c_{11} + c_{12} &= 0 \quad \rightarrow \\ c_{12} + c_{13} &= 0 \end{aligned}$ $\begin{aligned} c_{11} &= \tfrac{1}{2} \\ c_{12} &= -\tfrac{1}{2} \\ c_{13} &= \tfrac{1}{2} \end{aligned}$ $\begin{aligned} c_{21} + c_{23} &= 0 \\ c_{21} + c_{22} &= 1 \quad \rightarrow \\ c_{22} + c_{23} &= 0 \end{aligned}$ $\begin{aligned} c_{21} &= \tfrac{1}{2} \\ c_{22} &= \tfrac{1}{2} \\ c_{23} &= -\tfrac{1}{2} \end{aligned}$

$\begin{aligned} c_{31} + c_{33} &= 0 \\ c_{31} + c_{32} &= 0 \quad \rightarrow \\ c_{32} + c_{33} &= 1 \end{aligned}$ $\begin{aligned} c_{31} &= -\tfrac{1}{2} \\ c_{32} &= \tfrac{1}{2} \\ c_{33} &= \tfrac{1}{2} \end{aligned}$ $C^{-1} = \begin{pmatrix} \frac{1}{2} & -\frac{1}{2} & \frac{1}{2} \\ \frac{1}{2} & \frac{1}{2} & -\frac{1}{2} \\ -\frac{1}{2} & \frac{1}{2} & \frac{1}{2} \end{pmatrix}$

**3** siehe Lösungen aus Aufgabe 2

**4** a) falsch b) wahr c) wahr

**5** $\begin{pmatrix} 3 & 6 & -2 \\ 3 & 2 & 1 \\ 2 & 5 & -5 \end{pmatrix} \cdot \begin{pmatrix} x_1 \\ x_2 \\ x_3 \end{pmatrix} = \begin{pmatrix} -15 \\ 2 \\ -23 \end{pmatrix}$

$\begin{pmatrix} x_1 \\ x_2 \\ x_3 \end{pmatrix} = \begin{pmatrix} -\frac{3}{7} & \frac{4}{7} & \frac{2}{7} \\ \frac{17}{35} & -\frac{11}{35} & -\frac{9}{35} \\ \frac{11}{35} & -\frac{3}{35} & -\frac{12}{35} \end{pmatrix} \cdot \begin{pmatrix} -15 \\ 2 \\ -23 \end{pmatrix} = \begin{pmatrix} 1 \\ -2 \\ 3 \end{pmatrix}$

**Stochastische Prozesse, Seite 65**

**1** Übergangsmatrix (Reihenfolge ABR)
$\begin{pmatrix} 0,5 & 0,3 & 0,4 \\ 0,3 & 0,5 & 0,4 \\ 0,2 & 0,2 & 0,2 \end{pmatrix}$

**2**

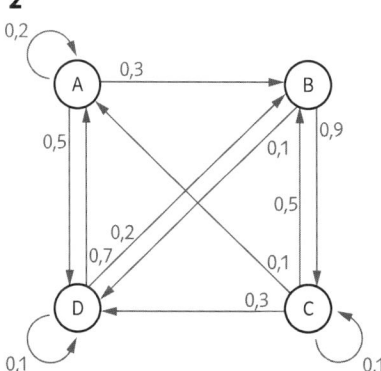

$\vec{x}_1 = \begin{pmatrix} 0,2 & 0 & 0,1 & 0,7 \\ 0,3 & 0 & 0,5 & 0,2 \\ 0 & 0,9 & 0,1 & 0 \\ 0,5 & 0,1 & 0,3 & 0,1 \end{pmatrix} \cdot \begin{pmatrix} 110 \\ 100 \\ 80 \\ 100 \end{pmatrix} = \begin{pmatrix} 100 \\ 93 \\ 98 \\ 99 \end{pmatrix}$

$\vec{x}_2 = \begin{pmatrix} 0,2 & 0 & 0,1 & 0,7 \\ 0,3 & 0 & 0,5 & 0,2 \\ 0 & 0,9 & 0,1 & 0 \\ 0,5 & 0,1 & 0,3 & 0,1 \end{pmatrix} \cdot \begin{pmatrix} 100 \\ 93 \\ 98 \\ 99 \end{pmatrix} = \begin{pmatrix} 99 \\ 99 \\ 93 \\ 99 \end{pmatrix}$

(Bei der Rundung wurde beachtet, dass die Gesamtanzahl erhalten bleiben muss.)

$\vec{x}_3 = \begin{pmatrix} 0,2 & 0 & 0,1 & 0,7 \\ 0,3 & 0 & 0,5 & 0,2 \\ 0 & 0,9 & 0,1 & 0 \\ 0,5 & 0,1 & 0,3 & 0,1 \end{pmatrix} \cdot \begin{pmatrix} 99 \\ 99 \\ 93 \\ 99 \end{pmatrix} = \begin{pmatrix} 99 \\ 96 \\ 98 \\ 97 \end{pmatrix}$

**3** a) $\begin{pmatrix} 2 & 1 \\ 1 & 3 \end{pmatrix} \cdot \begin{pmatrix} x_1 \\ x_2 \end{pmatrix} = \begin{pmatrix} 11 \\ 13 \end{pmatrix}$ $\begin{aligned} 2x_1 + x_2 &= 11 \\ x_1 + 3x_2 &= 13 \end{aligned}$ $\vec{x} = \begin{pmatrix} 4 \\ 3 \end{pmatrix}$

b) $\begin{pmatrix} 1 & 0 & 1 \\ 0 & 1 & 2 \\ 3 & 0 & 0 \end{pmatrix} \cdot \begin{pmatrix} x_1 \\ x_2 \\ x_3 \end{pmatrix} = \begin{pmatrix} 15 \\ 22 \\ 29 \end{pmatrix}$ $\begin{aligned} x_1 + x_3 &= 15 \\ x_2 + 2x_3 &= 22 \\ 3x_1 + x_3 &= 29 \end{aligned}$ $\vec{x} = \begin{pmatrix} 7 \\ 6 \\ 8 \end{pmatrix}$

**4** Reihenfolge der Spalten: O, P, G

a) $B = \begin{pmatrix} 0,6 & 0,3 & 0,1 \\ 0,2 & 0,5 & 0,2 \\ 0,2 & 0,2 & 0,7 \end{pmatrix}$ b) $A = \begin{pmatrix} 0,5 & 0,3 & 0,4 \\ 0,2 & 0,4 & 0,1 \\ 0,3 & 0,3 & 0,5 \end{pmatrix}$

c) $C = A \cdot B = \begin{pmatrix} 0,5 & 0,3 & 0,4 \\ 0,2 & 0,4 & 0,1 \\ 0,3 & 0,3 & 0,5 \end{pmatrix} \cdot \begin{pmatrix} 0,6 & 0,3 & 0,1 \\ 0,2 & 0,5 & 0,2 \\ 0,2 & 0,2 & 0,7 \end{pmatrix} = \begin{pmatrix} 0,44 & 0,38 & 0,39 \\ 0,22 & 0,28 & 0,17 \\ 0,34 & 0,34 & 0,44 \end{pmatrix}$

**5** $\begin{aligned} 0,5x_1 + x_2 + x_3 &= x_1 \\ 0,25x_1 &= x_2 \\ 0,25x_1 &= x_3 \end{aligned}$ $\begin{aligned} -0,5x_1 + x_2 + x_3 &= 0 \\ 0,25x_1 - x_2 &= 0 \\ 0,25x_1 \quad - x_3 &= 0 \end{aligned}$

Lösung: $x_1 = 400$; $x_2 = 100$; $x_3 = 100$

**6** a) $\vec{x}_1 = \begin{pmatrix} 93 \\ 74 \\ 113 \end{pmatrix}$; $\vec{x}_2 = \begin{pmatrix} 97 \\ 71 \\ 112 \end{pmatrix}$; $\vec{x}_3 = \begin{pmatrix} 99 \\ 70 \\ 111 \end{pmatrix}$

b) $P^2 = \begin{pmatrix} 0,44 & 0,25 & 0,35 \\ 0,24 & 0,28 & 0,24 \\ 0,32 & 0,47 & 0,41 \end{pmatrix}$; es ist $P^2 \cdot \begin{pmatrix} 90 \\ 90 \\ 100 \end{pmatrix} = \begin{pmatrix} 97 \\ 71 \\ 112 \end{pmatrix} = \vec{x}_2$.

c) Nachweis: $\begin{pmatrix} 0,44 & 0,25 & 0,35 \\ 0,24 & 0,28 & 0,24 \\ 0,32 & 0,47 & 0,41 \end{pmatrix} \cdot \begin{pmatrix} 100 \\ 70 \\ 110 \end{pmatrix} = \begin{pmatrix} 100 \\ 70 \\ 110 \end{pmatrix}$

**7** a) Mögliche Lösung: Von den Erwachsenen, die mit der Regierung unzufrieden sind ($Z_1$) sind 40 % im nächsten Monat immer noch unzufrieden, 40 % sind der Regierung gegenüber gleichgültig eingestellt ($Z_2$) und 20 % sind dann mit ihre zufrieden ($Z_3$). Analog wechseln 20 % von der Gruppe $Z_2$ nach $Z_1$, 60 % bleiben in $Z_2$ und 20 % wechseln nach $Z_3$. Von der Gruppe $Z_3$ wechseln 30 % nach $Z_1$, 10 % wechseln nach $Z_2$ und 60 % bleiben in $Z_3$.

b) Die Entwicklung der Gruppenzugehörigkeiten in den Monaten wird durch die Vektoren

$\vec{x}_0 = \begin{pmatrix} 0,3 \\ 0,3 \\ 0,4 \end{pmatrix}$; $\vec{x}_1 = \begin{pmatrix} 0,3 \\ 0,34 \\ 0,36 \end{pmatrix}$; $\vec{x}_2 = \begin{pmatrix} 0,296 \\ 0,36 \\ 0,344 \end{pmatrix}$; $\vec{x}_3 = \begin{pmatrix} 0,2936 \\ 0,3688 \\ 0,3376 \end{pmatrix}$;

$\vec{x}_4 = \begin{pmatrix} 0,29248 \\ 0,37248 \\ 0,33504 \end{pmatrix}$; … beschrieben.

Für wachsende $n > 25$ entsteht der Vektor $\vec{x}_n = \begin{pmatrix} 0,291\overline{6} \\ 0,375 \\ 0,\overline{3} \end{pmatrix}$.

**8** a)

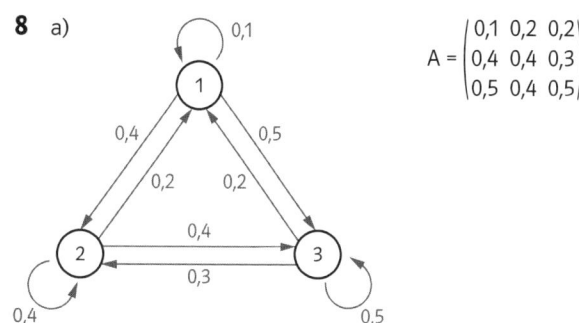

$A = \begin{pmatrix} 0,1 & 0,2 & 0,2 \\ 0,4 & 0,4 & 0,3 \\ 0,5 & 0,4 & 0,5 \end{pmatrix}$

b) $A \cdot \overrightarrow{x_n} = \overrightarrow{x_{n-1}}$

c) Jahr 2012: $\overrightarrow{x_2} = \begin{pmatrix} 11,4 \\ 21 \\ 27,6 \end{pmatrix} \approx \begin{pmatrix} 11 \\ 21 \\ 28 \end{pmatrix}$ Jahr 2013: $\overrightarrow{x_3} = \begin{pmatrix} 10,86 \\ 21,24 \\ 27,9 \end{pmatrix} \approx \begin{pmatrix} 11 \\ 21 \\ 28 \end{pmatrix}$

d) im Jahr 2010: $\begin{pmatrix} 0,1 & 0,2 & 0,2 \\ 0,4 & 0,4 & 0,3 \\ 0,5 & 0,4 & 0,5 \end{pmatrix} \cdot \begin{pmatrix} x_1 \\ x_2 \\ x_3 \end{pmatrix} = \begin{pmatrix} 6 \\ 24 \\ 30 \end{pmatrix}$

Gleichungen mit 10 multipliziert:

$x_1 + 2x_2 + 2x_3 = 60$  $\qquad$ $x_1 = 60$

$4x_1 + 4x_2 + 3x_3 = 240$ $\qquad$ $x_2 = 0$ $\qquad$ $\overrightarrow{x} = \begin{pmatrix} 60 \\ 0 \\ 0 \end{pmatrix}$

$5x_1 + 4x_2 + 5x_3 = 300$ $\qquad$ $x_3 = 0$

(d.h. 2010 lebten 60 Wildschweine in Revier 1, die beiden Reviere 2 und 3 waren wildschweinfrei.)

e) $A \cdot \overrightarrow{x} = \overrightarrow{x}$, daraus folgt das LGS:

$0,1x_1 + 0,2x_2 + 0,2x_3 = x_1$ $\qquad$ $-0,9x_1 + 0,2x_2 + 0,2x_3 = 0$

$0,4x_1 + 0,4x_2 + 0,3x_3 = x_2$ $\qquad$ $0,4x_1 - 0,6x_2 + 0,3x_3 = 0$

$0,5x_1 + 0,4x_2 + 0,5x_3 = x_3$ $\qquad$ $0,5x_1 + 0,4x_2 - 0,5x_3 = 0$

mit der allgemeinen Lösung $\left( \frac{9}{23}t \,\middle|\, \frac{35}{46}t \,\middle|\, t \right)$. Die Summe muss 60

sein, also $\frac{9}{23}t + \frac{35}{46}t + t = 60$ mit der Lösung $t = \frac{920}{33}$.

Die stabile Verteilung ist $\overrightarrow{x} = \begin{pmatrix} \frac{120}{11} \\ \frac{700}{33} \\ \frac{920}{33} \end{pmatrix} = \begin{pmatrix} 10,\overline{90} \\ 21,\overline{21} \\ 27,\overline{87} \end{pmatrix}$.

### Test, Seite 68

**1** Das Produkt ergibt $\begin{pmatrix} 1 & 2 \\ ab & 4b \\ 5 & 6 \end{pmatrix} = \begin{pmatrix} 1 & b \\ 10 & 8 \\ 5 & 6 \end{pmatrix}$. Daraus folgt $b = 2$; $a = 5$.

**2** a) Prozess 1: $0,6 \cdot 100 + 0,1 \cdot 100 + 0,3 \cdot 100 = 100$

$0,1 \cdot 100 + 0,7 \cdot 100 + 0,2 \cdot 100 = 100$

$0,3 \cdot 100 + 0,2 \cdot 100 + 0,5 \cdot 100 = 100$

Die Behauptung ist richtig.

Prozess 2: $0,2 \cdot 10 + 0,1 \cdot 10 + 0,7 \cdot 10 = 10$

$0,3 \cdot 10 + 0,5 \cdot 10 + 0,2 \cdot 10 = 10$

$0,9 \cdot 10 + 0,1 \cdot 10 \qquad = 10$

$0,5 \cdot 10 + 0,1 \cdot 10 + 0,3 \cdot 10 + 0,1 \cdot 10 = 10$

Die Behauptung ist richtig.

b) Bei einer stochastischen Übergangsmatrix ergeben die Elemente der Spaltenvektoren den Wert 1. Ist zusätzlich die Summe der Elemente der Zeilenvektoren ebenfalls 1, dann gilt die oben genannte Behauptung, ansonsten nicht.

**3** Die Matrix $P = \begin{pmatrix} 18 & 0,9 \cdot 18 & 0,8 \cdot 18 \\ 16 & 0,9 \cdot 16 & 0,8 \cdot 16 \\ 12 & 0,9 \cdot 12 & 0,8 \cdot 12 \\ 10 & 0,9 \cdot 10 & 0,8 \cdot 10 \end{pmatrix} = \begin{pmatrix} 18 & 16,2 & 14,4 \\ 16 & 14,4 & 12,8 \\ 12 & 10,8 & 9,6 \\ 10 & 9 & 8 \end{pmatrix}$

beinhaltet die Einzelpreise.

Multipliziert man die Produktionsmatrix mit der Preismatrix, muss man nur noch die Elemente der Hauptdiagonale addieren. Sinnvoller erscheint die Berechnung mit:

$(480 \ 320 \ 316 \ 140) \cdot \begin{pmatrix} 18 \\ 16 \\ 12 \\ 10 \end{pmatrix} + (65 \ 125 \ 220 \ 230) \cdot \begin{pmatrix} 16,2 \\ 14,4 \\ 10,8 \\ 9 \end{pmatrix}$

$+ (12 \ 60 \ 95 \ 124) \cdot \begin{pmatrix} 14,4 \\ 12,8 \\ 9,6 \\ 8 \end{pmatrix} = 18\,952 + 7299 + 2\,844,8 = 29\,095,8$

**4** a) Die Matrix C entsteht durch Multiplikation der Matrizen

$A = \begin{pmatrix} 1 & 2 & 0 \\ 0 & b & a \\ 4 & 1 & 1 \\ 1 & b & 1 \end{pmatrix}$ und $B = \begin{pmatrix} 1 & 6 & 2 \\ 4 & 1 & 10 \\ 3 & 2 & 2 \end{pmatrix}$ mit der Lösung

$C = \begin{pmatrix} 9 & 8 & 22 \\ 3a+4b & 2a+b & 2a+10b \\ 11 & 27 & 20 \\ 4b+4 & b+8 & 10b+4 \end{pmatrix}$.

Der Vergleich der Elemente zur gegebenen Matrix ergibt die Gleichungen: $3a + 4b = 30$; $2a + b = 15$; $2a + 10b = 42$; $27 = 9b$; $4b + 4 = 16$; $b + 8 = 11$; $10b + 4 = 34$ Alle Gleichungen sind für $a = 6$ und $b = 3$ erfüllt.

b) $C \cdot \overrightarrow{x_E} = \overrightarrow{x_R}$ mit $\overrightarrow{x_E} = \begin{pmatrix} 2\,000 \\ 1\,200 \\ 800 \end{pmatrix}$ zu berechnen

$\begin{pmatrix} 9 & 8 & 22 \\ 30 & 15 & 42 \\ 11 & 27 & 20 \\ 16 & 11 & 34 \end{pmatrix} \cdot \begin{pmatrix} 2\,000 \\ 1\,200 \\ 800 \end{pmatrix} = \begin{pmatrix} 45\,200 \\ 111\,600 \\ 70\,400 \\ 72\,400 \end{pmatrix}$

Zur Erfüllung dieses Auftrags werden also 45 200 ME von $R_1$, 111 600 ME von $R_2$, 70 400 ME von $R_3$ und 72 400 ME von $R_4$ benötigt.

**5** a) Die Übergangsmatrix ist eine stochastische Matrix, weil die Gesamtsumme der Elemente konstant 900 beträgt.

b) Aus $0,3 \cdot 400 + 0,1 \cdot 300 + c \cdot 200 = 270$ folgt $c = 0,6$.

Aus $0,5 \cdot 400 + b \cdot 300 + 0,3 \cdot 200 = 320$ folgt $b = 0,2$.

Aus $0,2 \cdot 400 + a \cdot 300 + 0,1 \cdot 200 = 310$ folgt $a = 0,7$.

c) Weil die Zeilensummen den Wert 1 haben teilt sich der Wert 900 gleichmäßig auf. Die stabile Verteilung ist $\overrightarrow{x} = \begin{pmatrix} 300 \\ 300 \\ 300 \end{pmatrix}$.

## VII Matrizen und Abbildungen

### Geometrische Abbildungen, Seite 69

**1** a) $A'(1|-3)$ $\quad$ $B'(-2|-7)$ $\qquad$ $g': \overrightarrow{x'} = \begin{pmatrix} 2 \\ -4 \end{pmatrix} + t \cdot \begin{pmatrix} -1 \\ 4 \end{pmatrix}$

Diese Abbildung ist eine Spiegelung am Koordinatenursprung. Die Gerade g und die Bildgerade g' sind parallel, aber nicht identisch.

b) $A'(-0,5|1,5)$ $\quad$ $B'(1|3,5)$ $\qquad$ $g': \overrightarrow{x'} = \begin{pmatrix} -1 \\ 2 \end{pmatrix} + t \cdot \begin{pmatrix} 0,5 \\ -2 \end{pmatrix}$

Diese Abbildung ist eine Stauchung von O aus mit dem Faktor 0,5. Die Gerade g und die Bildgerade g' sind parallel, aber nicht identisch.

**2** a) $A'(4|0)$ $\qquad$ $B'(0|4)$ $\qquad$ $C'(-4|0)$ $\qquad$ $D'(0|-4)$

b)

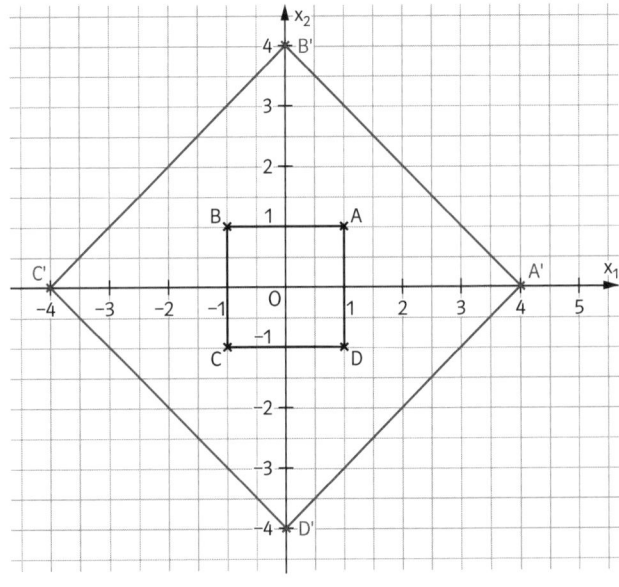

c) $\overrightarrow{OA} = \sqrt{2}$; $\overrightarrow{OA'} = 4$; $\dfrac{|\overrightarrow{OA'}|}{|\overrightarrow{OA}|} = \dfrac{4}{\sqrt{2}} = 2\sqrt{2}$

d) Das Quadrat mit den Eckpunkten A', B', C' und D' ist im Vergleich zum Quadrat mit den Eckpunkten A, B, C und D um 45° nach rechts gedreht und mit dem Faktor k = 2√2 gestreckt worden.

**3** $A'(-2|-1|3)$   $B'(4|0|3)$

$g': \vec{x} = \begin{pmatrix} 1 \\ -1 \\ 2 \end{pmatrix} + t \cdot \begin{pmatrix} 1 \\ -2 \\ 3 \end{pmatrix}$

$h': \vec{x} = \begin{pmatrix} -2 \\ -2 \\ -5 \end{pmatrix} + t \cdot \begin{pmatrix} 2{,}5 \\ -1{,}5 \\ 1 \end{pmatrix} = \begin{pmatrix} -2 \\ -2 \\ -5 \end{pmatrix} + s \cdot \begin{pmatrix} 5 \\ -3 \\ 2 \end{pmatrix}$

**4** Fixpunkteigenschaft: $x_1' = x_1$ und $x_2' = x_2$

I     $x_1 = 2x_1 + x_2$     II $x_2 = -x_2 + 4x_1 + 12$

I*     $x_2 = -x_1$

II*   $-x_1 = x_1 + 4x_1 + 12$

$\Leftrightarrow -6x_1 = 12$

$\Leftrightarrow x_1 = -2$

$\Rightarrow x_2 = 2$                   $\Rightarrow F(-2|2)$

**5** a) g: Für jeden Punkt, der auf g liegt, gilt:

$x_1 = -1 + t$   $x_2 = -3 - 4t$

Das Einsetzen dieser Beziehungen in die Abbildungsgleichungen liefert:

$x_1' = 2 \cdot (-1 + t) + (-3 - 4t) + 4 = -1 - 2t$

$x_2' = 4 \cdot (-1 + t) - (-3 - 4t) - 2 = -3 + 8t$

Die Bildgerade ist also $g': \vec{x} = \begin{pmatrix} -1 \\ -3 \end{pmatrix} + t \cdot \begin{pmatrix} -2 \\ 8 \end{pmatrix}$.

Da die Richtungsvektoren von g und g' Vielfache voneineinander sind, sind die beiden Geraden parallel zueinander. Da die beiden Geraden denselben Ortsvektor haben, sind sie sogar identisch. g ist also eine Fixgerade dieser Abbildung.

h: h ist keine Fixgerade dieser Abbildung.

k: k ist eine Fixgerade dieser Abbildung.

b) g, k sind keine Fixgeraden dieser Abbildung.

h: Für die Bildgerade ergibt sich: $h': \vec{x} = \begin{pmatrix} 9 \\ 3 \end{pmatrix} + t \cdot \begin{pmatrix} 2 \\ 1 \end{pmatrix}$

Da die Richtungsvektoren von h und h' Vielfache voneinander sind, sind die beiden Geraden parallel zueinander.

Um die Identität von h und h' nachzuweisen, wird überprüft, ob der Ortsvektor $\begin{pmatrix} 3 \\ 0 \end{pmatrix}$ der Gerade h in der Gerade h' liegt:

$3 = 9 + 2t$

$0 = 3 + 1t$

Das Gleichungssystem ist für t = -3 erfüllt, somit sind die Geraden h und h' identisch und damit ist h eine Fixgerade dieser Abbildung.

**Darstellung von Abbildungen mit Matrizen, Seite 71**

**1** a) und b)

|  | A' | B' | C' | D' | Art des Vierecks | Flächeninhalt |
|---|---|---|---|---|---|---|
| $\alpha_1$ | $(-6|-9)$ | $(-6|-1)$ | $(-14|-1)$ | $(-14|-9)$ | Quadrat | 64 FE |
| $\alpha_2$ | $(-2|-6)$ | $(14|-6)$ | $(18|2)$ | $(2|2)$ | Parallelogramm | 128 FE |
| $\alpha_3$ | $(-6|3)$ | $(-6|11)$ | $(-2|13)$ | $(-2|5)$ | Parallelogramm | 32 FE |

Der Flächeninhalt des Parallelogramms mit den Eckpunkten A, B, C und D beträgt 32 FE.

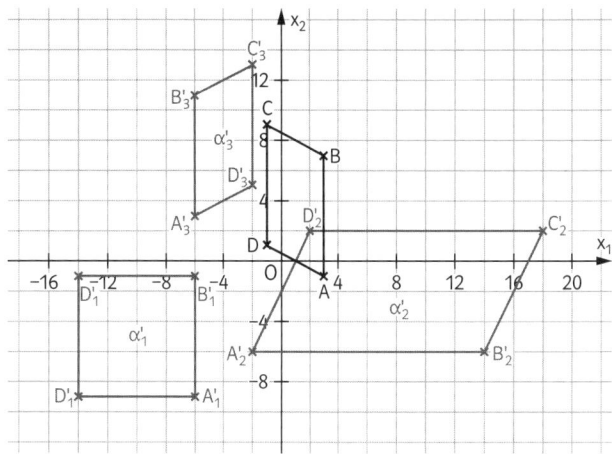

c) $\alpha_1$: Der Flächeninhalt des Quadrats ist doppelt so groß wie der Flächeninhalt des Parallelogramms.

$\alpha_2$: Der Flächeninhalt des abgebildeten Parallelogramms ist viermal so groß wie der Flächeninhalt des ursprünglichen Parallelogramms.

$\alpha_3$: Der Flächeninhalt des abgebildeten Parallelogramms ist genauso groß wie der Flächeninhalt des ursprünglichen Parallelogramms.

d) $\alpha_1$: Die Abbildung bewirkt, dass ein Parallelogramm auf ein doppelt so großes Quadrat abgebildet wird.

$\alpha_2$: Die Abbildung bewirkt, dass das Parallelogramm 90° rechts um den Ursprung gedreht wird und mit dem Faktor k = 2 gestreckt wird.

$\alpha_3$: Die Abbildung bewirkt, dass das Parallelogramm an der $x_2$-Achse gespiegelt und um den Vektor $\vec{c_3} = \begin{pmatrix} -3 \\ 4 \end{pmatrix}$ verschoben wird.

**2** a) $A(1|-1)$     $B(3|0)$     $C(-2|3)$

Berechnung der Koordinaten von A:

$\begin{pmatrix} 5 \\ -3 \end{pmatrix} = \begin{pmatrix} 2 & -1 \\ 4 & 7 \end{pmatrix} \cdot \begin{pmatrix} x_1 \\ x_2 \end{pmatrix} + \begin{pmatrix} 2 \\ 0 \end{pmatrix}$

I.         $5 = 2x_1 - x_2 + 2$     $|-2$

II.       $-3 = 4x_1 + 7x_2$

I*.       $3 = 2x_1 - x_2$         $|\cdot 7$

I**.     $21 = 14x_1 - 7x_2$

I**. + II.  $18 = 18x_1 \Leftrightarrow 1 = x_1$

Das Einsetzen von $x_1$ in II und Auflösen nach $x_2$ ergibt: $x_2 = -1$.

b) $g': \vec{x} = \begin{pmatrix} -1{,}2 \\ 0{,}8 \end{pmatrix} + t \cdot \begin{pmatrix} 6 \\ -24 \end{pmatrix}$

Da die Richtungsvektoren von g ung g' Vielfache voneinander sind, sind die beiden Geraden parallel. Da der Punkt $(-1{,}2|0{,}8)$ auf beiden Geraden liegt, sind die Geraden identisch.

$h': \vec{x} = \begin{pmatrix} 13 \\ 49 \end{pmatrix} + r \cdot \begin{pmatrix} -7 \\ 13 \end{pmatrix}$

Da die Richtungsvektoren von h und h' keine Vielfachen voneinander sind, schneiden sich die Gerade h und ihre Bildgerade h'.

$k': \vec{x} = \begin{pmatrix} 8 \\ 48 \end{pmatrix} + s \cdot \begin{pmatrix} 3 \\ -3 \end{pmatrix}$

Da die Richtungsvektoren Vielfache voneinander sind, sind die Gerade k und ihre Bildgerade k' parallel.

Da der Punkt $(5|4)$, der auf der Geraden k liegt, nicht auf der Geraden k' liegt, sind die Geraden nicht identisch.

$l': \vec{x} = \begin{pmatrix} 5 \\ -3 \end{pmatrix} + u \cdot \begin{pmatrix} 8 \\ -2 \end{pmatrix}$

Da die Richtungsvektoren von l und l' keine Vielfachen voneinander sind, schneiden sich die Gerade l und ihre Bildgerade l'.

**3** a) rechnerisch:

$$\begin{pmatrix} 7 & 1 & -2 \\ 2 & -4 & 6 \\ 9 & 3 & 0 \end{pmatrix} \cdot \begin{pmatrix} 1 \\ -2 \\ 3 \end{pmatrix} + \begin{pmatrix} 1 \\ 3 \\ 8 \end{pmatrix} = \begin{pmatrix} 7-2-6+1 \\ 2+8+18+3 \\ 9-6+\phantom{00}8 \end{pmatrix} = \begin{pmatrix} 0 \\ 31 \\ 11 \end{pmatrix}$$

Also ist A'(0|31|11).

mit dem GTR:

– Eingabe der Matrix und der beiden Vektoren:

$$[A] = \begin{pmatrix} 7 & 1 & -2 \\ 2 & -4 & 6 \\ 9 & 3 & 0 \end{pmatrix}; \quad [B] = \begin{pmatrix} 1 \\ -1 \\ 2 \end{pmatrix}; \quad [C] = \begin{pmatrix} 1 \\ 3 \\ 8 \end{pmatrix}$$

– Berechnung des Ausdrucks mit dem GTR

$$[A] \, [B] + [C] \text{ liefert } \begin{pmatrix} 0 \\ 31 \\ 11 \end{pmatrix}.$$

Also ist A'(0|31|11).

b)

– Vektorschreibweise der Geradengleichung:

$$\begin{pmatrix} x_1 \\ x_2 \\ x_3 \end{pmatrix} = \begin{pmatrix} 1+(-t) \\ -5+3t \\ 4+6t \end{pmatrix}$$

– Einsetzen in die Abbildungsgleichung:

$$\vec{x'} = \begin{pmatrix} 7 & 1 & -2 \\ 2 & -4 & 6 \\ 9 & 3 & 0 \end{pmatrix} \cdot \begin{pmatrix} 1+(-t) \\ -5+3t \\ 4+6t \end{pmatrix} + \begin{pmatrix} 1 \\ 3 \\ 8 \end{pmatrix}$$

– Anwendung der Matrix-Vektor-Multiplikation:

$$\vec{x'} = \begin{pmatrix} 7\cdot(1-t) + (-5+3t) - 2\cdot(4+6t) \\ 2\cdot(1-t) - 4\cdot(-5+3t) + 6\cdot(4+6t) \\ 9\cdot(1-t) + 3\cdot(-5+3t) + 0\cdot(4+6t) \end{pmatrix} + \begin{pmatrix} 1 \\ 3 \\ 8 \end{pmatrix}$$

$$= \begin{pmatrix} -6-16t \\ 46+22t \\ -6+0t \end{pmatrix} + \begin{pmatrix} 1 \\ 3 \\ 8 \end{pmatrix} = \begin{pmatrix} -5-16t \\ 49+22t \\ 2+0t \end{pmatrix} = \begin{pmatrix} -5 \\ 49 \\ 2 \end{pmatrix} + t \cdot \begin{pmatrix} -16 \\ 22 \\ 0 \end{pmatrix}$$

**4** a) Für den Verschiebungsvektor gilt: $\vec{c} = \begin{pmatrix} -3 \\ 2 \end{pmatrix}$.

Nach Einsetzen von P, P' und $\vec{c}$ in die Matrixdarstellung und Anwenden der Matrix-Vektor-Multiplikation erhält man die beiden Gleichungen:

I.  $\phantom{-}-4 = 2a_1 - b_1 - 3$

II.  $-2 = 2a_2 - b_2 + 2$

Nach Einsetzen von Q, Q' und $\vec{c}$ in die Matrixdarstellung und Anwenden der Matrix-Vektor-Multiplikation erhält man die beiden Gleichungen:

III.  $3 = 3a_1 + b_1 - 3$

IV.  $6 = 3a_2 + b_2 + 2$

Das Lösen der Gleichungen I und III ergibt $a_1 = 1$ und $b_1 = 3$. Durch Lösen der Gleichungen II und IV erhält man $a_2 = 0$ und $b_2 = 4$. Die Matrixdarstellung der Abbildung lautet also:

$$\alpha: \vec{x'} = \begin{pmatrix} 1 & 3 \\ 0 & 4 \end{pmatrix} \cdot \vec{x} + \begin{pmatrix} -3 \\ 2 \end{pmatrix}$$

b) $\begin{pmatrix} x_1 \\ x_2 \end{pmatrix} = \begin{pmatrix} 1 & 3 \\ 0 & 4 \end{pmatrix} \cdot \begin{pmatrix} x_1 \\ x_2 \end{pmatrix} + \begin{pmatrix} -3 \\ 2 \end{pmatrix}$

I. $x_1 = x_1 + 3x_2 - 3$

II. $x_2 = 4x_2 + 2 \Leftrightarrow x_2 = -\frac{2}{3}$

Das Einsetzen von $x_2$ in die Gleichung I ergibt eine unwahre Aussage. Daher gibt es keine Fixpunkte.

**5** a) Für den Verschiebungsvektor gilt: $\vec{c} = \begin{pmatrix} 3 \\ 0 \end{pmatrix}$.

Nach Einsetzen von B, B' und $\vec{c}$ in die Matrixdarstellung und Anwenden der Matrix-Vektor-Multiplikation erhält man die beiden Gleichungen:

I.  $4 = a_1 + 3 \Leftrightarrow a_1 = 1$

II.  $0 = a_2$

Nach Einsetzen von F, F' und $\vec{c}$ in die Matrixdarstellung und Anwenden der Matrix-Vektor-Multiplikation erhält man die beiden Gleichungen:

III.  $0 = -3b_1 + 3 \Leftrightarrow b_1 = 1$

IV.  $-3 = -3b_2 \Leftrightarrow b_2 = 1$

Die Matrixdarstellung der Abbildung lautet also:

$$\alpha: \vec{x'} = \begin{pmatrix} 1 & 1 \\ 0 & 1 \end{pmatrix} \cdot \vec{x} + \begin{pmatrix} 3 \\ 0 \end{pmatrix}$$

b) G'(-1|0); H'(0|0); I'(-3|-3); J'(-4|-3)

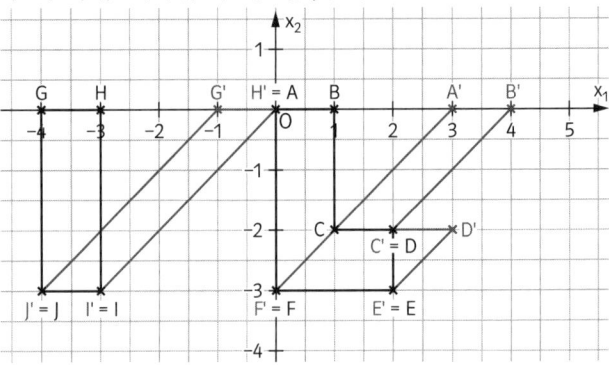

**6** Für den Verschiebungsvektor gilt: $\vec{v} = \begin{pmatrix} -2 \\ 1 \\ 4 \end{pmatrix}$.

I.  $\phantom{0}0 = a_1 + b_1 + c_1 - 2$     IV.  $1 = -a_1 + c_1 - 2$

II.  $10 = a_2 + b_2 + c_2 + 1$     V.  $0 = -a_2 + c_2 + 1$

III.  $\phantom{0}5 = a_3 + b_3 + c_3 + 4$     VI.  $5 = -a_3 + c_3 + 4$

VII.  $-2 = a_1 - 2 \Leftrightarrow a_1 = 0$

VIII.  $\phantom{-}3 = a_2 + 1 \Leftrightarrow a_2 = 2$

IX.  $\phantom{-}4 = a_3 + 4 \Leftrightarrow a_3 = 0$

Im Weiteren ergibt sich: $c_1 = 3$, $c_2 = 1$, $c_3 = 1$, $b_1 = -1$, $b_2 = 6$ und $b_3 = 0$. Die Matrixdarstellung der Abbildung lautet also:

$$\vec{x'} = \begin{pmatrix} 0 & -1 & 3 \\ 2 & 6 & 1 \\ 0 & 0 & 1 \end{pmatrix} \cdot \vec{x} + \begin{pmatrix} -2 \\ 1 \\ 4 \end{pmatrix}$$

**7** Nach dem Einsetzen der Punkte A und A', B und B' und C und C' ergeben sich folgende Gleichungssysteme:

I.  $-4 = 2a_1 + b_1 + c_1$     II.  $3 = 2a_2 + b_2 + c_2$

III.  $\phantom{-}0 = 3a_1 + 3b_1 + c_1$     IV.  $6 = 3a_2 + 3b_2 + c_2$

V.  $\phantom{-}1 = a_1 + 2b_1 + c_1$     VI.  $3 = a_2 + 2b_2 + c_2$

I.–III.  $-4 = -a_1 - 2b_1$     II.–IV.  $-3 = -a_2 - 2b_2$

I.–V.  $\phantom{-}-5 = a_1 - b_1$     II.–VI.  $\phantom{-}0 = a_2 - b_2$

Nach Addition der jeweils letzten beiden Gleichungen ergibt sich:

$-9 = -3b_1 \Leftrightarrow b_1 = 3$     $-3 = -3b_2 \Leftrightarrow b_2 = 1$

Durch Einsetzen erhält man schließlich: $a_1 = -2$, $a_2 = 1$, $c_1 = -3$ und $c_2 = 0$. Die Matrixdarstellung der Abbildung lautet also:

$$\vec{x'} = \begin{pmatrix} -2 & 3 \\ 1 & 1 \end{pmatrix} \cdot \vec{x} + \begin{pmatrix} -3 \\ 0 \end{pmatrix}$$

### Spezielle Abbildungen – Drehung und Spiegelung in der Ebene, Seite 74

**1** a) Nach dem Einsetzen von A und A' ergibt sich das folgende Gleichungssystem:

I. $3 = -a - 3b$

II. $-1 = -b + 3a$

Das Lösen des Gleichungssystems ergibt: $a = -0{,}6$ und $b = -0{,}8$.

$$\rightarrow A = \begin{pmatrix} -0{,}6 & 0{,}8 \\ -0{,}8 & -0{,}6 \end{pmatrix}$$

b) $\varphi = -126{,}87°$

c) B'(2|1)   C'(4|2)

**2** $A = \begin{pmatrix} -0{,}5 & -\sin 120° \\ \sin 120° & -0{,}5 \end{pmatrix}$

A'(1,73|1); B'(-6,46|3,20); C'(-3,60|0,23); D'(1,37|-0,37)

**3**

|  | α | A′ | B′ | C′ |
|---|---|---|---|---|
| $\alpha_1$ | +180° | (−2\|1) | (−4\|2) | (−3\|−1) |
| $\alpha_2$ | +45° | (2,12\|0,71) | (4,24\|1,41) | (1,41\|2,83) |
| $\alpha_3$ | −90° | (−1\|−2) | (−2\|−4) | (1\|−3) |
| $\alpha_4$ | −30° | (1,23\|−1,87) | (2,46\|−3,73) | (3,10\|−0,63) |

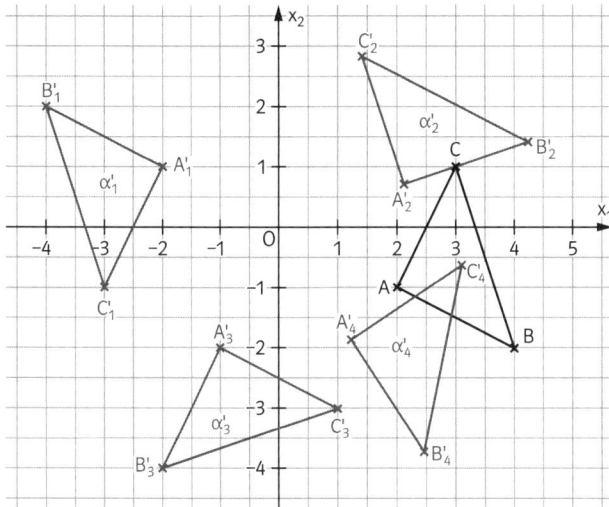

**4** a) $A = \begin{pmatrix} \frac{12}{13} & -\frac{5}{13} \\ -\frac{5}{13} & -\frac{12}{13} \end{pmatrix}$

$A'\left(\frac{14}{13}\Big|-\frac{34}{13}\right)$; $B'(5|-1)$; $C'\left(\frac{62}{13}\Big|-\frac{54}{13}\right)$; $D'\left(\frac{11}{13}\Big|-\frac{75}{13}\right)$

b) $A = \begin{pmatrix} -0,6 & 0,8 \\ 0,8 & 0,6 \end{pmatrix}$

$A'(0,4|2,8)$; $B'(-3,8|3,4)$; $C'(-2|6)$; $D'(2,2|5,4)$

c) $A = \begin{pmatrix} -1 & 0 \\ 0 & 1 \end{pmatrix}$

$A'(-2|2)$; $B'(-5|-1)$; $C'(-6|2)$; $D'(-3|5)$

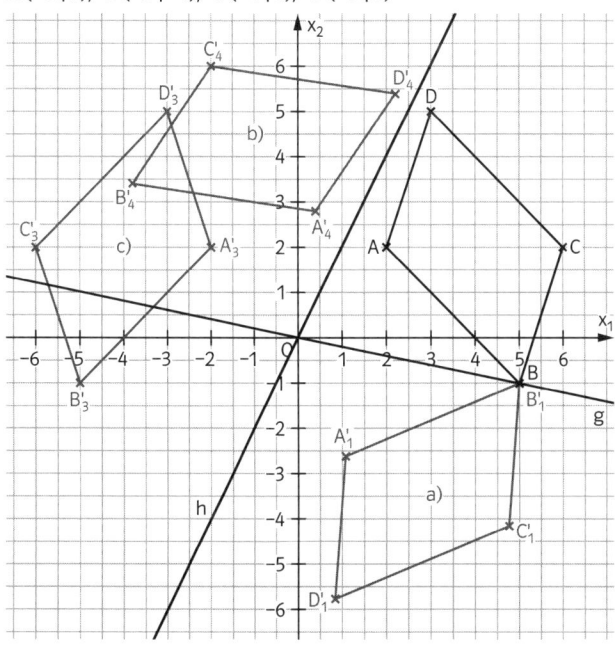

**5** a) $\vec{x}' = \begin{pmatrix} 0,8 & 0,6 \\ -0,6 & 0,8 \end{pmatrix} \cdot \vec{x}$   $A'(3|-1)$; $B'(5|0)$

b) $\vec{x}' = \begin{pmatrix} 0 & 1 \\ 1 & 0 \end{pmatrix} \cdot \vec{x}$   $A''(-1|3)$; $B''(0|5)$; $C''(-2|1)$

**6** A. falsch: Eine Drehung um 180° um den Ursprung entspricht einer Punktspiegelung am Ursprung.
B. und C. wahr
D. falsch: Bei einer Spiegelung an der $x_1$-Achse erhält man den Bildpunkt, indem man das Vorzeichen der $x_2$-Koordinate des Originalpunkts verändert und die $x_1$-Koordinate beibehält.

**7**

| Abbildungs-matrix | Spiegelung oder Drehung? | passende Winkel φ | Gleichung der Spiegelachse |
|---|---|---|---|
| $\begin{pmatrix} -1 & 0 \\ 0 & 1 \end{pmatrix}$ | Spiegelung an einer Ursprungsgeraden | φ = 90° / φ = −90° | $\vec{x} = t \cdot \begin{pmatrix} 0 \\ 1 \end{pmatrix}$ |
| $\begin{pmatrix} 1 & 0 \\ 0 & -1 \end{pmatrix}$ | Spiegelung an einer Ursprungsgeraden | φ = 180° / φ = 0° / φ = −180° | $\vec{x} = t \cdot \begin{pmatrix} 1 \\ 0 \end{pmatrix}$ |
| $\begin{pmatrix} 0 & 1 \\ 1 & 0 \end{pmatrix}$ | Spiegelung an einer Ursprungsgeraden | φ = 45° | $\vec{x} = t \cdot \begin{pmatrix} 1 \\ 1 \end{pmatrix}$ |
| $\begin{pmatrix} 0 & -1 \\ -1 & 0 \end{pmatrix}$ | Spiegelung an einer Ursprungsgeraden | φ = −45° | $\vec{x} = t \cdot \begin{pmatrix} -1 \\ 1 \end{pmatrix}$ |
| $\begin{pmatrix} 0 & -1 \\ 1 & 0 \end{pmatrix}$ | Drehung um den Ursprung | φ = 90° | |

**Spezielle Abbildungen – Parallelprojektion vom Raum in eine Ebene, Seite 76**

**1** a) $A_1 = \begin{pmatrix} 0 & 0 & 0 \\ 2 & 1 & 0 \\ -2 & 0 & 1 \end{pmatrix}$   $A_2 = \begin{pmatrix} 0,4 & 1,5 & 1,2 \\ 0 & 1 & 0 \\ 0,2 & -0,5 & 0,6 \end{pmatrix}$

b) $A_1'(0|7|0)$   $B_1'(0|6|4)$   $A_2'(10,1|3|1,3)$   $B_2'(13,6|4|1,8)$
c) $|\overline{AB}| = \sqrt{6}$   $|\overline{A_1'B_1'}| = \sqrt{17}$   $|\overline{A_2'B_2'}| = \sqrt{13,5}$
Durch die Projektion wird die Originalstrecke jeweils verlängert.
d) $C_1(5|-6|5)$   $C_2(-30|4|5)$

**2** $E'(20|-10|0)$; $F'(20|35|0)$; $G'(-2|35|0)$; $H'(-2|-10|0)$

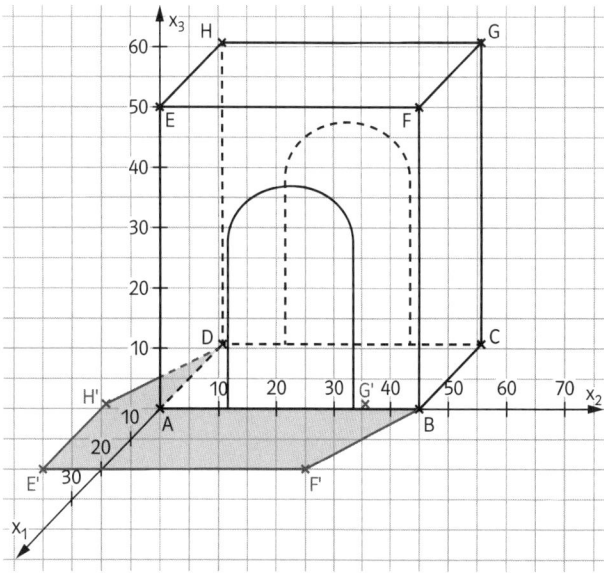

**3** a) Richtig ist nur $x_1 = 0$.

b) Richtig sind $\overrightarrow{OP} + t \cdot \vec{v} = \begin{pmatrix} x_1 \\ x_2 \\ 0 \end{pmatrix}$ und $p_3 + t \cdot v_3 = 0$.

c)

1) $S'(2 \mid 0 \mid 2,5)$

2) Die Geradengleichung, auf der die Schattengerade liegt,

lautet $t: x = \begin{pmatrix} 2 \\ 0 \\ 1,5 \end{pmatrix} + s \cdot \begin{pmatrix} 0 \\ 0 \\ 1 \end{pmatrix}$. Für $-1,5 \leq s \leq 1$ beschreibt diese

Gleichung die Strecke des Schattens auf der Hauswand.

3)

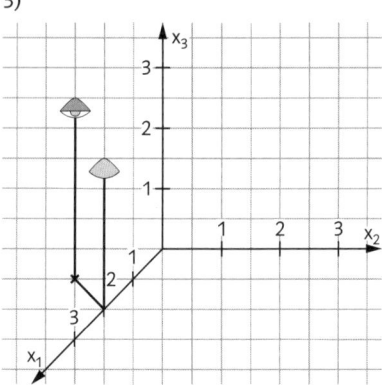

**4** a) $\overrightarrow{OP'} = \begin{pmatrix} 2 & -2 & 5 \\ 1 & -1 & 5 \\ -2 & 4 & -9 \end{pmatrix} \cdot \begin{pmatrix} 1 \\ 0 \\ 0 \end{pmatrix} = \begin{pmatrix} 2 \\ 1 \\ -2 \end{pmatrix}$ $\overrightarrow{PP'} = \begin{pmatrix} 1 \\ 1 \\ -2 \end{pmatrix}$

I.     $2x_1 - 2x_2 + 5x_3 = x_1 \quad \Leftrightarrow \quad x_1 - 2x_2 + 5x_3 = 0$

II.     $x_1 - x_2 + 5x_3 = x_2 \quad \Leftrightarrow \quad x_1 - 2x_2 + 5x_3 = 0$

III. $-2x_1 + 4x_2 - 9x_3 = x_3 \quad \Leftrightarrow \quad -2x_1 + 4x_2 - 10x_3 = 0$

b) $E: x_1 - 2x_2 + 5x_3 = 0$

**5** a) $\vec{v} = \begin{pmatrix} -1 \\ 2 \\ -1 \end{pmatrix}$     b) $x_1 + 5x_3 = 0$

c) $A'(3,6 \mid 0,8 \mid -0,4)$; $B'(3,6 \mid 4,8 \mid -0,4)$; $C'(0 \mid 4 \mid 0)$; $D'(0 \mid 0 \mid 0)$;
$E'(-0,4 \mid 8,8 \mid 3,6)$; $F'(-0,4 \mid 12,8 \mid 3,6)$; $G'(-4 \mid 12 \mid 4)$; $H'(-4 \mid 8 \mid 4)$;
$S'(-5,2 \mid 16,4 \mid 6,8)$

d) $A = \begin{pmatrix} 2 & -0,5 & -3 \\ -2 & 2 & 6 \\ 1 & -0,5 & -2 \end{pmatrix}$

**6**

| $\begin{pmatrix} -0,5 & -1 & -0,5 \\ 3 & 3 & 1 \\ -4,5 & -3 & -0,5 \end{pmatrix}$ | $\vec{v_3} = \begin{pmatrix} 1 \\ -2 \\ 3 \end{pmatrix}$ | $E_1: 3x_1 + 2x_2 + x_3 = 0$ |
| $\begin{pmatrix} 2 & 5 & 2 \\ -2 & -9 & -4 \\ 4 & 20 & 9 \end{pmatrix}$ | $\vec{v_1} = \begin{pmatrix} -1 \\ 2 \\ -4 \end{pmatrix}$ | $E_3: x_1 + 5x_2 + 2x_3 = 0$ |
| $\begin{pmatrix} 3,5 & -7,5 & 5 \\ 0,5 & -0,5 & 1 \\ -1 & 3 & -1 \end{pmatrix}$ | $\vec{v_2} = \begin{pmatrix} 5 \\ 1 \\ -2 \end{pmatrix}$ | $E_2: -x_1 + 3x_2 - 2x_3 = 0$ |

**Verkettung von Abbildungen – Matrizenmultiplikation,
Seite 78**

**1** a) $A \cdot B = \begin{pmatrix} -16 & 29 \\ 22 & 22 \end{pmatrix}$     $B \cdot A = \begin{pmatrix} 3 & 37 \\ 27 & 3 \end{pmatrix}$

b) $A \cdot B = \begin{pmatrix} 0 & 1 & 0 \\ 2 & 2 & -1 \\ 4 & 1 & -2 \end{pmatrix}$     $B \cdot A = \begin{pmatrix} 0 & -2 & -4 \\ -1 & -2 & -1 \\ 0 & 1 & 2 \end{pmatrix}$

**2** $\gamma: \vec{x}' = \begin{pmatrix} -1 & 1 \\ 0 & 1 \end{pmatrix} \cdot \left[ \begin{pmatrix} 2 & -3 \\ 1 & 5 \end{pmatrix} \cdot \vec{x} + \begin{pmatrix} 1 \\ -7 \end{pmatrix} \right] =$

$\begin{pmatrix} -1 & 1 \\ 0 & 1 \end{pmatrix} \cdot \begin{pmatrix} 2 & -3 \\ 1 & 5 \end{pmatrix} \cdot \vec{x} + \begin{pmatrix} -1 & 1 \\ 0 & 1 \end{pmatrix} \cdot \begin{pmatrix} 1 \\ -7 \end{pmatrix} = \begin{pmatrix} -1 & 8 \\ 1 & 5 \end{pmatrix} \cdot \vec{x} + \begin{pmatrix} -8 \\ -7 \end{pmatrix}$

Allgemein gilt: $\gamma: \vec{x}' = B \cdot (A \cdot \vec{x} + \vec{c}) = B \cdot A \cdot \vec{x} + B \cdot \vec{c}$

**3** a) Richtig sind die Lösungsansätze:

1) $\vec{x}' = \begin{pmatrix} -2 & 1 \\ 1 & 2 \end{pmatrix} \cdot \begin{pmatrix} 3 & 0 \\ 0 & 3 \end{pmatrix} \cdot \vec{x} + \begin{pmatrix} 3 \\ -4 \end{pmatrix}$

2) $\vec{x}' = \begin{pmatrix} -1 & 0 \\ 0 & -1 \end{pmatrix} \cdot \begin{pmatrix} -1 & 0 \\ 0 & 1 \end{pmatrix} \cdot \vec{x}$

b) $\gamma_1: \vec{x}' = \begin{pmatrix} -6 & 3 \\ 3 & 6 \end{pmatrix} \cdot \vec{x} + \begin{pmatrix} 3 \\ -4 \end{pmatrix}$     $\gamma_2: \vec{x}' = \begin{pmatrix} 1 & 0 \\ 0 & -1 \end{pmatrix} \cdot \vec{x}$

**4** a) $\gamma_1 = \alpha \circ \beta: \vec{x}' = \begin{pmatrix} -1 & 0 \\ 0 & -1 \end{pmatrix} \cdot \begin{pmatrix} 0 & 1 \\ 1 & 0 \end{pmatrix} \cdot \vec{x} + \begin{pmatrix} 4 \\ -1 \end{pmatrix}$

$= \begin{pmatrix} 0 & -1 \\ -1 & 0 \end{pmatrix} \cdot \vec{x} + \begin{pmatrix} 4 \\ -1 \end{pmatrix}$

$\gamma_2 = \beta \circ \alpha: \vec{x}' = \begin{pmatrix} 0 & 1 \\ 1 & 0 \end{pmatrix} \cdot \begin{pmatrix} -1 & 0 \\ 0 & -1 \end{pmatrix} \cdot \vec{x} + \begin{pmatrix} 0 & 1 \\ 1 & 0 \end{pmatrix} \cdot \begin{pmatrix} 4 \\ -1 \end{pmatrix}$

$= \begin{pmatrix} 0 & -1 \\ -1 & 0 \end{pmatrix} \cdot \vec{x} + \begin{pmatrix} -1 \\ 4 \end{pmatrix}$

b) $A'(0 \mid 5)$, $B'(-1 \mid 2)$, $C'(-6 \mid 2)$

c)

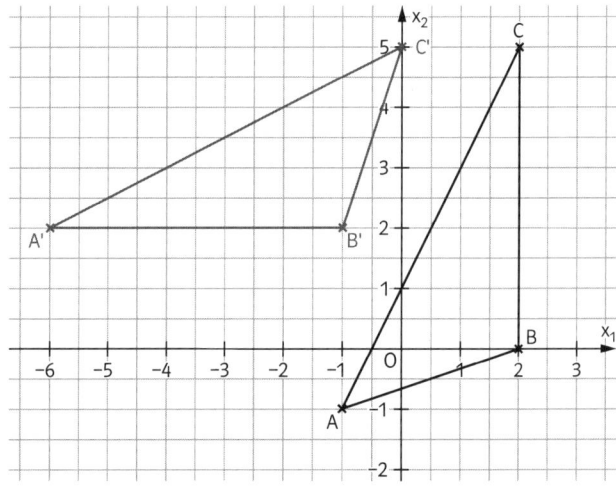

Beschreibung: Jeder Punkt wird zunächst am Ursprung
gespiegelt, dann an der Ursprungsgerade, die mit der $x_1$-Achse
einen Winkel von 45° einschließt, gespiegelt und schließlich um

den Vektor $\vec{v} = \begin{pmatrix} -1 \\ 4 \end{pmatrix}$ verschoben.

d) $g': \vec{x}' = \begin{pmatrix} 1 \\ -1 \end{pmatrix} + t \cdot \begin{pmatrix} 2 \\ -1 \end{pmatrix}$

e) $g': \vec{x}' = \begin{pmatrix} 2,5 \\ -1 \end{pmatrix} + t \cdot \begin{pmatrix} 1 \\ -1 \end{pmatrix}$

Da die Richtungsvektoren von g und g' identisch sind, sind die
beiden Geraden parallel. Da der Punkt $(0 \mid 1,5)$ auf beiden
Geraden liegt, sind die Geraden identisch. g ist eine Fixgerade.

$h': \vec{x}' = \begin{pmatrix} 2 \\ 0 \end{pmatrix} + t \cdot \begin{pmatrix} -1 \\ -1 \end{pmatrix}$

Da die Richtungsvektoren identisch sind, sind die Gerade h und
ihre Bildgerade h' parallel. Da der Punkt $(-1 \mid 2)$, der auf der
Geraden h liegt, nicht auf der Geraden h' liegt, sind die Geraden
nicht identisch. h ist keine Fixgerade.

**5** a)

|   | w | f |
|---|---|---|
| A | ☒ | ☐ |
| B | ☐ | ☒ |
| C | ☐ | ☒ |
| D | ☒ | ☐ |

b) A. $\begin{pmatrix} -1 & 0 \\ 0 & -1 \end{pmatrix} = \begin{pmatrix} -1 & 0 \\ 0 & -1 \end{pmatrix}$     D. $\begin{pmatrix} -1 & 0 \\ 0 & -1 \end{pmatrix} = \begin{pmatrix} 0 & -1 \\ -1 & 0 \end{pmatrix} \cdot \begin{pmatrix} 0 & 1 \\ 1 & 0 \end{pmatrix}$

### Test, Seite 80

**1**  a) A'(−2|10), B'(−8|38), C'(4|30)

b) g': $\vec{x} = \begin{pmatrix} 6 \\ -5 \end{pmatrix} + t \cdot \begin{pmatrix} 4 \\ 1 \end{pmatrix}$

c) Der einzige Fixpunkt ist (−1|0).

d) g': $\vec{x}' = \begin{pmatrix} 4 \\ -2 \end{pmatrix} + t \cdot \begin{pmatrix} 4 \\ 8 \end{pmatrix}$

Da die Richtungsvektoren Vielfache voneinander sind, sind die Gerade g und ihre Bildgerade g' parallel. Da der Punkt (−2|1), der auf der Geraden g liegt, nicht auf der Geraden g' liegt, sind die Geraden nicht identisch. g ist keine Fixgerade.

h': $\vec{x}' = \begin{pmatrix} 11 \\ -8 \end{pmatrix} + t \cdot \begin{pmatrix} 12 \\ -8 \end{pmatrix}$

Da die Richtungsvektoren von h und h' Vielfache voneinander sind, sind die beiden Geraden parallel. Da der Punkt (−4|2) auf beiden Geraden liegt, sind die Geraden identisch. h ist eine Fixgerade.

**2**  a) g': $\vec{x}' = \begin{pmatrix} -8 \\ 9 \end{pmatrix} + t \cdot \begin{pmatrix} -2 \\ 2 \end{pmatrix}$

Die Gerade g und ihre Bildgerade g' sind parallel, aber nicht identisch.

b) Die Fixpunkte von α liegen alle auf der Geraden

$\vec{x} = \begin{pmatrix} 0 \\ -1 \end{pmatrix} + t \cdot \begin{pmatrix} 2 \\ -3 \end{pmatrix}$ (Fixpunktgerade).

c) Die Matrixdarstellung der Abbildung ist:

α: $\vec{x}' = \begin{pmatrix} -0,6 & 0,8 \\ 0,8 & 0,6 \end{pmatrix} \cdot \vec{x} + \begin{pmatrix} 1 \\ 2 \end{pmatrix}$     D'(−3,8|3,4) E'(3|1)

Es handelt sich um eine Spiegelung an der Ursprungsgerade, die mit der $x_1$-Achse einen Winkel von etwa 63,4° einschließt, und anschließender Verschiebung um $\vec{v} = \begin{pmatrix} 1 \\ 2 \end{pmatrix}$.

**3**  a) Eine Punktspiegelung am Punkt (0|0) entspricht einer Drehung um den Nullpunkt um 180°. Deren Matrix lautet:

A = $\begin{pmatrix} \cos(180°) & -\sin(180°) \\ \sin(180°) & \cos(180°) \end{pmatrix} = \begin{pmatrix} -1 & 0 \\ 0 & -1 \end{pmatrix}$

Die Verschiebung um den Vektor $\begin{pmatrix} 2 \\ -4 \end{pmatrix}$ entspricht einer Spiegelung des Nullpunkts an dem Punkt Z(1|−2).

b) g': $\vec{x}' = \begin{pmatrix} 2 \\ -6 \end{pmatrix} + t \cdot \begin{pmatrix} -1 \\ -2 \end{pmatrix}$

c) 1. Verschiebung um $\begin{pmatrix} -1 \\ 2 \end{pmatrix}$: $\alpha_1$: $\vec{x}' = \vec{x} + \begin{pmatrix} -1 \\ 2 \end{pmatrix}$

2. Drehung um 180° um den Nullpunkt: $\alpha_2$: $\vec{x}'' = \begin{pmatrix} -1 & 0 \\ 0 & -1 \end{pmatrix} \cdot \vec{x}'$

3. Verschiebung um $\begin{pmatrix} 1 \\ -2 \end{pmatrix}$: $\alpha_3$: $\vec{x}''' = \vec{x}'' + \begin{pmatrix} 1 \\ -2 \end{pmatrix}$

Es gilt also:

$\alpha_3 \circ \alpha_2 \circ \alpha_1$: $\vec{x}''' = \begin{pmatrix} -1 & 0 \\ 0 & -1 \end{pmatrix} \cdot \vec{x}' + \begin{pmatrix} 1 \\ -2 \end{pmatrix}$

$= \begin{pmatrix} -1 & 0 \\ 0 & -1 \end{pmatrix} \cdot \left( \vec{x} + \begin{pmatrix} -1 \\ 2 \end{pmatrix} \right) + \begin{pmatrix} 1 \\ -2 \end{pmatrix}$

$= \begin{pmatrix} -1 & 0 \\ 0 & -1 \end{pmatrix} \cdot \vec{x} + \begin{pmatrix} -1 & 0 \\ 0 & -1 \end{pmatrix} \cdot \begin{pmatrix} -1 \\ 2 \end{pmatrix} + \begin{pmatrix} 1 \\ -2 \end{pmatrix}$

$= \begin{pmatrix} -1 & 0 \\ 0 & -1 \end{pmatrix} \cdot \vec{x} + \begin{pmatrix} 2 \\ -4 \end{pmatrix}$

Somit ist $\alpha_3 \circ \alpha_2 \circ \alpha_1 = \alpha$.

d) Die Matrixdarstellung der Abbildung lautet:

$\vec{x}' = \begin{pmatrix} 0,6 & -0,8 \\ -0,8 & -0,6 \end{pmatrix} \cdot \vec{x}$

Der Winkel φ, den die Ursprungsgerade mit der $x_1$-Achse einschließt ist φ = −26,56°. Damit gilt für die Steigung der Geraden m = tan(−26,56°) = −0,5. Die Geradengleichung lautet also $x_2 = -0,5 x_1$ oder $\vec{x} = t \cdot \begin{pmatrix} 2 \\ -1 \end{pmatrix}$.

B'(−4,8|−3,6)   C'(−1,8|−2,6)

**4**  a) D(6|−6|2); S(3|−6|6)

b) A = $\begin{pmatrix} 1 & 0 & 0,5 \\ 0 & 1 & 1,5 \\ 0 & 0 & 0 \end{pmatrix}$ ⇒ S'(6|3|0)

Die Bildstrecke zu der Kante $\overline{SD}$ lautet: h: $\vec{x} = \begin{pmatrix} 6 \\ 3 \end{pmatrix} + t \cdot \begin{pmatrix} -1 \\ 6 \end{pmatrix}$ mit −0,5 ≤ t ≤ 0.

d) Für die Richtung der Sonnenstrahlen gilt: $\vec{v} = \begin{pmatrix} 1 \\ -2 \\ -1 \end{pmatrix}$.

Die Gleichung der Hangebene lautet: $x_2 + 3 x_3 = 0$.
$S_2'(5,4|-10,8|3,6)$

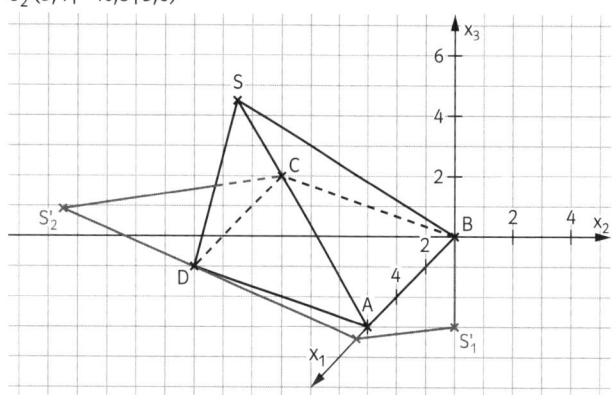

**5**  a) Für die Matrixdarstellung gilt: $\vec{x}' = \begin{pmatrix} -3 & 0 \\ 0 & 3 \end{pmatrix} \cdot \vec{x}$.
A'(9|6); B'(6|12); C'(0|9)

b) $|\overrightarrow{BC}| = |\overrightarrow{AC}| = \sqrt{5}$ ⇒ $A_1 = \frac{1}{2} \cdot \sqrt{5} \cdot \sqrt{5} = 2,5$

$|\overrightarrow{B'C'}| = |\overrightarrow{A'C'}| = \sqrt{45}$ ⇒ $A_2 = \frac{1}{2} \cdot \sqrt{45} \cdot \sqrt{45} = 22,5$

Der Flächeninhalt des ursprünglichen Dreiecks ist 2,5 FE, der des Bilddreiecks 22,5 FE. Der Flächeninhalt hat sich also verneunfacht.

c) $\begin{pmatrix} 3 & 0 \\ 0 & 3 \end{pmatrix} \cdot \begin{pmatrix} -1 & 0 \\ 0 & 1 \end{pmatrix} = \begin{pmatrix} -3 & 0 \\ 0 & 3 \end{pmatrix} = \begin{pmatrix} -1 & 0 \\ 0 & 1 \end{pmatrix} \cdot \begin{pmatrix} 3 & 0 \\ 0 & 3 \end{pmatrix}$

## VIII  Beweisen in der Geometrie

### Lineare Abhängigkeit und Unabhängigkeit von Vektoren, Seite 81

**1**  a) $\vec{a} = \begin{pmatrix} -1 \\ -2 \\ 3 \end{pmatrix}$; $\vec{b} = \begin{pmatrix} 2 \\ 4 \\ -6 \end{pmatrix}$

b) $\vec{a}$ und $\vec{b}$ können nicht linear abhängig sein.

c) $\vec{a} = \begin{pmatrix} 3 \\ 24 \\ 0 \end{pmatrix}$; $\vec{b} = \begin{pmatrix} 0,5 \\ 4 \\ 0 \end{pmatrix}$

d) $\vec{a} = \begin{pmatrix} 0 \\ 0 \\ 0 \end{pmatrix}$; $\vec{b} = \begin{pmatrix} 1 \\ 3 \\ 4 \end{pmatrix}$

**2**

a) ☒ $\vec{a} = \begin{pmatrix} 1 \\ 2 \\ 5 \end{pmatrix}$; $\vec{b} = \begin{pmatrix} 2 \\ 1 \\ 3 \end{pmatrix}$; $\vec{c} = \begin{pmatrix} -1 \\ -2 \\ 5 \end{pmatrix}$,

  ☒ $\vec{a}, \vec{b}, \vec{c}$ sind linear unabhängig

b) ☒ $\vec{a} = \begin{pmatrix} -1 \\ 5 \\ 3 \end{pmatrix}$; $\vec{b} = \begin{pmatrix} 2 \\ 0 \\ 1 \end{pmatrix}$; $\vec{c} = \begin{pmatrix} 3 \\ 5 \\ 5 \end{pmatrix}$,  ☒ $\vec{a} = \begin{pmatrix} 3 \\ 5 \\ 5 \end{pmatrix}$; $\vec{b} = \begin{pmatrix} -1 \\ 5 \\ 3 \end{pmatrix}$; $\vec{c} = \begin{pmatrix} 2 \\ 0 \\ 1 \end{pmatrix}$,

  ☒ $\vec{a}, \vec{b}, \vec{c}$ sind linear abhängig

c) ☒ $\vec{a} = \begin{pmatrix} 2 \\ 0 \\ 0 \end{pmatrix}$; $\vec{b} = \begin{pmatrix} 0 \\ 2 \\ 1 \end{pmatrix}$; $\vec{c} = \begin{pmatrix} 0 \\ 2 \\ 1 \end{pmatrix}$,

  ☒ $\vec{a}, \vec{b}, \vec{c}$ sind linear abhängig

**3** a) $\vec{a} = \begin{pmatrix} 1 \\ 0 \\ 2 \end{pmatrix}$; $\vec{b} = \begin{pmatrix} 3 \\ 4 \\ 2 \end{pmatrix}$; $\vec{c} = \begin{pmatrix} 0 \\ -4 \\ 4 \end{pmatrix}$

zu lösendes LGS: $r_1 \cdot \vec{a} + r_2 \cdot \vec{b} + r_3 \cdot \vec{c} = \vec{0}$:

$1 \cdot r_1 + 3 \cdot r_2 + 0 \cdot r_3 = 0$
$0 \cdot r_1 + 4 \cdot r_2 - 4 \cdot r_3 = 0$
$2 \cdot r_1 + 2 \cdot r_2 + 4 \cdot r_3 = 0$

☒ das LGS hat unendlich viele Lösungen
☒ die drei Vektoren sind linear abhängig

b) $\vec{a} = \begin{pmatrix} 4 \\ -2 \\ 0,5 \end{pmatrix}$; $\vec{b} = \begin{pmatrix} 1 \\ 4 \\ 1 \end{pmatrix}$; $\vec{c} = \begin{pmatrix} 5 \\ -7 \\ 0 \end{pmatrix}$

zu lösendes LGS: $r_1 \cdot \vec{a} + r_2 \cdot \vec{b} + r_3 \cdot \vec{c} = \vec{0}$:

$4 \cdot r_1 + 1 \cdot r_2 + 5 \cdot r_3 = 0$
$-2 \cdot r_1 + 4 \cdot r_2 - 7 \cdot r_3 = 0$
$0,5 \cdot r_1 + 1 \cdot r_2 + 0 \cdot r_3 = 0$

☒ $r_1 = r_2 = r_3 = 0$ ist die einzige Lösung des LGS
☒ die drei Vektoren sind linear unabhängig

c) $\vec{a} = \begin{pmatrix} 0,5 \\ -0,5 \\ 2 \end{pmatrix}$; $\vec{b} = \begin{pmatrix} -3,5 \\ 2 \\ -1,5 \end{pmatrix}$; $\vec{c} = \begin{pmatrix} -1 \\ -2 \\ 21 \end{pmatrix}$

$0,5 \cdot r_1 - 3,5 \cdot r_2 - 1 \cdot r_3 = 0$
zu lösendes LGS: $-0,5 \cdot r_1 + 2 \cdot r_2 - 2 \cdot r_3 = 0$
$2 \cdot r_1 - 1,5 \cdot r_2 + 21 \cdot r_3 = 0$

☒ das LGS hat unendlich viele Lösungen
☒ die drei Vektoren sind linear abhängig

**4** a) Zu lösendes LGS: $\vec{a} = r_1 \cdot \vec{b} + r_2 \cdot \vec{c}$.

$1 \cdot r_1 + 2 \cdot r_2 = 2$
D.h. $2 \cdot r_1 + 0 \cdot r_2 = 5$. Es ergibt sich: $r_1 = 2,5$, $r_2 = -0,25$
$-3 \cdot r_1 + 6 \cdot r_2 = -9$

b) Zu lösendes LGS: $\vec{a} = r_1 \cdot \vec{b} + r_2 \cdot \vec{c}$.

$0,5 \cdot r_1 + 1,5 \cdot r_2 = -1$
D.h. $-0,5 \cdot r_1 - 0,5 \cdot r_2 = 3$. Es ergibt sich: $r_1 = -8$, $r_2 = 2$
$-0,5 \cdot r_1 + 1,5 \cdot r_2 = 7$

**5**

| | Richtig | falsch |
|---|---|---|
| a) Wenn zwei Vektoren linear abhängig sind, dann sind sie parallel. | ☒ | ☐ |
| b) Drei Vektoren sind linear abhängig, wenn die alle in einer Ebene liegen. | ☒ | ☐ |
| c) Sind bei drei Vektoren jeweils zwei linear unabhängig, dann sind auch alle drei Vektoren linear unabhängig. | ☐ | ☒ |
| d) Ist bei drei Vektoren der Nullvektor dabei, so sind alle drei Vektoren linear abhängig. | ☒ | ☐ |

**6**

| | Linear abhängig | Linear unabhängig |
|---|---|---|
| a) $\overrightarrow{AB}$; $\overrightarrow{JK}$ | ☒ | ☐ |
| b) $\overrightarrow{LH}$; $\overrightarrow{EC}$ | ☐ | ☒ |
| c) $\overrightarrow{AE}$; $\overrightarrow{GK}$ | ☒ | ☐ |
| d) $\overrightarrow{BE}$; $\overrightarrow{BF}$; $\overrightarrow{JH}$ | ☒ | ☐ |
| e) $\overrightarrow{AL}$; $\overrightarrow{LH}$; $\overrightarrow{HA}$ | ☐ | ☒ |
| f) $\overrightarrow{IE}$; $\overrightarrow{KG}$; $\overrightarrow{CD}$ | ☐ | ☒ |

**7** Das LGS $r_1 \cdot \vec{a} + r_2 \cdot \vec{b} + r_3 \cdot \vec{c} + r_4 \cdot \vec{d} = \vec{0}$ liefert unendlich viele Lösungen, die Vektoren sind also linear abhängig.

## Vektorielle Beweise zur Parallelität, Seite 83

**1** Beweis mit den Vektoren $\vec{a} = \overrightarrow{AB} = \overrightarrow{DC}$ und $\vec{b} = \overrightarrow{AD} = \overrightarrow{BC}$:
Voraussetzungen:

$\overrightarrow{AM_1} = \overrightarrow{M_1B} = \frac{1}{2}\overrightarrow{AB} = \frac{1}{2}\vec{a}$ und $\overrightarrow{BM_2} = \overrightarrow{M_2C} = \frac{1}{2}\overrightarrow{BC} = \frac{1}{2}\vec{b}$

Behauptung: $\overrightarrow{M_1M_2} = \frac{1}{2}\overrightarrow{AC}$

Beweis: $\overrightarrow{M_1M_2} = \overrightarrow{M_1B} + \overrightarrow{BM_2} = \frac{1}{2}\vec{a} + \frac{1}{2}\vec{b} = \frac{1}{2}(\vec{a} + \vec{b})$

$\overrightarrow{AC} = \overrightarrow{AB} + \overrightarrow{BC} = \vec{a} + \vec{b}$

Also ist $\overrightarrow{M_1M_2} = \frac{1}{2}\overrightarrow{AC}$.

**2** Skizze:

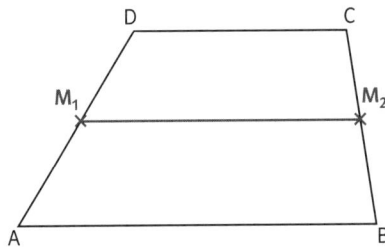

Möglicher Beweis mit den Vektoren $\vec{a} = \overrightarrow{AB}$ und $\vec{b} = \overrightarrow{AD}$:
Voraussetzungen: $\overrightarrow{DC} = k \cdot \overrightarrow{AB} = k \cdot \vec{a}$;

$\overrightarrow{AM_1} = \frac{1}{2}\overrightarrow{AD} = \frac{1}{2}\vec{b}$; $\overrightarrow{BM_2} = \frac{1}{2}\overrightarrow{BC}$

Behauptung: $\overrightarrow{M_1M_2} = \frac{1}{2}(\overrightarrow{AB} + \overrightarrow{DC})$

Beweis: $\overrightarrow{M_1M_2} = \overrightarrow{M_1A} + \overrightarrow{AB} + \overrightarrow{BM_2} = -\frac{1}{2}\vec{b} + \vec{a} + \frac{1}{2}(-\vec{a} + \vec{b} + k \cdot \vec{a})$

$= \frac{1}{2}(\vec{a} + k \cdot \vec{a}) = \frac{1}{2}(\overrightarrow{AB} + \overrightarrow{DC})$

## Vektorielle Beweise zur Orthogonalität, Seite 84

**1** Voraussetzungen: $\overrightarrow{AB} = \overrightarrow{BC} = \overrightarrow{FE} = \overrightarrow{ED} = \vec{a}$

$\overrightarrow{AF} = \overrightarrow{BE} = \overrightarrow{CD} = \vec{b}$; $|\vec{a}| = |\vec{b}|$

Behauptung: $\overrightarrow{FB} \cdot \overrightarrow{BD} = 0$

Beweis: $\overrightarrow{FB} = \vec{a} - \vec{b}$; $\overrightarrow{BD} = \vec{a} + \vec{b}$

$\overrightarrow{FB} \cdot \overrightarrow{BD} = (\vec{a} - \vec{b}) \cdot (\vec{a} + \vec{b})$

$= \vec{a} \cdot \vec{a} + \vec{a} \cdot \vec{b} - \vec{b} \cdot \vec{a} - \vec{b} \cdot \vec{b}$

$= |\vec{a}|^2 + \vec{a} \cdot \vec{b} - \vec{a} \cdot \vec{b} - |\vec{b}|^2$

$= |\vec{a}|^2 - |\vec{a}|^2 = 0$

Also sind die Diagonalen zueinander senkrecht.

**2** Voraussetzung: $\vec{a} \cdot \vec{b} = 0$

Behauptung: $|\overrightarrow{AC}| = |\overrightarrow{BD}|$

Beweis: $\overrightarrow{AC} = \vec{a} + \vec{b}$; $\overrightarrow{BD} = \vec{b} - \vec{a}$

$|\overrightarrow{AC}|^2 = (\vec{a} + \vec{b}) \cdot (\vec{a} + \vec{b}) = \vec{a} \cdot \vec{a} + 2 \cdot \vec{a} \cdot \vec{b} + \vec{b} \cdot \vec{b}$

$\qquad = |\vec{a}|^2 + 0 + |\vec{b}|^2 = |\vec{a}|^2 + |\vec{b}|^2$

$|\overrightarrow{BD}|^2 = (\vec{b} - \vec{a}) \cdot (\vec{b} - \vec{a}) = \vec{b} \cdot \vec{b} - 2 \cdot \vec{a} \cdot \vec{b} + \vec{a} \cdot \vec{a}$

$\qquad = |\vec{a}|^2 - 0 + |\vec{b}|^2 = |\vec{a}|^2 + |\vec{b}|^2$

**3** Voraussetzungen: $\overrightarrow{AB} = \overrightarrow{DC}$; $\overrightarrow{AD} = \overrightarrow{BC}$; $|\overrightarrow{AC}| = |\overrightarrow{DB}| = |\vec{a}| = |\vec{b}|$

Behauptung: $\overrightarrow{AB} \cdot \overrightarrow{BC} = 0$

Beweis: $\overrightarrow{AB} = 0{,}5\,\vec{a} + 0{,}5\,\vec{b}$; $\overrightarrow{BC} = 0{,}5\,\vec{a} - 0{,}5\,\vec{b}$

$\overrightarrow{AB} \cdot \overrightarrow{BC} = 0{,}25(\vec{a} \cdot \vec{a} - \vec{a} \cdot \vec{b} + \vec{b} \cdot \vec{a} - \vec{b} \cdot \vec{b})$

$\qquad = 0{,}25(|\vec{a}|^2 - \vec{a} \cdot \vec{b} + \vec{a} \cdot \vec{b} - |\vec{b}|^2)$

$\qquad = 0{,}25(|\vec{a}|^2 - |\vec{a}|^2) = 0$

**4** Beweis mit den Vektoren $\vec{a} = \overrightarrow{AB}$ und $\vec{b} = \overrightarrow{AD}$:

Voraussetzungen: $|\vec{a}| = |\vec{b}|$; $\vec{a} \cdot \vec{b} = 0$;

$\overrightarrow{AM_1} = \overrightarrow{M_1B} = \frac{1}{2}\vec{a}$; $\overrightarrow{BM_2} = \overrightarrow{M_2C} = \frac{1}{2}\vec{b}$

Behauptungen: 1. $|\overrightarrow{M_1M_2}| = |\overrightarrow{M_2M_3}|$

$\qquad\qquad\qquad$ 2. $\overrightarrow{M_1M_2} \cdot \overrightarrow{M_2M_3} = 0$

Beweis: $\overrightarrow{M_1M_2} = \frac{1}{2}\vec{a} + \frac{1}{2}\vec{b}$; $\overrightarrow{M_2M_3} = \frac{1}{2}\vec{b} - \frac{1}{2}\vec{a}$

1. $|\overrightarrow{M_1M_2}|^2 = \frac{1}{2}\vec{a} + \frac{1}{2}\vec{b} \cdot \frac{1}{2}\vec{a} + \frac{1}{2}\vec{b}$

$\qquad = \frac{1}{4}\vec{a} \cdot \vec{a} + \frac{1}{2}\vec{a} \cdot \vec{b} + \frac{1}{4}\vec{b} \cdot \vec{b} = \frac{1}{4}|\vec{a}|^2 + \frac{1}{4}|\vec{b}|^2$

Ebenso $|\overrightarrow{M_2M_3}|^2 = \frac{1}{4}|\vec{a}|^2 + \frac{1}{4}|\vec{b}|^2$

2. $\overrightarrow{M_1M_2} \cdot \overrightarrow{M_2M_3} = \left(\frac{1}{2}\vec{a} + \frac{1}{2}\vec{b}\right) \cdot \left(\frac{1}{2}\vec{b} - \frac{1}{2}\vec{a}\right)$

$\qquad = \frac{1}{4}\vec{a} \cdot \vec{b} - \frac{1}{4}\vec{a} \cdot \vec{a} + \frac{1}{4}\vec{b} \cdot \vec{b} - \frac{1}{4}\vec{a} \cdot \vec{b}$

$\qquad = \frac{1}{4}|\vec{b}|^2 - \frac{1}{4}|\vec{a}|^2 = \frac{1}{4}|\vec{b}|^2 - \frac{1}{4}|\vec{b}|^2 = 0$

### Teilverhältnisse, Seite 86

**1** a) $\frac{\overline{AT}}{\overline{TB}} = \frac{3}{4}$ und $\overrightarrow{AT} = \frac{3}{7} \cdot \overrightarrow{AB}$.

b) $\overrightarrow{AT} = \frac{3}{7} \cdot \overrightarrow{TB}$ und $\overrightarrow{TB} = \frac{7}{10} \cdot \overrightarrow{AB}$.

c) $\overrightarrow{AT} = \frac{6}{11} \cdot \overrightarrow{AB}$ und der Punkt T teilt die Strecke $\overline{AB}$ im

Verhältnis 6 : 5.

d) $\overrightarrow{AT} = \frac{2}{3} \cdot \overrightarrow{AB}$ und T hat bezüglich der Strecke $\overline{AB}$ das

Teilverhältnis $\frac{2}{1}$.

**2** a) $\overrightarrow{AT} = \begin{pmatrix} 0 \\ 2 \\ 0 \end{pmatrix} - \begin{pmatrix} 1 \\ 0 \\ -1 \end{pmatrix} = \begin{pmatrix} -1 \\ 2 \\ 1 \end{pmatrix}$ und $\overrightarrow{TB} = \begin{pmatrix} -3 \\ 8 \\ 3 \end{pmatrix} - \begin{pmatrix} 0 \\ 2 \\ 0 \end{pmatrix} = \begin{pmatrix} -3 \\ 6 \\ 3 \end{pmatrix}$.

Damit gilt: $\overrightarrow{AT} = \frac{1}{3} \cdot \overrightarrow{TB}$ und $\overrightarrow{AT} = \frac{1}{4} \cdot \overrightarrow{AB}$.

T hat bezüglich der Strecke $\overline{AB}$ das Teilverhältnis $\frac{1}{3}$.

b) $\overrightarrow{AT} = \begin{pmatrix} 3 \\ 5 \\ -1 \end{pmatrix} - \begin{pmatrix} -7 \\ 10 \\ 14 \end{pmatrix} = \begin{pmatrix} 10 \\ -5 \\ -15 \end{pmatrix}$ und $\overrightarrow{TB} = \begin{pmatrix} 9 \\ 2 \\ -10 \end{pmatrix} - \begin{pmatrix} 3 \\ 5 \\ -1 \end{pmatrix} = \begin{pmatrix} 6 \\ -3 \\ -9 \end{pmatrix}$.

Damit gilt: $\overrightarrow{AT} = \frac{5}{3} \cdot \overrightarrow{TB}$ und $\overrightarrow{AT} = \frac{5}{8} \cdot \overrightarrow{AB}$.

T teilt die Strecke $\overline{AB}$ im Verhältnis 5 : 3.

**3** a) T(−3 | 1 | −3) $\qquad$ b) T(9 | 9,5 | 1)

c) $T\left(4 \mid 1 \mid -\frac{4}{7}\right)$ $\qquad$ d) $T\left(-\frac{7}{4} \mid -\frac{11}{4} \mid \frac{17}{4}\right)$

### Vektorielle Beweise zu Teilverhältnissen, Seite 87

**1** a) z.B. $\overrightarrow{AM} + \overrightarrow{MB} + \overrightarrow{BA} = \vec{0}$

b) z.B. $\overrightarrow{AS} + \overrightarrow{SB} + \overrightarrow{BA} = \vec{0}$

**2** Beweis mit den linear unabhängigen Vektoren $\vec{a} = \overrightarrow{AB}$ und $\vec{b} = \overrightarrow{AD}$

Voraussetzung: $\overrightarrow{DC} = \frac{1}{2}\vec{a}$

Behauptung: $\overrightarrow{AM} = r \cdot \overrightarrow{AC}$ und $\overrightarrow{MB} = t \cdot \overrightarrow{DB}$

Geschlossene Vektorkette: $\overrightarrow{AM} + \overrightarrow{MB} + \overrightarrow{BA} = \vec{0}$

Behauptung einsetzen: $r \cdot \overrightarrow{AC} + t \cdot \overrightarrow{DB} + \overrightarrow{BA} = \vec{0}$

Mit $\vec{a}$ und $\vec{b}$ schreiben:

$r \cdot \left(\frac{1}{2}\vec{a} + \vec{b}\right) + t \cdot (\vec{a} - \vec{b}) - \vec{a} = \vec{0}$

Als Linearkombination von $\vec{a}$ und $\vec{b}$ schreiben:

$\left(\frac{1}{2}r + t - 1\right) \cdot \vec{a} + (r - t) \cdot \vec{b} = \vec{0}$

Man erhält das lineare Gleichungssystem

I $\quad \frac{1}{2}r + t - 1 = 0$
II $\quad r - t \quad\;\; = 0$ $\;$ mit der Lösung $r = \frac{2}{3}$ und $t = \frac{2}{3}$.

Also teilt M beide Diagonalen im Verhältnis 2 : 1.

### Test, Seite 88

**1** a) linear abhängig
b) linear unabhängig
c) linear abhängig
d) linear abhängig

**2** $\vec{a} = 0{,}5 \cdot \vec{b} + 1{,}5 \cdot \vec{c} - \vec{d}$

$\vec{b} = 2 \cdot \vec{a} - 3 \cdot \vec{c} + 2 \cdot \vec{d}$

$\vec{c} = \frac{2}{3}\vec{a} - \frac{1}{3}\vec{b} + \frac{2}{3} \cdot \vec{d}$

$\vec{d} = -\vec{a} + 0{,}5 \cdot \vec{b} + 1{,}5 \cdot \vec{c}$

**3** Beweis mit den Vektoren $\vec{a} = \overrightarrow{AB} = \overrightarrow{DC}$ und $\vec{b} = \overrightarrow{AD} = \overrightarrow{BC}$:

Voraussetzungen: $\overrightarrow{AE} = \overrightarrow{EB} = \overrightarrow{DG} = \overrightarrow{GC} = \frac{1}{2}\vec{a}$;

$\overrightarrow{AH} = \overrightarrow{HD} = \overrightarrow{BF} = \overrightarrow{FC} = \frac{1}{2} \cdot \vec{b}$ und $\vec{a} \cdot \vec{b} = 0$

Behauptung: $|\overrightarrow{EF}| = |\overrightarrow{FG}| = |\overrightarrow{GH}| = |\overrightarrow{HE}|$

Beweis:

$\overrightarrow{EF} = \overrightarrow{EB} + \overrightarrow{BF} = \frac{1}{2}\vec{a} + \frac{1}{2}\vec{b} = \frac{1}{2}(\vec{a} + \vec{b})$

$\overrightarrow{FG} = \overrightarrow{FC} + \overrightarrow{CG} = \frac{1}{2}\vec{b} - \frac{1}{2}\vec{a} = \frac{1}{2}(\vec{b} - \vec{a})$

$\overrightarrow{GH} = \overrightarrow{GD} + \overrightarrow{DH} = -\frac{1}{2}\vec{a} - \frac{1}{2}\vec{b} = -\frac{1}{2}(\vec{a} + \vec{b})$

$\overrightarrow{HE} = \overrightarrow{HA} + \overrightarrow{AE} = -\frac{1}{2}\vec{b} + \frac{1}{2}\vec{a} = -\frac{1}{2}(\vec{b} - \vec{a})$

Daraus folgt direkt $|\overrightarrow{EF}| = |\overrightarrow{GH}|$ und $|\overrightarrow{FG}| = |\overrightarrow{HE}|$.

Es gilt auch $|\overrightarrow{EF}|^2 = \left|\frac{1}{2}(\vec{a} + \vec{b})\right|^2 = \frac{1}{2}(\vec{a} + \vec{b}) \cdot \frac{1}{2}(\vec{a} + \vec{b})$

$= \frac{1}{4}(\vec{a} \cdot \vec{a} + 2\vec{a} \cdot \vec{b} + \vec{b} \cdot \vec{b}) = \frac{1}{4}(|\vec{a}|^2 + |\vec{b}|^2)$

und $|\overrightarrow{FG}|^2 = \left|\frac{1}{2}(\vec{a} - \vec{b})\right|^2 = \frac{1}{2}(\vec{a} - \vec{b}) \cdot \frac{1}{2}(\vec{a} - \vec{b})$

$= \frac{1}{4}(\vec{a} \cdot \vec{a} - 2\vec{a} \cdot \vec{b} + \vec{b} \cdot \vec{b}) = \frac{1}{4}(|\vec{a}|^2 + |\vec{b}|^2)$.

Daraus folgt die noch fehlende Gleichheit

$|\overrightarrow{EF}| = |\overrightarrow{FG}|$ und analog $|\overrightarrow{GH}| = |\overrightarrow{HE}|$.

**4** Beweis mit den Vektoren $\vec{c} = \overrightarrow{AB}$; $\vec{a} = \overrightarrow{CB}$ und $\vec{b} = \overrightarrow{AC}$:

$|\vec{c}|^2 = |\vec{a} + \vec{b}|^2 = (\vec{a} + \vec{b}) \cdot (\vec{a} + \vec{b}) = \vec{a} \cdot \vec{a} + 2 \cdot \vec{a} \cdot \vec{b} + \vec{b} \cdot \vec{b}$

$= |\vec{a}|^2 + 2 \cdot \vec{a} \cdot \vec{b} + |\vec{b}|^2$

Daraus folgt, dass $|\vec{c}|^2 = |\vec{a}|^2 + |\vec{b}|^2$ genau dann, wenn $2 \cdot \vec{a} \cdot \vec{b} = 0$ ist, das heißt, wenn die Seiten $\overline{AC}$ und $\overline{CB}$ senkrecht zueinander sind.

**5**  a) T(1|−6|4)
b) T(1|−3|3)

**6**  Beweis mit den linear unabhängigen Vektoren $\vec{a} = \overrightarrow{AB}$
und $\vec{b} = \overrightarrow{AD}$

Behauptung: $\overrightarrow{AM} = r \cdot \overrightarrow{AC}$ und $\overrightarrow{MB} = t \cdot \overrightarrow{DB}$

Geschlossene Vektorkette: $\overrightarrow{AM} + \overrightarrow{MB} + \overrightarrow{BA} = \vec{0}$

Behauptung einsetzen: $r \cdot \overrightarrow{AC} + t \cdot \overrightarrow{DB} + \overrightarrow{BA} = \vec{0}$

Mit $\vec{a}$ und $\vec{b}$ schreiben:

$r \cdot (\vec{a} + \vec{b}) + t \cdot (\vec{a} - \vec{b}) - \vec{a} = \vec{0}$

Als Linearkombination von $\vec{a}$ und $\vec{b}$ schreiben:

$(r + t - 1) \cdot \vec{a} + (r - t) \cdot \vec{b} = \vec{0}$

Man erhält das lineare Gleichungssystem $\begin{array}{l} \text{I} \quad r + t - 1 = 0 \\ \text{II} \quad r - t \quad\; = 0 \end{array}$ mit

der Lösung $r = \frac{1}{2}$ und $t = \frac{1}{2}$.

Also teilt M beide Diagonalen im Verhältnis 1 : 1.

**Bildquellen**

**U1.1** Kanadische Wildgänse: Getty Images (Photographers Choice/Burazin), München; **U1.2** Häuser: Corbis (Jim Vecchi), Düsseldorf; **76** Klett-Archiv (Heike Tomaschek)

Sollte es in einem Einzelfall nicht gelungen sein, den korrekten Rechteinhaber ausfindig zu machen, so werden berechtigte Ansprüche selbstverständlich im Rahmen der üblichen Regelungen abgegolten.

**1. Auflage**                    1 $^{11\ 10\ 9\ 8}$  |  23  22  21

Alle Drucke dieser Auflage sind unverändert und können im Unterricht nebeneinander verwendet werden.
Die letzte Zahl bezeichnet das Jahr des Druckes.
Das Werk und seine Teile sind urheberrechtlich geschützt. Jede Nutzung in anderen als den gesetzlich zugelassenen Fällen bedarf der vorherigen schriftlichen Einwilligung des Verlages. Hinweis §52 a UrhG: Weder das Werk noch seine Teile dürfen ohne eine solche Einwilligung eingescannt und in ein Netzwerk eingestellt werden. Dies gilt auch für Intranets von Schulen und sonstigen Bildungseinrichtungen. Fotomechanische oder andere Wiedergabeverfahren nur mit Genehmigung des Verlages.

© Ernst Klett Verlag GmbH, Stuttgart 2013. Alle Rechte vorbehalten. www.klett.de

**Autorinnen und Autoren**: Michaela Ruckh, Waldenbuch; Heike Jacoby-Schäfer, Tübingen; Wiebke Janzen, Köln; Peter Neumann, Markkleeberg; Sven Rempe, Gauselfingen; Dr. Torsten Schatz, Reutlingen

**Redaktion**: Annegret Weimer, Kerstin Leidenberger
**Herstellung**: Renate Mönch

**Umschlaggestaltung**: KomaAmok, Stuttgart
**Titelbilder**: Kanadische Wildgänse: Getty Images (Photographers Choice/Burazin), München;
Häuser: Corbis (Jim Vecchi), Düsseldorf
**Illustrationen**: Da-TeX Gerd Blumenstein, Leipzig
**Satz**: Da-TeX Gerd Blumenstein, Leipzig
**Druck**: Plump Druck & Medien GmbH, Rheinbreitbach

Printed in Germany
ISBN 978-3-12-735723-3

# Stichwortverzeichnis